普通高等教育机械类系列教材

U0652554

液压与气动控制

主　编　蒋建强　　王勇刚　　王吉平

副主编　王　磊　　王玲娟　　王海霞　　卢亚平　　职山杰

主　审　尤凤翔

西安电子科技大学出版社

内 容 简 介

液压与气动控制是高等院校机械工程、机械设计制造及自动化、机械电子工程、材料成型及控制工程等机械工程类专业的专业基础课，也是机器人、自动化等专业的重要技术类课程。本书适应专业与课程调整及教学改革的发展，反映当前液压与气动技术的应用及最新发展，并融合了作者多年的教学与科研实践经验。

全书共 11 章，分别为液压与气压传动概述、液压流体力学、液压动力元件、液压执行元件、液压控制阀、液压辅助元件、液压系统基本回路、液压系统综合分析、气压传动基本知识、气动执行元件、气动基本回路综合分析。本书在阐述基本概念与原理的同时，突出其应用，旨在培养学生的工程应用和设计能力。

本书可作为高等工科院校、应用型本科院校机械类及近机类专业教材，也可作为工程技术人员的参考用书。

图书在版编目（CIP）数据

液压与气动控制 / 蒋建强，王勇刚，王吉平主编. -- 西安：西安电子科技大学出版社，2024.9. -- ISBN 978-7-5606-7365-3

Ⅰ. TH137；TH138

中国国家版本馆 CIP 数据核字第 2024S0P012 号

策　　划　陈　婷　裴欣荣
责任编辑　陈　婷
出版发行　西安电子科技大学出版社（西安市太白南路 2 号）
电　　话　(029) 88202421　88201467　　邮　　编　710071
网　　址　www.xduph.com　　电子邮箱　xdupfxb001@163.com
经　　销　新华书店
印刷单位　广东虎彩云印刷有限公司
版　　次　2024 年 9 月第 1 版　2024 年 9 月第 1 次印刷
开　　本　787 毫米×1092 毫米　1/16　印张 17.5
字　　数　411 千字
定　　价　45.00 元
ISBN 978-7-5606-7365-3
XDUP 7666001-1

前　言

近年来，高新技术企业以前所未有的速度发展，现代高新技术企业急需大量既有扎实的理论基础又有较强动手能力的应用型人才，而高质量的高等教育教材是培养合格的应用型人才的根本保证之一。本书以习近平新时代中国特色社会主义思想为指导，全面融入党的二十大精神，根据应用型本科院校的液压与气动控制课程教学基本要求，并结合编者多年的教学实践经验编写而成。

本书强调针对性与实用性，并注意引入最新液压与气动控制内容，旨在帮助学生掌握常用基本液压元件的工作原理和结构特点，使学生具备读懂液压系统原理图、对生产实际中的典型液压系统进行全面分析的能力，具备正确安装、调试和维护液压与气动系统的能力。书中的内容安排特别注意强化学生的实践能力，培养技术应用型人才。基于液压与气动控制课程在应用型本科专业知识、能力结构中的位置及液压传动技术的特点，本书充分体现理论内容以"必需、够用"为原则的特点，突出应用能力、综合素质的培养。在内容取舍上既保证基本知识内容，又注重知识的实用性。本书文字简练，图文并茂，教学内容紧密联系实际，从而保证基础知识易学易懂，以使读者学完本书后，能真正掌握液压与气动控制的主要内容和设计方法，具备一定的工程应用能力和开发创造能力。

鉴于各校教学安排不同，开展液压与气动控制教学的课时也不同，教师可根据实际情况，调整和选用教学内容。全书共11章，主要内容包括液压与气压传动概述、液压流体力学、液压动力元件、液压执行元件、液压控制阀、液压辅助元件、液压系统基本回路、液压系统综合分析、气压传动基本知识、气动执行元件、气动基本回路综合分析。各章末附有习题（并配有教材内容PPT与习题解答，可在出版社官网 http://www.xduph.com 查看），书末附录部分还给出了常用液压与气动元件图形符号。

本书由苏州大学应用技术学院工学院院长、教授尤风翔任主审；由苏州大学应用技术学院教授、高级工程师蒋建强，苏州大学应用技术学院博士、江苏高校"青蓝工程"优秀青年骨干教师王勇刚，南京理工大学紫金学院王吉平任主编；苏州科技大学教授王磊，宿迁学院副教授王玲娟，苏州大学应用技术学院副教授王海霞，苏州大学应用技术学院高级实验师卢亚平，苏州大学应用技术学院副教授职山杰任副主编。其中第1章由王磊编写，第2、3、4、8章由王吉平、王玲娟、王海霞、卢亚平、职山杰编写，第5、6、7章由蒋建强编写，第9、10、11章由王勇刚编写。

本书在编写过程中得到了许多同事、同行和企业工程技术人员的大力支持和帮助，在此向他们表示衷心感谢！由于作者水平有限，加之本书编写时间仓促，书中难免存在不当之处，恳请广大读者批评指正。

编　者

2024年3月

目　录

第1章 液压与气压传动概述

液压与气压传动，又称液压气动技术，是以流体(液压油液或压缩空气)为工作介质进行能量传递和控制的一种传动形式。它们通过各种元件组成不同功能的基本回路，再由若干基本回路有机地组合成具有一定控制功能的传动系统。

1.1 液压与气压传动技术的应用与分类

工程实际中的液压传动系统，在液压泵—液压缸的基础上还设置有控制液压缸的运动方向、运动速度的装置。气压传动与液压传动类似，在气压发生器和气缸之间设置有控制压缩空气的压力、流量及流动方向的各种动力控制元件和信号控制元件等。

1.1.1 液压与气压传动技术的应用与发展

液压与气压传动技术相对于机械传动来说是一门新兴技术。虽然从17世纪中叶帕斯卡提出静压传递原理、18世纪末英国制造出世界上第一台水压机算起，已有300多年的历史，但液压与气压传动技术在工业上被广泛采用和有较大幅度发展却是20世纪中期以后的事情。

近代液压传动是由19世纪崛起并蓬勃发展的石油工业推动起来的，最早实践成功的液压传动装置是舰艇上的炮塔转位器，其后才在机床上应用。第二次世界大战期间，由于军事工业迅速发展，迫切需要反应迅速、动作准确、输出功率大的装备，因此液压传动及控制技术迅速发展。

1. 液压与气压传动技术在工业生产中的应用

液压传动装置因具有结构简单、体积小、质量轻、反应速度快、输出力大、可方便地实现无级调速、易实现频繁换向、易实现自动化等优点，所以在机床、工程机械、矿山机械、压力机械和航空工业等领域应用广泛。

气压传动装置因具有操作方便、无油、无污染、防火、防电磁干扰、抗振动、抗冲击等优点，所以在电子工业、包装机械、印染机械、食品机械等领域应用广泛。

液压与气压传动在工业生产中的应用如表1-1所示。

表 1-1 液压与气压传动在工业生产中的应用

行业名称	应用场合举例
机床工业	磨床、铣床、拉床、刨床、压力机、自动车床、组合车床、数控机床、加工中心等
工程机械	挖掘机、装载机、推土机、压路机、铲运机等
起重运输机械	起重机、叉车、装卸机械、皮带运输机、液压千斤顶等
矿山机械	开采机、凿岩机、开掘机、破碎机、提升机、液压支架等
建筑机械	打桩机、平地机等
农业机械	联合收割机的控制系统、拖拉机和农用机的悬挂装置等
冶金机械	电炉控制系统、轧钢机控制系统等
轻工机械	注塑机、打包机、校直机、橡胶硫化机、造纸机等
汽车工业	自卸式汽车、平板车、高空作业车、汽车转向器、减振器等
船舶港口机械	起货机、起锚机、舵机等
铸造机械	砂型压实机、加料机、压铸机等
智能机械	折臂式小汽车装卸器、数字式体育锻炼机、模拟驾驶舱、机器人等

2. 液压与气压传动技术的发展趋势

在工程机械、冶金、军工、农机、汽车、轻纺、船舶、石油、航空和机床行业中，液压技术得到了普遍的应用。随着原子能、空间技术、电子技术等方面的发展，液压技术向更广阔的领域渗透，发展成为包括传动、控制和检测在内的一门完整的自动化技术。现今，采用液压传动的程度已成为衡量一个国家工业水平的重要标志之一。例如，发达国家生产的95%的工程机械、90%的数控加工中心、95%以上的自动线都采用了液压传动。

随着液压机械自动化程度的不断提高，液压元件的应用数量急剧增加，元件小型化、系统集成化是必然的发展趋势。特别是近十年来，液压技术与传感技术、微电子技术密切结合，出现了许多诸如电液比例控制阀、数字阀、电液伺服液压缸等机(液)电一体化元器件，使液压技术在高压、高速、大功率、节能高效、低噪声、使用寿命长、高度集成化等方面取得了重大进展。无疑，液压元件和液压系统的计算机辅助设计(CAD)、计算机辅助试验(CAT)和计算机实时控制也是当前液压技术的发展方向。

人们很早就懂得利用空气作为工作介质传递动力做功，如利用自然风力推动风车、带动水车提水灌田，近代用于汽车的自动开关门、火车的自动抱闸、采矿用风钻等。因为空气作为工作介质具有防火、防爆、防电磁干扰以及抗振动、抗冲击、抗辐射等优点，近年来气动技术的应用领域已从汽车、采矿、钢铁、机械工业等重工业迅速扩展到化工、轻工、食品、军事工业等各行各业。和液压技术一样，当今气动技术亦发展成包含传动、控制与检测在内的自动化技术，气动装置作为柔性制造系统(FMS)的一部分在包装设备、自动生产线和机器人等方面发挥着重要作用。工业自动化及FMS的发展，要求气动技术以提高系统可靠性、降低总成本、与电子工业相适应为目标，进行系统控制技术和机、电、液、气综合技术的研究和开发。显然，气动元件的微型化、节能化、无油化是当前的发展特点，与电子技术相结合产生的自适应元件，如各类比例阀和电气伺服阀，使气动系统从开关控制进入到反馈控制。计算机的广泛普及与应用为气动技术的发展提供了更加广阔的前景。

1.1.2 液压传动的类型

机器由原动机、传动机构和执行机构等三部分组成，其中，传动机构分为机械传动、电气传动和流体传动等三种形式。

机械传动以机械元件传递能量，如带传动、链传动、齿轮齿条传动。电气传动以电流、电压借助导体传递能量，主要由电动机把电能转换为机械能。流体传动以流体为工作介质传递能量，其分类如图1-1所示，流体传动包括液体传动和气体传动两种形式。液体传动包括液力传动和液压传动，液力传动主要是利用非封闭液体的动能或势能传递和控制能量的，而液压传动是利用封闭容器内液体体积的变化来传递和控制能量的。

流体传动 { 液体传动 { 液力传动(以液体动能或势能传递动力) / 液压传动(以液体压力能传递动力) } 气体传动 { 气压传动(以压缩空气的压力能传递动力) / 气力传动(以压缩空气的动能传递动力) }

图1-1 流体传动的分类

1. 液力传动实例

离心泵就是一种液力传动的设备，其工作原理如图1-2所示，叶轮1安装在泵壳2内，并紧固在泵轴3上，泵轴由电动机直接带动。泵壳中央有一液体吸入口4与吸入管5连接。液体经单向底阀6和吸入管5进入泵内。泵壳上的液体排出口8与排出管9连接。

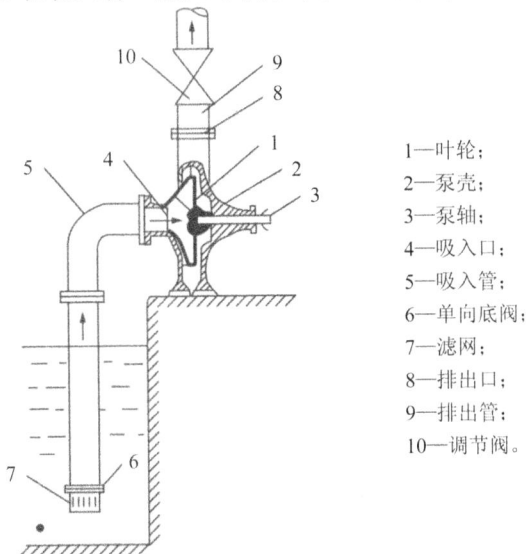

1—叶轮；
2—泵壳；
3—泵轴；
4—吸入口；
5—吸入管；
6—单向底阀；
7—滤网；
8—排出口；
9—排出管；
10—调节阀。

图1-2 离心泵的工作原理

在离心泵启动前，泵壳内灌满被输送的液体；启动后，叶轮由轴带动高速转动，叶片间的液体也随着转动。在离心力的作用下，液体从叶轮中心被抛向外缘获得能量，并高速离开叶轮外缘进入蜗形泵壳。在蜗形泵壳中，液体由于流道的逐渐扩大而减速，又将部分动能转变为静压能，最后以较高的压力流入排出管，送至需要的场所。液体由叶轮中心流向外缘时，在叶轮中心形成了一定的真空，由于贮槽液面上方的压力大于泵入口处的压力，液体便被连续压入叶轮中。可见，只要叶轮不断地转动，液体便会不断地被吸入和排出，将机械能转换为液体的动能。

2. 液压传动实例

图 1-3 所示为液压千斤顶的工作原理。小油缸 2 与单向阀 4、7 一起完成吸油与排油，将杠杆的机械能转换为油液的压力能输出，称为(手动)液压泵。大油缸 9 将油液的压力能转换为机械能输出，抬起重物，称为(举升)油缸。在这里，大、小油缸组成了最简单的液压传动系统，实现了力和运动的传递。

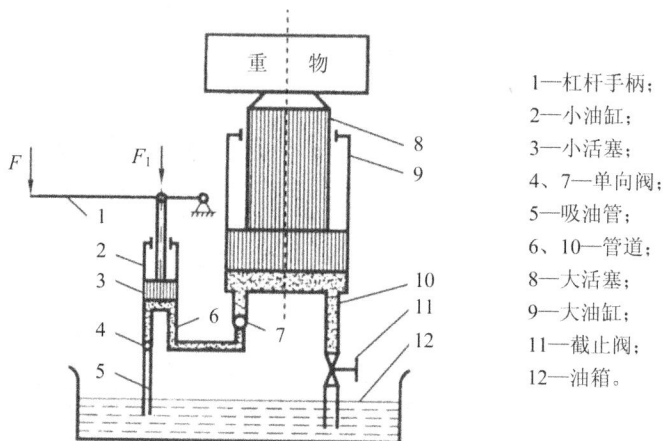

图 1-3 液压千斤顶的工作原理

1—杠杆手柄；
2—小油缸；
3—小活塞；
4、7—单向阀；
5—吸油管；
6、10—管道；
8—大活塞；
9—大油缸；
11—截止阀；
12—油箱。

1.2 液压与气压传动的工作原理与图形符号

为了简化液压、气动系统的表示方法，通常采用图形符号来绘制系统的原理图。各类元件的图形符号脱离了具体结构，只表示其职能，由它们组成的系统原理图表达了系统的工作原理及各元件在系统中的作用，我国制定的液压与气动图形符号见相关国家标准(GB/T 786.1—2021/ISO 1219-1：2012)。本书每讲一类元件，都会介绍其图形符号，并要求熟练掌握常用元件的图形符号。

1.2.1 液压传动系统的工作原理及组成

1. 液压传动系统的工作原理

由图 1-3 可知，压下杠杆手柄 1 时，小油缸 2 输出压力油，将机械能转换成油液的压力能，压力油经过管道 6 及单向阀 7，推动大活塞 8 举起重物，将油液的压力能又转换成机械能。大活塞 8 举升的速度取决于单位时间内流入大油缸 9 中油液容积的多少。由此可见，液压传动是不同能量的转换过程。

2．液压传动系统的组成

以图 1-4 所示的典型液压系统原理图来说明液压传动系统的组成。

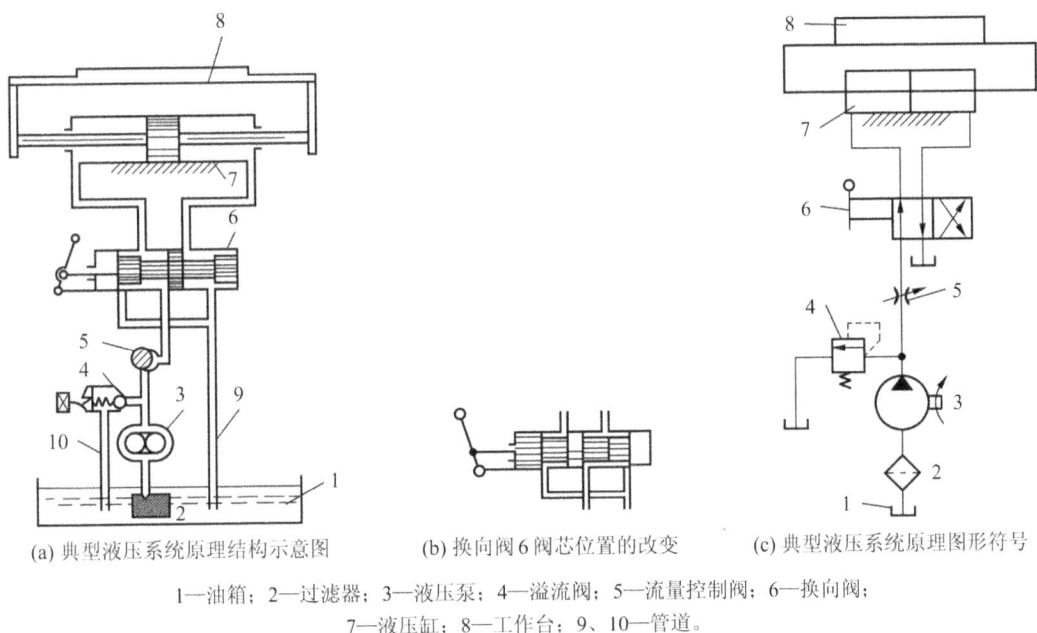

(a) 典型液压系统原理结构示意图   (b) 换向阀 6 阀芯位置的改变   (c) 典型液压系统原理图形符号

1—油箱；2—过滤器；3—液压泵；4—溢流阀；5—流量控制阀；6—换向阀；
7—液压缸；8—工作台；9、10—管道。

图 1-4 典型液压系统原理图

液压泵 3 由电动机驱动旋转，从油箱 1 中吸油，油液经过滤器 2 后被液压泵吸入并输出给系统。当换向阀 6 的阀芯处于图 1-4(a) 所示位置时，压力油经流量控制阀 5、换向阀 6 和管道进入液压缸 7 的左腔，推动活塞向右运动。液压缸右腔的油液经管道、换向阀 6、管道 9 流回油箱。改变换向阀 6 阀芯的工作位置，使之处于左端位置，如图 1-4(b) 所示，液压缸活塞反向运动。

工作台的移动速度是通过流量控制阀 5 来调节的。阀口开大时，进入液压缸的流量较大，工作台的速度较快；反之，工作台的速度较慢。为满足克服大小不同阻力的需要，液压泵输出油液的压力应当能够调整。当工作台低速移动时，流量控制阀 5 开口小，液压泵输出的多余的油液经溢流阀 4 和管道 10 流回油箱，调节溢流阀弹簧的预压力，就能调节液压泵输出口的油液压力。

由图 1-4 分析可知，液压传动系统主要由以下 5 部分组成。

(1) 动力元件：将机械能转换为流体压力能的装置，常见的是液压泵，为系统提供压力油液，如图 1-4 中的液压泵 3。

(2) 执行元件：将流体的压力能转换为机械能输出的装置，它可以是做直线运动的液压缸，也可以是做回转运动的液压马达、摆动缸，如图1-4中的液压缸7。

（3）控制元件：对系统中流体的压力、流量及流动方向进行控制和调节的装置，以及进行信号转换、逻辑运算和放大等功能的信号控制元件，如图1-4中的溢流阀4、流量控制阀5和换向阀6。

（4）辅助元件：保证系统正常工作所需的上述三种以外的装置，如图1-4中的过滤器2、油箱1和管道9、10。

（5）工作介质：用它进行能量和信号的传递。液压系统以液压油液作为工作介质。

1.2.2　气压传动系统的工作原理及组成

气压传动是以压缩空气作为工作介质进行动力传递的。

1. 气压传动系统的工作原理

图1-5所示为气动剪板机的工作原理，图示位置为剪切前的情况。空气压缩机1产生压缩空气，当送料机构将工料11送入剪板机并达到规定位置，将行程阀8的触头压下时，行程阀将气控换向阀9的A腔与大气连通。气控换向阀的阀芯在弹簧力的作用下向下移动，将气缸10的上腔与大气连通，下腔与压缩空气连通，此时活塞带动剪刀快速向上运动将工料切下，工料被切下后即与行程阀脱开，行程阀复位，阀芯将排气通道封闭，气控换向阀的A腔的气压上升，阀芯上移使气路换向。气缸10的上腔进入压缩空气，下腔排气，此时，活塞带动剪刀向下运动，系统又恢复图示的预备状态。

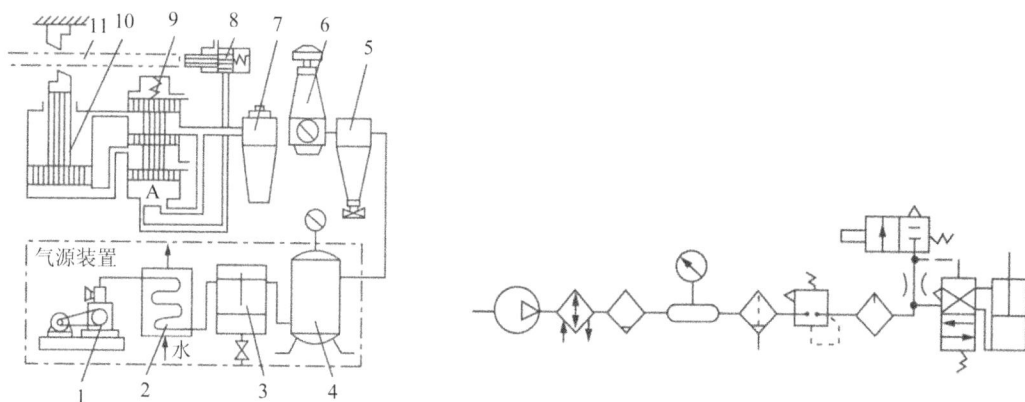

(a) 结构原理图　　　　　　　　(b) 图形符号

1—空气压缩机；2—冷却器；3—油水分离器；4—储气罐；5—分水滤气器；6—减压阀；
7—油雾器；8—行程阀；9—气控换向阀；10—气缸；11—工料。

图1-5　气动剪板机的工作原理

总之，气压传动系统的工作原理就是利用空气压缩机将电动机或其他原动机输出的机械能转变为空气的压力能，然后在控制元件的控制和辅助元件的配合下，通过执行元件把空气的压力能转变为机械能，从而完成直线或回转运动并对外做功。

2. 气压传动系统的组成

典型的气压传动系统一般由以下 4 部分组成。

(1) 气源装置：压缩空气的发生装置及压缩空气的存贮、净化的辅助装置。它为系统提供合乎质量要求的压缩空气。气源装置包括气压发生装置——空气压缩机，净化、贮存压缩空气的装置和设备，管道系统，气动三大件。

(2) 执行元件：将气体压力能转换成机械能并完成做功动作的元件，如气缸、气马达。

(3) 控制元件：控制气体压力、流量及运动方向的元件，如各种气动控制阀；能完成一定逻辑功能的元件，即气动逻辑元件；感测、转换、处理气动信号的元器件，如气动传感器及信号处理装置。

(4) 气动辅件：气动系统中的辅助元件，如消声器、管道、接头、过滤器、干燥器、空气过滤器、消声器和油雾器等。

气源装置为气动系统提供满足一定质量要求的压缩空气，是气动系统的重要组成部分。气动系统对压缩空气的主要要求：具有一定的压力和流量，并具有一定的净化程度。

1.2.3　液压与气压传动的图形符号

在图 1-4(a)、图 1-5(a) 中组成的液压传动系统的各个元件是用半结构式图形绘制出来的，而在图 1-4(c) 中组成液压系统的元件和在图 1-5(b) 中组成气压传动系统的部分元件是用国家标准所规定的图形符号绘制的。用半结构式图形绘制原理图时直观性好，容易理解，但绘制起来比较麻烦，特别是在系统中的元件数量比较多时更是如此。所以，在工程实际中，我国制定了液压与气压传动技术图形符号国家标准。除某些特殊情况外，一般都是用图形符号来绘制液压与气压传动系统原理图。

(1) 标准规定的液压元件图形符号，主要用于绘制以液压油为工作介质的液压系统原理图。

(2) 在用图形符号绘制系统原理图时，图中的符号只表示元(辅)件的功能、操作(控制)方法及外部连接口，不表示元(辅)件的具体结构和参数，也不表示连接口的实际位置和元(辅)件的安装位置。

(3) 在用图形符号绘图时，除非特别说明图中所示状态均表示元(辅)件的静止位置或零位置，并且除特别注明的符号或有方向性的元(辅)件符号外，它们在图中可根据具体情况水平或垂直绘制。

(4) 元件名称、型号和参数(如压力、流量、功率和管径等)一般应在系统图的元件表中标明，必要时可标注在元件符号旁边。

(5) 元件的图形符号在传动系统中的布置，除有方向性的元件符号(油箱和仪表等)外，可根据具体情况水平或垂直绘制。

(6) 使用图形符号后，可使系统图简单明了，便于绘制。当有些元件无法用图形符号表达或国家标准中未列入时，可根据标准中规定的符号绘制规则和所给出的符号进行派生。

（7）当无法用标准直接引用或派生时，或有必要特别说明系统中其一元(辅)件的结构和工作原理，可采用局部结构简图或采用它们的结构或半结构示意图来表示。

（8）在用图形符号绘图时，符号的大小应以清晰美观为原则，绘制时可根据图纸幅面的大小酌情处理，但应保持图形本身的适当比例。

1.3　液压与气压传动的特点

液压传动有很多优点，但不可否认的是也存在一些缺点。不过其缺点将会随着科学技术的发展而不断得到克服。例如，可将液压传动与气压传动、电力传动、机械传动合理地联合使用，构成气液、电液(气)、机液(气)等联合传动，以进一步发挥各自的优点，相互补充，弥补某些不足之处。

1.3.1　液压传动的优缺点

（1）液压元件的布置不受严格的空间位置限制，系统中的各部分用管道连接，布局安装有很大的灵活性，能构成用其他方法难以组成的复杂系统。

（2）可以在运行过程中实现大范围的无级调速，调速范围可达 2000∶1。

（3）液压传动和液气联动传递运动均匀平稳，易于实现快速启动、制动和频繁的换向。

（4）操作控制方便、省力，易于实现自动控制、中远程距离控制及过载保护。与电气控制、电子控制相结合，易于实现自动工作循环和自动过载保护。

（5）液压元件属机械工业基础件，标准化、系列化和通用化程度较高，有利于缩短机器的设计、制造周期和降低制造成本。

（6）在传动过程中，能量需经两次转换，传动效率偏低。

（7）由于传动介质的可压缩性和泄漏等因素的影响，不能严格保证定比传动。

（8）液压传动性能对温度比较敏感，不能在高温下工作，采用石油基液压油作为传动介质时还需注意防火问题。

（9）液压元件制造精度高，系统工作过程中发生故障不易诊断。

1.3.2　气压传动的优缺点

与液压传动相比，气压传动有如下优缺点。

（1）空气随处可取，取之不尽，无介质费用和供应上的困难；用后的空气直接排入大气，对环境无污染，处理方便，不必设置回收管路，因而也不存在介质变质、补充及更换等问题。

（2）空气黏度小(约为液压油的万分之一)，在管内流动阻力小，压力损失小，便于集中供气和远距离输送。即使有泄漏，也不会严重影响工作，且不会污染环境。

（3）和液压传动相比，气压传动反应快，动作迅速，维护简单，管路不易堵塞。

（4）气动元件结构简单、制造容易，适于标准化、系列化、通用化。

（5）气动系统对工作环境适应性好，特别是在易燃、易爆、多尘埃、强磁、辐射、振动等恶劣工作环境中工作时，安全可靠性优于液压、电子和电气系统。

（6）空气具有可压缩性，使气动系统能够实现过载自动保护，也便于储气罐储存能量，以备急需。

（7）排气时气体因膨胀而温度降低，因而气动设备可以自动降温，长期运行也不会发生过热现象。

（8）由于空气的可压缩性大，因此气动系统的稳定性差，负载变化时对工作速度的影响较大，速度调节较难。

（9）气压传动系统工作压力低，输出力较小，且传动效率低。

（10）气动装置中的信号传递速度仅限于声速范围内，其工作频率和相应速度远不如电子装置，并且信号要产生较大的失真和延滞，也不便于构成较复杂的回路。

（11）需对气源中的杂质及水蒸气进行净化处理，净化处理的过程较复杂。空气无润滑性能，故在系统中需要润滑处应设润滑给油装置。

（12）气动系统有较大的排气噪声，使环境恶化，危害人体健康，影响人的情绪，应设法消除或降低噪声。

（13）气动系统有泄漏，这是能量的损失。一定量的外泄漏也是允许的，但应尽可能减少泄漏。

1.3.3 液压传动难点剖析

液压传动的两个工作特性，尤其是压力取决于负载这一特性是学习液压传动的难点。所谓难点是指对初学者来说，很难理解透"负载"与"压力"的"主、从"关系。只有通过课程的不断深入才能真正消化这一概念。

事实上，要厘清压力与负载的关系，首先应弄清什么是负载。从广义上讲，一切阻碍液体（油液）流动的阻力都是负载。

（1）液体在油管里流动，有管路的摩擦阻力，即摩擦负载。

（2）液体流经各种液压件，要克服一定的阻力，造成压力降，有液压件负载。

（3）液体进入液压缸，作用于有效承压面上，推动液压缸运动，就要克服外界施加于系统的、阻碍液压缸运动的阻力，即外负载。

前两种（实际上不止这两种）负载是内负载，往往都被考虑到系统的能量损失和效率中去；而后者才是系统对外做功、实实在在的、有用的、具体意义上的负载。

可以设想，这种负载（即阻力）越大，使液压缸运动、作用于液压缸有效承压面积上的压力（在有效承压面积一定的前提下）也越大，反之亦然。如果施加于液压缸、阻碍其运动的阻力即外负载为零，则作用于液压缸有效承压面积上、推动液压缸运动的油压力也为零或接近零。这就是负载为主，压力为从的"主、从"关系。

负载与压力的上述关系还可以用"皮之不存，毛将焉附"这句话来比喻。

有人错误地认为，32 MPa额定压力的高压泵只要一启动起来就会输出32 MPa的高压油。这就是对"压力取决于负载"这一基本概念不清所致。事实上，液压泵输出油液的油压是靠阻碍油液流动的负载"憋"上去的，若没有负载，油压就"憋"不上去，因此再高的额定压力的泵此时所输出的油压也是零。

另外，要把压力取决于负载与压力阀对压力的控制区分开来，必须真正分清楚压力与负载的关系。

1.4 机床工作台模拟液压系统实训

1.4.1 液压系统实训要求与安全事项

1. 教学准备

液压实验台观摩教学，通过教师的操作，学生的参与，师生共同对实验现象的分析，增加学生对液压传动的感性认识，激发学生学习液压传动的兴趣。

2. 目的要求

(1) 建立液压传动的感性认识。

(2) 从外形上认识常用的液压元件。

(3) 建立控制系统压力的概念。

(4) 建立控制系统流量的概念。

(5) 建立控制系统油液流动方向的概念。

(6) 建立液压基本回路的概念。

3. 实训器材

液压与气动综合实验台、PLC 控制透明液压试验台、液压元件模型。

4. 教学方式

教学方式如表 1-2 所示。

表 1-2 教 学 方 式

	项　　目	时间安排	教 学 方 式
1	课前准备	课余	自学、查资料、相互讨论液压传动及其基本概念
2	教师讲授	1 课时	教师讲授、操作演示
3	学生实作	1 课时	学生实作、教师指导。 (1) 认识常用的液压元件； (2) 调压回路及压力值的调整； (3) 调速回路及流量阀开度的调整； (4) 液压缸的运动方向的控制及调整； (5) 分析油液的走向

5．成绩评定

成绩评定的等级为优良、及格和不及格，根据分组成绩结合个人表现而定。成绩评定如表1-3所示。

表1-3　成绩评定表

技能训练成绩	实训课堂表现	综合成绩	教师签名

6．安全注意事项

（1）液压气动实训要与电和高压油、压缩空气打交道，要保证实训设备和元器件的完好性。

（2）要正确地安装和固定好元件。

（3）管路要连接牢固，软管脱出可能会引起事故。

（4）限位元件不应放在动作杆的对面，而应使其侧面与杆接触。

（5）不得使用超过限值的工作压力。

（6）要按要求接好回路，检查无误后才能启动电动机。

（7）实训现象不能按要求实现时，要仔细检查错误点，认真分析产生错误的原因。

（8）做液压实训时，在有压力的情况下不准拆卸管子；做气动实训时，在有压力的情况下拆卸软管时应握紧软管的端头。

（9）要严格遵守各种安全操作规程。

1.4.2　液压系统实训观摩教学与技能训练

1．液压实验台观摩教学

（1）PLC控制透明液压试验台的原理讲解。

（2）液压与气动综合实验台的原理讲解。

① 压力的建立与调压。泵的工作压力是初学液压气动课程的学生难以建立起来的一个概念。通过认识溢流阀和泵，建立调压回路，先将压力调为零，然后慢慢地调高压力，通过压力表显示压力的变化值。

② 缸的运动方向的控制与换向。首先要使学生了解缸是如何运动起来的。没有压力油，缸是不运动的；有压力油，如果油路不通，缸也是不运动的。只有进油路和回油路都是通畅的，压力油进入缸的一腔，缸的工作压力能克服外负载，缸才能运动起来。换向就是通过换向阀来实现的。

2．技能训练

（1）写出PLC控制透明液压试验台上的元件名称和职能符号。

（2）根据机床工作台模拟液压系统原理图，分析各元件在系统中的作用。

（3）分组操作试验台，展开讨论：

① 泵的工作压力取决于什么？为什么？

② 缸的运动速度取决于什么？为什么？

1.4.3　液压千斤顶的拆装训练

液压千斤顶如何进行拆卸，以及在日常的使用中，如何做到正确保养和维护，是每个液压千斤顶用户都非常关心的问题。在日常使用液压千斤顶时，如果遇到一些问题而导致最终无法使用，这时就急需对液压千斤顶进行拆卸及组装，并进行简单的修理，这样才能延长液压千斤顶的使用寿命。

1. 拆下加油口皮塞

首先取下液压千斤顶加油口皮塞，然后把加油口朝下放置，在放置时，需要注意把加油口放在四方铁盒上。

2. 松开放油阀

把液压千斤顶放油阀松开，并且把放油阀取出来，然后把里面还剩下的油放出。

3. 旋开小泵

把上面的连杆拿下来，将使用的梅花扳手选择好管子尺寸，把小泵旋开，再使用尖嘴钳撬开垫片，把里面的钢球取出来。

4. 卸除顶帽

将电动液压千斤顶夹在台钳上，把上面的顶帽卸下来，这时需要使用管子钳进行卸除，使其呈逆时针的方向旋转，并把顶帽取下来。

5. 拔出活塞杆

拔出活塞杆时，先使用尖嘴钳取出底座的橡胶圈，然后倒出钢球，之后使用长嘴气枪进行吹气，在吹气时需要对气量进行控制，以便活塞杆弹出，同时还需要注意，在吹气的时候要对准墙体，避免零件弹出，造成人员受伤。

最后取下液压千斤顶的活塞尼龙密封件，重新把上面拔出的活塞杆放回油缸的位置，使用管子钳把油缸的位置夹住（旋转时呈逆时针方向），再对管子钳施力，避免油缸变形和夹扁。

习　题　1

1-1　液压与气压传动系统由哪几部分组成？各组成部分的作用是什么？

1-2　液压传动与气压传动有什么不同？

1-3　液压传动与气压传动的两个相互独立的重要特征是什么？

1-4　何为液力传动？简述液力传动的组成和各部分的功用。

1-5　试述气压传动的组成和工作原理。

1-6　习题图 1-1 所示为液压千斤顶的工作示意图。该设备只需人施加很小的力 F 就能顶起很重的物品(G),试说明其工作原理及各部分的作用。

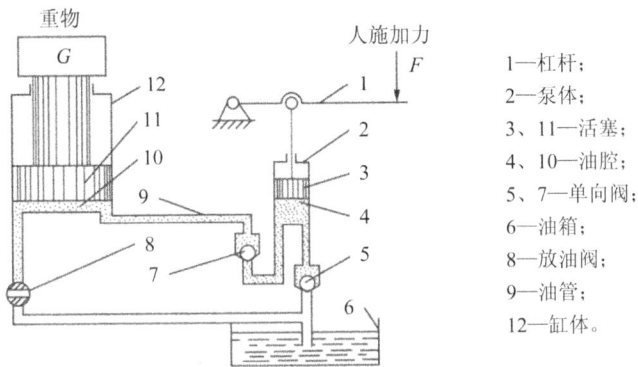

1—杠杆;
2—泵体;
3、11—活塞;
4、10—油腔;
5、7—单向阀;
6—油箱;
8—放油阀;
9—油管;
12—缸体。

习题图 1-1

1-7　一个工厂能否采用一个液压泵站集中供给压力油?说明理由。

1-8　如习题图 1-2 所示液压千斤顶,大小活塞直径比为 $D_1/D_2=5$,若 $F=100$ N,求所顶起的重物(W)的重量是多少牛?

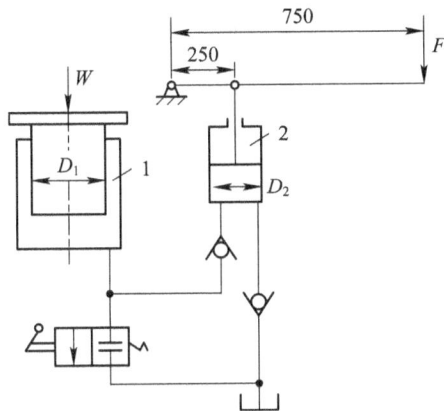

习题图 1-2

第2章 液压流体力学

从微观的观点来看，油液与其他液体相同，也是由一个一个的、不断做不规则运动的分子组成的。分子之间存在着间隙，它们是不连续的。但是分子之间的间隙极其微小，宏观研究机械运动时可以认为它是一种连续介质。另外，由于油液分子与分子间的内聚力极小，不能抵抗任何拉力，它的形状只能呈现所处容器的形状，这就是油液的易流动性。本章主要介绍液体传动的基本知识，分析液体的静力学、运动学和动力学规律，首先必须了解研究液体传动时的以下四种假设特性。

一是液体的连续性假设：流体是一种连续介质，这样就可以把油液的运动参数看作时间和空间的连续函数，并有可能利用解析数学来描述它的运动规律。

二是液体的不抗拉性：由于油液分子与分子间的内聚力极小，因此几乎不能抵抗任何拉力而只能承受较大的压应力，不能抵抗剪切变形而只能对变形速度呈现阻力。

三是液体的易流性：不管作用的剪力怎样微小，油液总会发生连续的变形，这就是油液的易流性，它使得油液本身不能保持一定的形状，只能呈现所处容器的形状。

四是液体的均质性：液体密度是均匀的，物理特性是相同的。

2.1 液 压 油

2.1.1 液压油的主要物理性质

1. 密度

单位体积液体的质量称为该液体的密度。其公式如下：

$$\rho = \frac{m}{V} \tag{2-1}$$

式中：V 为体积（m^3）；m 为体积为 V 的液体的质量（kg）；ρ 为液体的密度（kg/m^3）。

密度是液体一个重要的物理量参数。随着温度或压力的变化，液体的密度也会发生变化，但变化量一般很小，可以忽略不计。一般液压油的密度为 900 kg/m^3。

矿物油型液压油的密度随着温度的上升而有所减小，随压力的提高而稍有增加，但变动值很小，可以认为是常值。我国采用20℃时的密度作为油液的标准密度，以 ρ_{20} 表示。常用液压油和传动液的密度如表 2-1 所示。

表 2 - 1　常用液压油和传动液的密度　　单位：kg/m³

种　类	ρ_{20}	种　类	ρ_{20}
石油基液压油	850～900	增黏型高水基液	1003
水包油乳化液	998	水－乙二醇液	1060
油包水乳化液	932	磷酸酯液	1150

2. 可压缩性

液体受压力的作用而发生体积减小变化称为液体的可压缩性。假设压力为 p、体积为 V 的液体，当压力增大 Δp 时，体积减小 ΔV，则此液体的可压缩性可用体积压缩系数 k，即单位压力变化下的体积相对变化量来表示：

$$k = -\frac{\Delta V}{\Delta p V_0} \qquad (2-2)$$

式中：k 为液体的体积压缩系数，由于压力增大时液体的体积减小，因此式(2-2)的右边须加一负号，以使 k 为正值；V_0 为液体的初始体积。

k 的倒数称为液体的体积弹性模量，用 K 表示，即

$$K = \frac{1}{k} = -\left(\frac{\Delta p}{\Delta V}\right)V_0 \qquad (2-3)$$

K 表示产生单位体积相对变化量所需要的压力增量，在实际应用中，常用 K 值说明液体抵抗压缩能力的大小。液压油的平均体积弹性模量 K 值为$(1.2\sim2)\times10^3$ MPa，此数值很大，故对于一般液压系统，可认为油液是不可压缩的。但是，若液压油中混入空气，则其可压缩性将显著增加，并将严重影响液压系统的工作性能。因此在液压系统中应尽量减少油液中混入的气体及其他挥发物质(如汽油、煤油、乙醇和苯等)的含量。

3. 黏性

1) 黏性的意义

液体在外力作用下流动时，由于液体分子间的内聚力而产生一种阻碍液体分子之间进行相对运动的内摩擦力，液体的这种产生内摩擦力的性质称为液体的黏性。由于液体具有黏性，当流体发生剪切变形时，流体内就产生阻滞变形的内摩擦力，由此可见，黏性表征了流体抵抗剪切变形的能力。处于相对静止状态的流体中不存在剪切变形，因而也不存在变形的抵抗，只有当运动流体流层间发生相对运动时，流体对剪切变形的抵抗，也就是黏性才表现出来。黏性所起的作用为阻滞流体内部的相互滑动，在任何情况下它都只能延缓滑动的过程而不能消除这种滑动。

黏性的大小可用黏度来衡量，黏度是选择液压用流体的主要指标，是影响流动流体的重要物理性质。

当液体流动时，由于液体与固体壁面的附着力及流体本身的黏性使流体内各处的速度大小不等，以流体沿图 2-1 所示的平行平板间的流动情况为例，设上平板以速度 v_0 向右运动，下平板固定不动。紧贴于上平板上的流体黏附于上平板上，其速度与上平板相同。

紧贴于下平板上的流体黏附于下平板上，其速度为零。中间流体的速度按线性分布。我们把这种流动看成许多无限薄的流体层在运动，当运动较快的流体层在运动较慢的流体层上滑过时，两层间由于黏性就产生内摩擦力的作用。根据实际测定的数据可知，流体层间的内摩擦力 F 与流体层的接触面积 A 及流体层的相对流速 $\mathrm{d}v$ 成正比，而与此二流体层间的距离 $\mathrm{d}y$ 成反比：

$$F = \mu A \frac{\mathrm{d}v}{\mathrm{d}y} \qquad (2-4)$$

以 $\tau = F/A$ 表示切应力，则

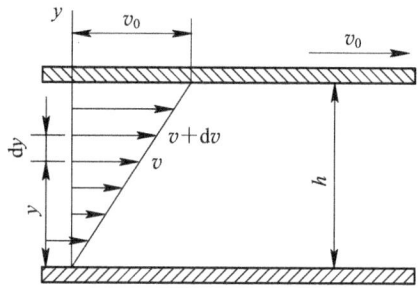

图 2-1   液体的黏性示意图

$$\tau = \mu \frac{\mathrm{d}v}{\mathrm{d}y} \qquad (2-5)$$

式中：μ 为衡量流体黏性的比例系数，称为绝对黏度或动力黏度；$\mathrm{d}v/\mathrm{d}y$ 表示流体层间速度差异的程度，称为速度梯度。

式（2-5）是液体内摩擦定律的数学表达式。当速度梯度变化时，μ 为不变常数的流体称为牛顿流体，μ 为变数的流体称为非牛顿流体。除高黏性或含有大量特种添加剂的液体外，一般的液压用流体均可看作牛顿流体。

流体的黏度通常有三种不同的测试单位。

（1）绝对黏度 μ。

绝对黏度又称动力黏度，它直接表示流体的黏性即内摩擦力的大小。动力黏度 μ 在物理意义上讲，是当速度梯度 $\mathrm{d}v/\mathrm{d}y = 1$ 时，单位面积上的内摩擦力的大小，即

$$\mu = \frac{\tau}{\dfrac{\mathrm{d}v}{\mathrm{d}y}} \qquad (2-6)$$

动力黏度的 SI 单位为牛顿·秒/米^2，符号为 N·s/m^2，或为帕·秒，符号为 Pa·s。

（2）运动黏度 v。

运动黏度是绝对黏度 μ 与密度 ρ 的比值。

$$v = \frac{\mu}{\rho} \qquad (2-7)$$

式中：v 为液体的运动黏度（m^2/s）；ρ 为液体的密度（kg/m^3）。

运动黏度的 SI 单位为米^2/秒，符号为 m^2/s。还可用 CGS 单位：斯（托克斯），符号为 St。斯的单位太大，应用不便，常用 1% 斯，即 1 厘斯来表示，符号为 cSt，故

$$1 \text{ cSt} = 10^{-2} \text{ St} = 10^{-6} \text{ m}^2/\text{s}$$

运动黏度 v 没有什么明确的物理意义，它不能像 μ 一样直接表示流体的黏性大小，但对 ρ 值相近的流体，例如各种矿物油系液压油之间，还是可用来大致比较它们的黏性。由于在理论分析和计算中常常碰到绝对黏度与密度的比值，为方便起见才采用运动黏度来代替 μ/ρ。它之所以被称为运动黏度，是因为在它的量纲中只有运动学的要素长度和时间因

次的缘故。机械油的牌号上所标明的号数就是表明以厘斯为单位的,在温度为 50℃时运动黏度 υ 的平均值。例如,10 号机械油指明该油在 50℃时其运动黏度 υ 的平均值是 10 cSt。蒸馏水在 20.2℃时的运动黏度 υ 恰好等于 1 cSt,所以从机械油的牌号即可知道该油的运动黏度。例如 20 号油说明该油的运动黏度约为水的运动黏度的 20 倍,30 号油的运动黏度约为水的运动黏度的 30 倍,以此类推。动力黏度和运动黏度是理论分析和推导中经常使用的黏度单位。它们都难以直接测量,因此,工程上采用另一种可用仪器直接测量的黏度单位,即相对黏度。

(3) 相对黏度。

相对黏度是以相对于蒸馏水的黏性的大小来表示该液体的黏性的。相对黏度又称条件黏度。各国采用的相对黏度单位有所不同。有的用赛氏黏度,有的用雷氏黏度,我国采用恩氏黏度。

恩氏黏度由恩氏黏度计来测定,即将 200 cm³ 某一温度的被测液体在自重作用下流过直径 ϕ2.8 mm 小孔所需的时间 t_1,然后测出同体积的蒸馏水在 20℃时流过同一孔所需时间 t_2($t_2=50\sim52$ s),t_1 与 t_2 的比值即为流体的恩氏黏度值。恩氏黏度用符号 °E 表示。被测液体温度为 t℃时的恩氏黏度用符号 °E_t 表示:

$$°E_t = \frac{t_1}{t_2} \qquad (2-8)$$

工业上一般以 20℃、40℃和 100℃作为测定恩氏黏度的标准温度,并相应地以符号 °E_{20}、°E_{40} 和 °E_{100} 来表示。

知道恩氏黏度以后,利用经验公式将恩氏黏度换算成运动黏度:

$$\upsilon = \left(7.31°E - \frac{6.31}{°E}\right) \times 10^{-6} \, (\text{m}^2/\text{s}) \qquad (2-9)$$

为了使液体介质得到所需要的黏度,可以采用两种不同黏度的液体按一定比例混合,混合后的黏度为

$$°E = \frac{a°E_1 + b°E_2 - c(°E_1 - °E_2)}{100} \qquad (2-10)$$

式中:°E 为混合液体的恩氏黏度;°E_1、°E_2 分别为用于混合的两种油液的恩氏黏度,°$E_1>$°E_2;a、b 分别为用于混合的两种液体°E_1、°E_2 各占的百分数,$a+b=100$;c 为与 a、b 有关的实验系数,如表 2-2 所示。

表 2-2　实验系数 c 的数值

a	10	20	30	40	50	60	70	80	90
b	90	80	70	60	50	40	30	20	10
c	6.7	13.1	17.9	22.1	25.5	27.9	28.2	25	17

2) 温度对黏度的影响

液压油黏度对温度的变化是十分敏感的,当温度升高时,其分子之间的内聚力减小,

黏度就随之降低。不同种类液压油的黏度随温度变化的规律也不同。我国常用黏温图表示油液黏度随温度变化的关系。对于一般常用的液压油，当运动黏度不超过 76 mm²/s，温度在 30～150℃ 范围内时，温度为 t℃的运动黏度为

$$v_t = v_{50}\left(\frac{50}{t}\right)^n \tag{2-11}$$

式中：v_t 为温度在 t℃时液压油的运动黏度；v_{50} 为温度为 50℃时液压油的运动黏度；n 为黏温指数，黏温指数 n 随液压油的黏度变化而变化，其值可参考表 2-3 所示。

表 2-3 黏 温 指 数

$v_{50}/(\text{mm}^2 \cdot \text{s}^{-1})$	2.5	6.5	9.5	12	21	30	38	45	52	60
n	1.39	1.59	1.72	1.79	1.99	2.13	2.24	2.32	2.42	2.49

油液的黏温特性可以用黏度指数 n 来表示，n 值越大，表示油液随温度的变化率越小，即黏温特性越好。一般液压油要求 n 值在 90 以上，而精制的液压油及加有添加剂的液压油，其值可大于100。几种国产液压油的液黏温图如图 2-2 所示。

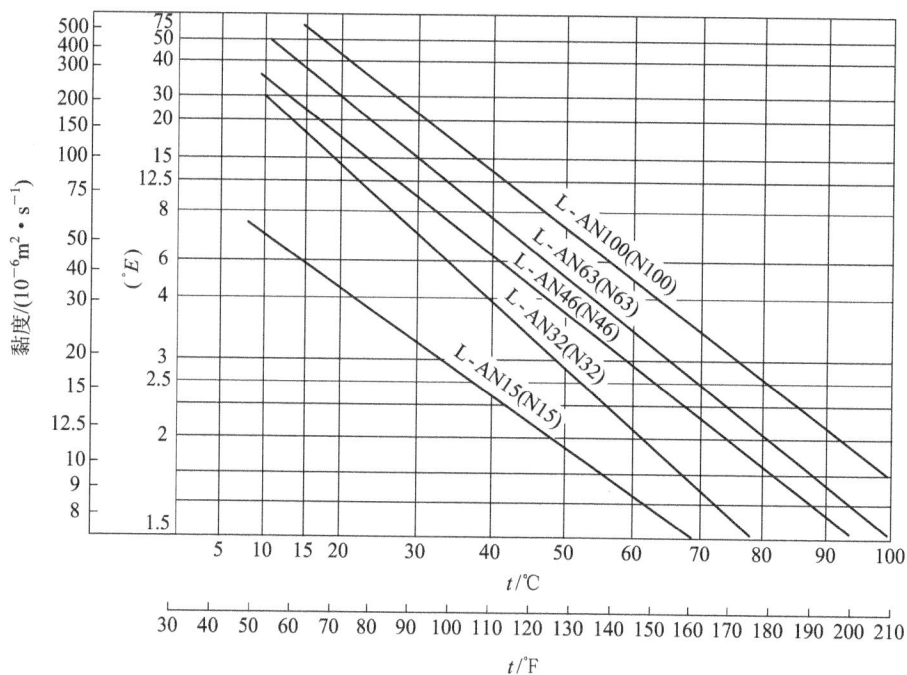

图 2-2 几种国产液压油的液黏温图

3）黏度与压力的关系

压力对油液的黏度也有一定的影响。压力越高，分子间的距离越小，黏度越大。不同的油液有不同的黏度压力变化关系。这种关系叫作油液的黏压特性。在液压系统中，若系统的压力不高，压力对黏度的影响较小，则一般可以忽略不计。当压力较高或压力变化较大时，压力对黏度的影响必须考虑。液体的动力黏度与压力的关系为

$$\mu = \mu_0 e^{kp} (\text{Pa} \cdot \text{s}) \tag{2-12}$$

式中：μ 为在压力为 p 时的液压油动力黏度；μ_0 为大气压下液压油的动力黏度；k 为随液压油而异的指数，对矿物型液压油，$k=0.015\sim0.03$；p 为液体所受的压力。

另外，液压油的运动黏度与压力的关系为

$$\upsilon_p = \upsilon(1 + 0.003p) \tag{2-13}$$

式中：υ_p 为在压力为 p 时的液压油运动黏度；υ 为大气压下液压油的运动黏度；p 为液体所受的压力。

4. 其他特性

液压油液还有其他一些物理化学性质，如抗燃性、抗氧化性、抗凝性、抗泡沫性、抗乳化性、防锈性、润滑性、导热性、稳定性及相容性（主要指对密封材料、软管等不侵蚀、不溶胀的性质）等，这些性质对液压系统的工作性能有重要影响。对于不同品种的液压油，这些性质的指标是不同的，具体应用时可查油类产品手册。

▬▬ 2.1.2 ▬▬ 液压油的种类及选用

1. 液压油的要求

液压油是液压系统中借以传递能量的工作介质。液压油的主要功用是传递能量，此外还兼有润滑、密封、冷却、防锈等功能，负担这样功能的液压油必须稳定，不能因使用条件而改变性质。因此油液的性能会直接影响液压传动的性能，如工作的可靠性、灵敏性、工况的稳定性、系统的效率及零件的寿命等。一般在选择油液时应满足下列几项要求。

（1）黏温特性好。在使用温度范围内，油液黏度随温度的变化越小越好。

（2）具有良好的润滑性。即油液润滑时产生的油膜强度高，以免产生干摩擦。

（3）成分要纯净，不应含有腐蚀性物质，以免侵蚀机件和密封元件。

（4）具有良好的化学稳定性。油液不易氧化，不易变质，以防产生黏质沉淀物影响系统工作，防止氧化后油液变为酸性，对金属表面起腐蚀作用。

（5）抗泡沫性好，抗乳化性好，对金属和密封件有良好的相容性。

（6）体积膨胀系数低，比热容和传热系数高；流动点和凝固点低，闪点和燃点高。

（7）无毒性，价格便宜。

2. 液压油的种类

液压油的品质取决于基油及所用的添加剂。液压油可以大致分为石油基液压油和难燃液压油，如表 2-4 所示。能够同时满足各项要求的理想液压油是不存在的。权衡利弊，用得最多的是易于廉价获得的石油基液压油。随着液压技术的发展，液压装置已经用于各种领域，液压油的种类也越来越多。石油基液压油一般为了满足液压装置的特别要求而在基油中配合添加剂来改善特性。液压油的添加剂有抗氧化剂、防锈剂、增黏剂、降凝剂、消泡剂、抗磨剂等。

表 2 - 4　液 压 油 分 类

类　别		组成和特性	代　号
石油基液压油		无添加剂的石油基液压油	L-HH
		HH＋抗氧化剂防锈剂	L-HL
		HL＋抗磨剂	L-HM
		HL＋增黏剂	L-HR
		HM＋增黏剂	L-HV
		HM＋防爬剂	L-HG
难燃液压油	含水液压油	高含水液压油	L-HFA
		油包水乳化液	L-HFB
		水乙二醇	L-HFC
	合成液压油	磷酸酯	L-HFDR
		氯化烃	L-HFDS
		HFDR＋HFDS	L-HFDT
		其他合成液压油	L-HFDU

3. 液压油的选用

选择液压用油首先要考虑的是黏度问题。在一定条件下，选用的油液黏度太高或太低都会影响系统正常工作。黏度高的油液流动时产生的阻力较大，克服阻力所消耗的功率较大，而此功率损耗又将转换成热量使油温上升。黏度太低，会使泄漏量加大，使系统的容积效率下降。一般液压系统的油液黏度 $v_{40}=(10\sim60)\times10^{-6}$ m^2/s，更高黏度的油液应用较少。

在选择液压油时要根据具体情况或系统的要求来选用合适黏度的油液。选择时一般考虑以下几个方面。

（1）液压系统的工作压力。工作压力较高的液压系统宜选用黏度较大的液压油，以减少系统泄漏；反之，可选用黏度较小的液压油。

（2）环境温度。环境温度较高时宜选用黏度较大的液压油。

（3）运动速度。液压系统执行元件的运动速度较高时，为减小液流的功率损失，宜选用黏度较低的液压油。

常见液压油系列品种如表 2-5 所示。其中，液压油的牌号（即数字）表示在 40℃下油液运动黏度的平均值（单位为 cSt）。原名（旧牌号）内为过去的牌号，其中的数字表示在50℃时油液运动黏度的平均值。

但是总的来说，应尽量选用较好的液压油，虽然初始成本要高些，但因为优质油使用寿命长，对元件损害小，所以从整个使用周期来看，其经济性要比选用劣质油好些。

表 2 – 5　常见液压油系列品种

种类	牌　号		原　名	用　途
	油名	代号		
普通液压油	N_{32} 号液压油 N_{68} G 号液压油	YA － N_{32} YA － N_{68}	20 号精密机床液压油 40 号液压—导轨油	用于环境温度为 0～45℃工作的各类液压泵的中、低压液压系统
抗磨液压油	N_{32} 号抗磨液压油 N_{150} 号抗磨液压油 N_{168} K 号抗磨液压油	YA － N_{32} YA － N_{150} YA － N_{168} K	20 号抗磨液压油 80 号抗磨液压油 40 号抗磨液压油	用于环境温度为－10～40℃工作的高压柱塞泵或其他泵的中、高压系统
低温液压油	N_{15} 号低温液压油 N_{46} D 号低温液压油	YA － N_{15} YA － N_{46} D	低凝液压油 工程液压油	用于环境温度为－20℃至高于 40℃工作的各类高压油泵系统
高黏度指数液压油	N_{32} H 号高黏度指数液压油	YD － N_{32} D		用于温度变化不大且对黏温性能要求更高的液压系统

（4）液压泵的类型。在液压系统的所有元件中，以液压泵对液压油的性能最为敏感，因为液压泵内零件的运动速度很高，承受的压力较大，润滑要求苛刻，温升高。因此，常根据液压泵的类型及要求来选择液压油的黏度。各类液压泵适用的黏度范围如表 2 – 6 所示。

表 2 – 6　各类液压泵适用的黏度范围

液压泵的类型		环境温度 5～40℃ υ /10^{-6} m²/s(40℃)	环境温度 40～80℃ υ /10^{-6} m²/s(40℃)
叶片泵	$p < 7 \times 10^6$ Pa	30～50	40～75
	$p \geqslant 7 \times 10^6$ Pa	50～70	55～90
齿轮泵		30～70	95～165
轴向柱塞泵		40～75	70～150
径向柱塞泵		30～80	65～240

2.1.3　液压油的污染和防治措施

液压油是否清洁，不仅影响液压系统的工作性能和液压元件的使用寿命，还直接关系到液压系统是否能正常工作。液压系统多数故障与液压油受到污染有关，因此控制液压油的污染是十分重要的。

1. 液压油被污染的原因

（1）液压系统的管道及液压元件内的型砂、切屑、磨料、焊渣、锈片、灰尘等污垢在系统使用前冲洗时未被洗干净，在液压系统工作时，这些污垢就进入到液压油里。

（2）外界的灰尘、砂粒等，在液压系统工作过程中通过往复伸缩的活塞杆，流回油箱的漏油等进入液压油里。另外在检修时，稍不注意也会使灰尘、棉绒等进入液压油里。

（3）液压系统本身也不断地产生污垢，而直接进入液压油里，如金属和密封材料的磨损颗粒，过滤材料脱落的颗粒或纤维及油液因油温升高氧化变质而生成的胶状物等。

2. 液压油污染的危害

液压油污染严重时，会直接影响液压系统的工作性能，使液压系统经常发生故障，使液压元件寿命缩短。造成这些危害的原因主要是污垢中的颗粒。对于液压元件来说，由于这些固体颗粒进入到元件里，会使元件的滑动部分磨损加剧，并可能堵塞液压元件里的节流孔、阻尼孔，或使阀芯卡死，从而造成液压系统的故障。水分和空气的混入使液压油的润滑能力降低并使它加速氧化变质，产生气蚀，使液压元件加速腐蚀，使液压系统出现振动、爬行等。

3. 防止液压油污染的措施

造成液压油污染的原因多而复杂，液压油自身又在不断地产生脏物，因此要彻底解决液压油的污染问题是很困难的。为了延长液压元件的寿命，保证液压系统可靠地工作，将液压油的污染度控制在某一限度以内是较为切实可行的办法。对液压油的污染控制工作主要从两个方面着手：一是防止污染物侵入液压系统；二是把已经侵入的污染物从系统中清除出去。污染控制要贯穿于整个液压装置的设计、制造、安装、使用、维护和修理等各个阶段。

为防止油液污染，在实际工作中应采取如下措施：

（1）使液压油在使用前保持清洁。液压油在运输和保管过程中都会受到外界污染，新买来的液压油看上去很清洁，其实很"脏"，必须将其静放数天后经过滤加入液压系统中使用。

（2）使液压系统在装配后、运转前保持清洁。液压元件在加工和装配过程中必须清洗干净，液压系统在装配后、运转前应彻底进行清洗，最好用系统工作中使用的油液清洗，清洗时油箱除通气孔(加防尘罩)外必须全部密封，密封件不可有飞边、毛刺。

（3）使液压油在工作中保持清洁。液压油在工作过程中会受到环境污染，因此应尽量防止工作中空气和水分的侵入，为完全消除水、气和污染物的侵入，采用密封油箱，通气孔上加空气滤清器，防止尘土、磨料和冷却液侵入，经常检查并定期更换密封件和蓄能器中的胶囊。

（4）采用合适的滤油器。这是控制液压油污染的重要手段。应根据设备的要求，在液压系统中选用不同的过滤方式、不同的精度和不同结构的滤油器，并要定期检查和清洗滤油器和油箱。

（5）定期更换液压油。更换新油前，油箱必须先清洗一次，系统较脏时，可用煤油清洗，排尽后注入新油。

（6）控制液压油的工作温度。液压油的工作温度过高对液压装置不利，液压油本身也会加速变质，产生各种生成物，缩短它的使用期限，一般液压系统的工作温度最好控制在65℃以下，机床液压系统则应控制在55℃以下。

液压油的污染是造成系统故障的主要原因，对液压油造成污染的物质有固体颗粒物、水、空气及有害化学物质，其中最主要的是固体颗粒物。污染源及污染控制措施如表2-7所示。

表 2-7　污染源及污染控制措施

污　染　源		控　制　措　施
固有污染物	液压元件加工装配残留污染物	元件在装配前要进行彻底清洗，达到规定的清洁度；对受污染的元件在装入系统前应进行清洗
	管件、油箱残留污染物及锈蚀物	系统组装前要对管件和油箱进行清洗（包括酸洗和表面处理），使其达到规定的清洁度
	系统组装过程中残留污染物	系统组装后进行循环清洗，使其达到规定的清洁度要求
外界侵入污染物	更换和补充油液时	对新油过滤净化处理
	经油箱呼吸孔侵入	采用密封式油箱（或带有饶性隔离器的油箱），安装空气滤清器和干燥器
	经油缸活塞杆侵入	采用可靠的活塞杆防尘密封，加强对密封的维护
	维护和检修时	保持工作环境和工具的清洁；彻底清除与工作油液不相容的清洗液或脱脂剂；维修后循环过滤，清洗整个系统
	水侵入	对油液进行除水处理（干燥过滤）
	空气侵入	排放空气，防止油箱内油液中气泡吸入泵内（如油箱内油量不足时），提高各元件接合处的密封性
内部生成污染物	元件磨损产物	定期检查清洗或更换油液过滤器，过滤净化，滤除尺寸与元件关键运动副油膜厚度相当的颗粒污染物，制止磨损的链式反应
	油液氧化产物	清除油液中的水、空气和金属微粒；控制油温，抑制油液氧化；定期检查及更换液压油

2.2　液体静力学

液体静力学主要讨论液体静止时的平衡规律及这些规律的应用。"液体静止"指的是液体内部质点间没有相对运动，不呈现黏性而言，至于盛装液体的容器，不论它是静止的或是匀速、匀加速运动都没有关系。

2.2.1　液体静压力及其特性

作用于液体上的力有两种类型：一种是质量力，作用于液体的所有质点上，如重力和惯性力等；另一种是表面力，作用于液体的表面上，它可以是其他物体作用在液体上的力，也可以是一部分液体作用于另一部分液体上的力。单位面积上作用的表面力称为应力，它有法向应力和切向应力之分。当液体静止时，液体质点间没有相对运动，不存在摩擦力，所以静止液体的表面力只有法向力。液体内某点处单位面积 ΔA 与其上所受到的法向力 ΔF 之比，叫作压力 p（静压力），即

$$p = \lim_{\Delta A \to 0} \frac{\Delta F}{\Delta A} \tag{2-14}$$

如果法向力 F 均匀地作用于面积 A 上，则压力为

$$p = \frac{F}{A} \tag{2-15}$$

式中：p 为液体的压力；F 为作用在液体上的外力；A 为外力垂直作用的面积。

液体具有流动性，故液体静止时不能承受切向力，沿面积 ΔA 的切向分力恒等于零。因此，作用于面积 ΔA 上只有法向分力。而液体又不能承受拉力，所以法向力的方向只能指向面积 ΔA。

液体的静压力具有两个重要特性：

（1）液体静压力垂直于其承受压力的作用面，其方向永远沿着作用面的内法线方向。

（2）静止液体内任意点处所受到的静压力在各个方向上都相等。

2.2.2　液体静压力基本方程

在重力作用下的静止液体，其受力情况如图 2-3(a) 所示。

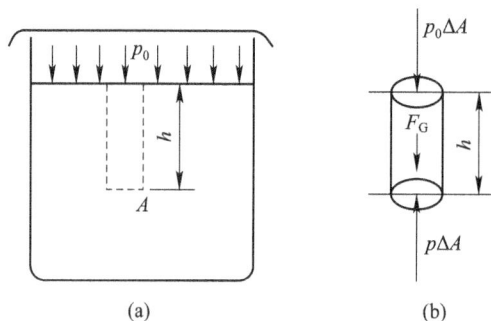

图 2-3　重力作用下的静止液体

在图 2-3(a) 中的自由液面向下取一微小垂直圆液柱，如图 2-3(b) 所示，其高度为 h，微小圆柱体在重力及周围压力作用下处于平衡状态。分析其受力：作用于该液柱侧表面的静压力垂直于该表面，且在各个方向上的静压力均相等；液柱在 Z 轴方向的力平衡方程式为

$$p\Delta A - p_0\Delta A - \rho g h\Delta A = 0$$

消去各项中的 ΔA 并移项，则 A 点所受的压力为

$$p = p_0 + \rho g h \qquad\qquad (2-16)$$

式中：g 为重力加速度。式(2-16)即为液体静压力的基本方程，由此式可知：

(1) 静止液体内任一点处的压力由两部分组成，一部分是液面上的压力 p_0，另一部分是 ρg 与该点离液面深度 h 的乘积。

(2) 同一容器中同一液体内的静压力随液体深度 h 的增加而线性地增加。

(3) 连通器内同一液体中深度 h 相同的各点压力都相等。由压力相等的点组成的面称为等压面。重力作用下静止液体中的等压面是一个水平面。

【例 2-1】　如图 2-4 所示，容器内充满油液。已知油的密度 $\rho = 900\ \mathrm{kg/m^2}$，活塞上的作用力 $F = 1000\ \mathrm{N}$，活塞面积 $A = 1\times 10^{-3}\ \mathrm{m^2}$，忽略活塞的质量。求活塞下方深度 $h = 0.5\ \mathrm{m}$ 处的静压力。

解　根据式(2-16)知

$$p = p_0 + \rho g h$$

活塞与油液接触面上的压力为

$$p_0 = \frac{F}{A} = \frac{1000\ \mathrm{N}}{1\times 10^{-3}\ \mathrm{m^2}} = 10^6\ \mathrm{Pa}$$

则深度为 h 处的液体压力为

$$p = p_0 + \rho g h = (10^6 + 900\times 9.8\times 0.5)\ \mathrm{Pa}$$
$$= (10^6 + 4410)\ \mathrm{Pa} = 1004410\ \mathrm{Pa}$$
$$= 1.00441\times 10^6\ \mathrm{Pa} \approx 1\times 10^6\ \mathrm{Pa}$$

图 2-4　液体内压力计算

由例 2-1 可以看出，自重所产生的那部分静压力 $\rho g h$(4410 Pa)是很小的。

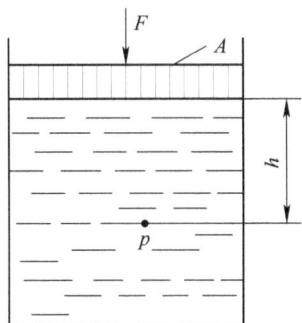

2.2.3　压力的表示方法及单位

1. 压力的表示方法

压力的表示方法有两种：一种是以绝对真空作为基准所表示的压力，称为绝对压力；另一种是以大气压力作为基准所表示的压力，称为相对压力。大多数测压仪表所测得的压力都是相对压力，故相对压力也称表压力。

绝对压力与相对压力的关系为

$$绝对压力 = 相对压力 + 大气压力$$

液压技术中的压力一般都是相对压力。若液体中某点的压力小于大气压力，那么比大气压力小的那部分数值叫作真空度，即

$$真空度 = 大气压 - 绝对压力 = -(绝对压力 - 大气压)$$

由此可知，当以大气压为基准计算压力时，基准以上的正值是表压力，基准以下的负值就是真空度。绝对压力、相对压力和真空度的相互关系如图 2-5 所示。

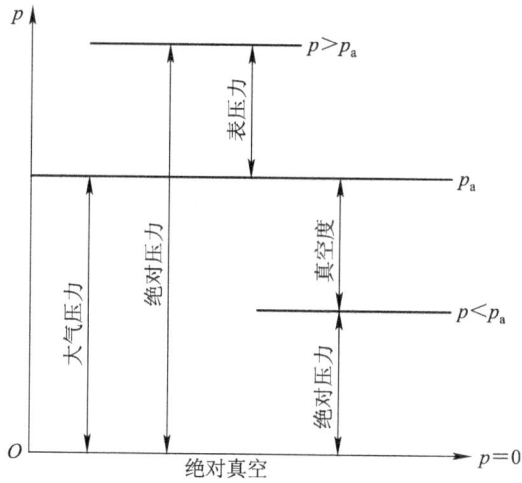

图 2-5　绝对压力、相对压力和真空度的相互关系

2. 压力的单位

法定压力(ISO)单位称为帕斯卡(帕)，符号为 Pa，工程上常用兆帕这个单位来表示压力。

$$1 \text{ MPa} = 10^6 \text{ Pa}$$

在工程上采用工程大气压，也采用水柱高度或汞柱高度等。在液压技术中，目前还采用的压力单位有巴，符号为 bar。

$$1 \text{ bar} = 10^5 \text{ Pa} \approx 1.02 \text{ kgf/cm}^2$$

压力的单位及其他非法定计量单位的换算关系为

$$1 \text{ at(工程大气压)} = 1 \text{ kgf/cm}^2 = 9.8 \times 10^4 \text{ N/m}^2$$

$$1 \text{ mH}_2\text{O(米水柱)} = 9.8 \times 10^3 \text{ N/m}^2$$

$$1 \text{ mmHg(毫米汞柱)} = 1.33 \times 10^2 \text{ N/m}^2$$

2.2.4　帕斯卡原理

密闭容器内的液体，当外加压力 p_0 发生变化时，只要液体仍保持原来的静止状态不变，液体内任一点的压力将发生同样大小的变化。这就是说，在密闭容器内，施加于静止液体上的压力将以等值同时传到各点。这就是静压传递原理，或称帕斯卡原理。液压系统中的压力是由外界负载决定的。

图 2-6 所示就是应用帕斯卡原理的实例。图中大小两个液压缸由连通管相连构成密闭容积。其中大缸活塞面积为 A_1，作用在活塞上的负载为 F_1，液体所形成的压力

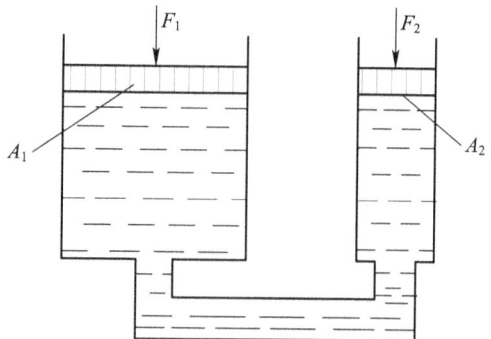

图 2-6　帕斯卡原理应用实例

$p = F_1/A_1$。由帕斯卡原理知,小活塞处的压力也为 p,若小活塞面积为 A_2,则为防止大活塞下降,在小活塞上应施加的力为

$$F_2 = pA_2 = \frac{A_2}{A_1}F_1 \tag{2-17}$$

由式(2-17)可知,因为 $A_2/A_1 < 1$,所以用一个很小的推力 F_2 就可以推动一个比较大的负载 F_1。液压千斤顶就是根据这一原理制成的。从负载和压力的关系还可以发现,活塞上的负载 $F_1 = 0$ N 时,不考虑活塞自重和其他阻力,则不论怎样推动小液压缸的活塞,也不能在液体中形成压力,这说明液体内的压力是由外负载决定的。这是液压传动中一个很重要的概念。

【例 2-2】　如图 2-6 所示,如果大缸内径 $D = 100$ mm,小缸内径直 $d = 20$ mm,大活塞上放置物体的质量为 5000 kg。问在小活塞上所加的力 F_2 为多大才能使大活塞顶起重物?

解　物体的重力为

$$G = mg = 5000 \times 9.8 \text{ N} = 49\,000 \text{ N}$$

根据静压传递原理,在两缸中由外力产生的压力相等,即

$$\frac{F_2}{\frac{\pi d^2}{4}} = \frac{G}{\frac{\pi D^2}{4}}$$

$$F_2 = G\frac{D^2}{d^2} = 49\,000 \text{ N} \times \frac{20^2}{100^2} = 1960 \text{ N}$$

答:为了顶起重物应,在小活塞上加力为 1960 N。

■■■ 2.2.5 ■■■ 液体静压力对固体壁面的作用力

静止液体和固体壁面相接触时,固体壁面上各点在某一方向上所受静压力的总和,便是液体在该方向上作用于固体壁面上的力。在液压传动计算中质量力(ρgh)可以忽略,静压力处处相等,所以可认为作用于固体壁面上的压力是均匀分布的。

当固体壁面为一平面时,如图 2-7(a)所示,液体压力在该平面上的总作用力 F 等于液体压力 p 与该平面面积 A 的乘积,其作用方向与该平面垂直。

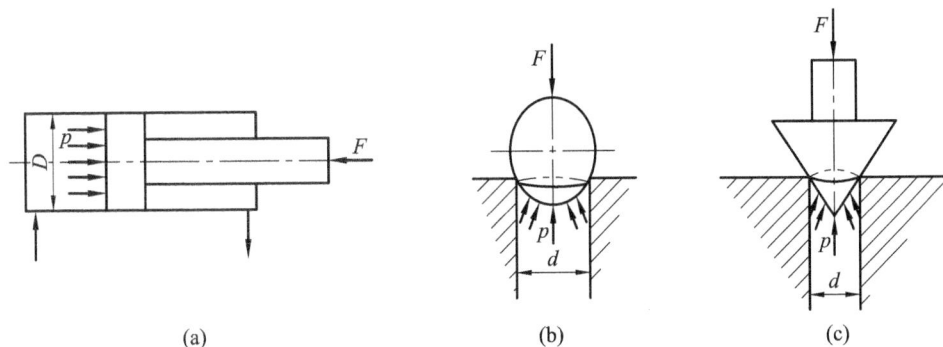

(a)　　　　　　　　(b)　　　　　　　　(c)

图 2-7　液压力作用在固体壁面上的力

$$F = pA = \frac{p\pi D^2}{4} \qquad (2-18)$$

当固体壁面是一个曲面时，作用在曲面各点的液体静压力是不平行的，但是静压力的大小是相等的，因而作用在曲面上总作用力在不同的方向也就不一样，因此必须首先明确要计算的是曲面上哪个方向的力。

如图2-7(b)、图2-7(c)所示的球面与圆锥体面，要求液体静压力 p 沿着垂直方向作用在球面与圆锥体面上的力 F，就等于压力作用于该部分曲面在垂直方向的投影面积 A 与压力 p 的乘积，其作用点通过投影圆的圆心，其方向向上。

$$F = pA = \frac{p\pi d^2}{4} \qquad (2-19)$$

式中：d 为承压部分曲面投影圆的直径。

由此可见，曲面上液压作用力在某一方向上的分力等于液体静压力和曲面在该方向的垂直面内投影面积的乘积。

2.3　液体动力学

液体动力学的主要内容是研究液体流动时流速和压力之间的变化规律。其中，流动液体的连续性方程、伯努利方程、动量方程就是描述流动液体动力学规律的三个基本方程。这些内容不仅构成了液体动力学的基础，而且是液压技术中分析问题和解决问题的依据。

2.3.1　基本概念

1. 理想液体、定常流动和一维流动

理想液体是为了简化问题难度而假设的既无黏性又不可压缩的液体。实际上理想液体是不存在的。实际液体是指任何具有黏性，而且可以压缩(尽管可压缩性很小)的液体。

定常流动是指液体流动时，液体中任何一质点处的压力 p、流速 v 及密度 ρ 都不随时间而变化的流动。定常流动也称为恒定流动或非时变流动。如图2-8所示下水管内液流就是做定常流动。

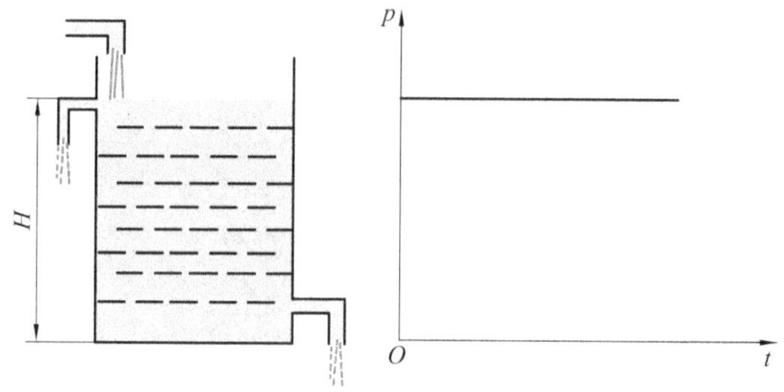

图2-8　定常流动

非定常流动是指液体流动时，液体中任何一质点处的压力 p、流速 v 及密度 ρ 中有一个随时间而变化的流动。非定常流动也称为非恒定流动或时变流动。如图 2-9 所示的水管内液流就是做非定常流动。

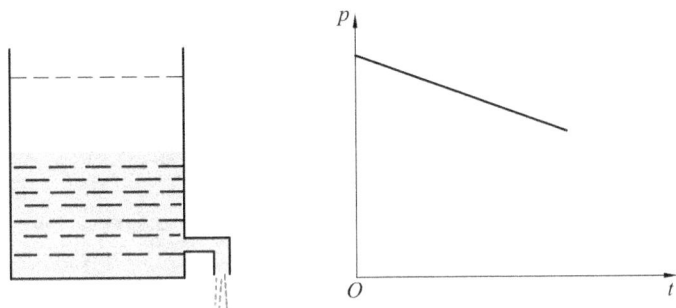

图 2-9 非定常流动

一维流动是指液体的运动要素仅随空间一个坐标而变化的流动。二维流动是指液体的运动要素随空间两个坐标而变化的流动（即平面流动）。三维流动是指液体的运动要素随空间三个坐标而变化的流动（即空间流动）。

2. 迹线、流线、流管、流束和通流截面

（1）迹线：流动液体的某一质点在某一时间间隔内在空间的运动轨迹，如图 2-10 所示。

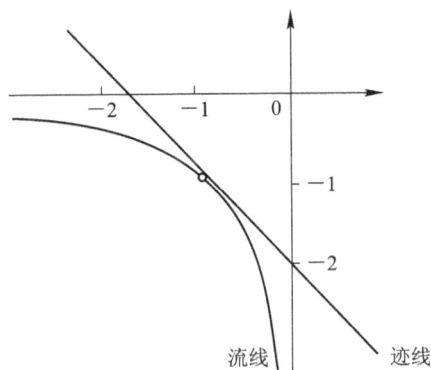

图 2-10 迹线与流线的区别

（2）流线：表示某一瞬时液流中各处质点运动状态的曲线，在此瞬时，曲线上各点的速度方向与该线相切，如图 2-11(a)所示。

流线的特性如下：

① 流线不能相交；

② 流线是一条光滑曲线或直线，不会发生转折；

③ 流线表示瞬时流动方向。

在非定常流动时，由于各点速度可能随时间变化，因此流线形状也可能随时间而变化。在定常流动时，流线不随时间而变化，这样流线就与迹线重合。因为流动液体中任一质点在某一瞬时只能有一个速度，所以流线之间不可能相交，也不可能突然转折，流线只能是一条光滑的曲线。

（3）流管：在液体的流动空间中任意画一不属流线的封闭曲线，沿经过此封闭曲线上的每一点作流线，由这些流线组合的管状曲面。

（4）流束：流管内的流线群。在定常流动时，如图 2-11（b）所示。

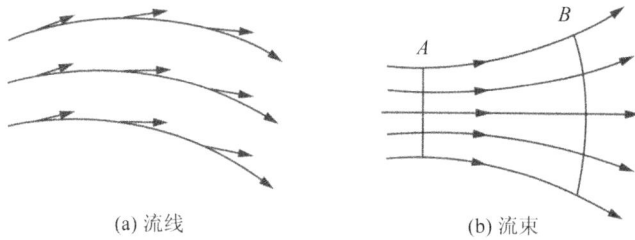

(a) 流线　　　　　　　　(b) 流束

图 2-11　流线和流束

流管和流束形状不变，且流线不能穿越流管，故流管与真实管流相似，将流管断面无限缩小趋近零，就获得了微小流管或微小流束。微小流束实质上与流线一致，可以认为运动的液体是由无数微小流束所组成的。

（5）通流截面：流束中与所有流线正交的截面。截面上每一点处的流动速度都垂直于这个面。

3. 流量和平均流速

（1）流量。

单位时间内流过某一通流截面的液体体积称为流量。流量以 q 表示，单位为 m^2/s 或 L/min。

由于流动液体黏性的作用，在通流截面上各点的流速 u 一般是不相等的。在计算流过整个通流截面 A 的流量时，可在通流截面 A 上取一微小截面 dA，如图 2-12（a）所示。

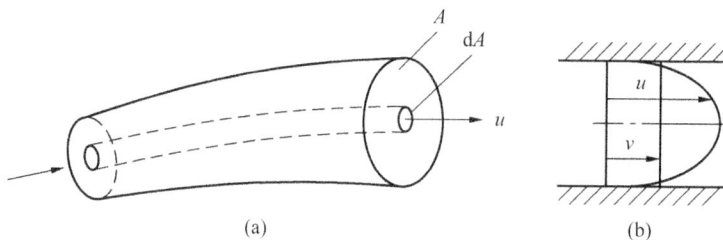

图 2-12　流量和平均流速

可以认为在该断面各点的流速 u 相等，则流过该微小断面的流量为

$$dq = udA \qquad (2-20)$$

流过整个通流截面 A 的流量为

$$q = \int_A u\,dA \qquad (2-21)$$

（2）平均流速。

对于实际液体的流动，流速的分布规律很复杂，按式（2-22）计算流量非常困难。因此，提出一个"平均流速"的概念，即假设通流截面上各点的流速均匀分布，液体以均匀分布的流速流过通流截面积的流量等于以实际流速流过的流量，即

$$q = \int_A u \, \mathrm{d}A = Av \qquad\qquad (2-22)$$

由此得出通流截面上的平均流速为

$$v = \frac{q}{A} \qquad\qquad (2-23)$$

实际的工程计算中，平均流速才具有应用价值。液压缸工作时活塞的运动速度等于缸内液体的平均流速，如图 2-12（b）所示。

4. 流动液体的压力

静止液体内任意点处的压力在各个方向上都是相等的，可是在流动液体内，由于惯性力和黏性力的影响，任意点处在各个方向上的压力并不相等，但数值相差甚微。当惯性力很小，且把液体当作理想液体时，流动液体内任意点处的压力在各个方向上的数值可以看作是相等的。

2.3.2　流动状态、雷诺数

实际液体具有黏性，是产生流动阻力的根本原因。然而流动状态不同，阻力大小也是不同的。所以先研究两种不同的流动状态。

1. 流动状态——层流和紊流

液体在管道中流动时存在两种不同的状态，它们的阻力性质也不相同。虽然这是在管道液流中发生的现象，却对气流和流体也同样适用。

（1）雷诺试验。

雷诺实验装置如图 2-13（a）所示。容器 6 和 3 中分别装满了水和密度与水相同的红色液体，容器 6 由水管 2 供水，并由溢流管 1 保持液面高度不变。打开阀 8 让水从玻璃管 7 中流出，这时打开阀 4，红色液体也经细导管 5 流入水平玻璃管 7 中。当调节阀 8 使玻璃管 7 中的液体流速较小时，红色液体在玻璃管 7 中呈一条明显的直线，将细导管 5 的出口上下移动，则红色直线也上下移动，而且这条红线和清水层次分明，不相混杂，如图 2-13（b）所示。液体的这种流动状态称为层流。当调整阀 8 使玻璃管 7 中的液体流速逐渐增大至某一值时，可以看到红线开始出现抖动而呈波纹状，如图 2-13（c）所示，这表明层流状态被破坏，液流开始出现紊乱。若玻璃管 7 中液体的流速继续增大，红线消失，红色液体便和清水完全混杂在一起，如图 2-13（d）所示，这表明管中的液流完全紊乱，这时的流动状态称为紊流。如果将阀 8 逐渐关小，当液体流速减小至一定值时，水流又重新恢复为层流。

依据雷诺试验，可以把液体的流动状态分为层流和紊流。

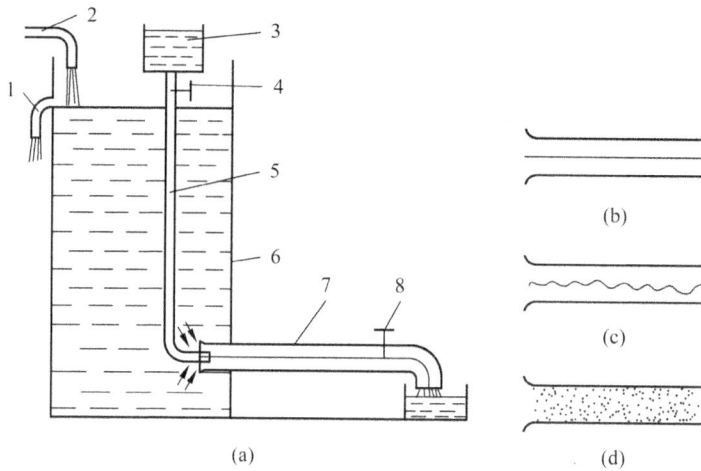

1—溢流管；2—水管；3、6—容器；4、8—阀；5—细导管；7—玻璃管。

图 2-13 雷诺实验装置

（2）层流。

层流就是在液体运动时，如果质点没有横向脉动，不引起液体质点混杂，而是层次分明，能够维持安定的流束状态。

（3）紊流。

紊流就是液体流动时质点具有脉动速度，引起流层间质点相互错杂交换。

2. 雷诺数

液体流动时究竟是层流还是紊流，须用雷诺数来判别。实验证明，液体在圆管中的流动状态不仅与管内的平均流速 v 有关，还和管径 d_H、液体的运动黏度 v 有关。但是，真正决定液流状态的，却是由这三个参数所组成的一个称为雷诺数 Re 的无量纲纯数。

$$Re = \frac{v d_H}{v} \tag{2-24}$$

式中：v 为液体的流速（m/s）；d_H 为管的当量直径（m）；v 为液体的运动黏度（Pa·s）。

实验证明：流体从层流变为紊流时的雷诺数大于由紊流变为层流时的雷诺数，前者称为上临界雷诺数，后者称为下临界雷诺数。工程中以下临界雷诺数作为液流状态判断依据，简称临界雷诺数。若 $Re < Re_c$，则液流为层流；若 $Re \geqslant Re_c$，则液流为紊流。常见液流管道的临界雷诺数如表 2-8 所示。

表 2-8 常见液流管道的临界雷诺数

管道的材料与形状	Re_c	管道的材料与形状	Re_c
光滑的金属圆管	2000～2320	带槽装的同心环状缝隙	700
橡胶软管	1600～2000	带槽装的偏心环状缝隙	400
光滑的同心环状缝隙	1100	圆柱形滑阀阀口	260
光滑的偏心环状缝隙	1000	锥状阀口	20～100

对于非圆截面的管道来说，Re 为

$$Re = \frac{4vR}{V} \qquad (2-25)$$

式中：R 为流截面的水力半径，它等于液流的有效截面积 A 和它的湿周（通流截面上与液体接触的固体壁面的周界长度）χ 之比，即

$$R = \frac{A}{\chi} \qquad (2-26)$$

直径为 D 的圆柱截面管道的水力半径为 $R = \dfrac{A}{\chi} = \dfrac{\frac{\pi}{4}D^2}{\pi D} = \dfrac{D}{4}$，这说明圆管直径 D 是其水力半径的 4 倍。

又如正方形的管道，边长为 b，则湿周为 $4b$，因而水力半径 $R = b/4$。水力半径的大小对管道的通流能力影响很大：水力半径大，表明流体与管壁的接触少，通流能力强；水力半径小，表明流体与管壁的接触多，通流能力差，容易堵塞。

2.3.3　液流流动的连续性方程

连续性方程是质量守恒定律在流体力学中的一种表达形式。

图 2-14 所示为不等截面管，液体在管内做恒定流动，任取 1、2 两个通流截面，设其面积分别为 A_1 和 A_2，两个截面中液体的平均流速和密度分别为 v_1、ρ_1 和 v_2、ρ_2，根据质量守恒定律，在单位时间内流过两个截面的液体质量相等，即

$$\rho_1 v_1 A_1 = \rho_2 v_2 A_2 \qquad (2-27)$$

不考虑液体的压缩性，有 $\rho_1 = \rho_2$，则

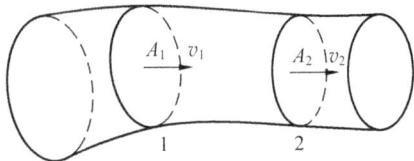

图 2-14　流量连续性方程推导

$$v_1 A_1 = v_2 A_2 \qquad (2-28)$$

或写成

$$q = vA = 常量 \qquad (2-29)$$

这就是液流流动的连续性方程。它说明恒定流动中流过各截面的不可压缩流体的流量是不变的，因而流速和通流截面积成反比。

2.3.4　伯努利方程

能量守恒是自然界的客观规律，流动液体也遵守能量守恒定律，这个规律是用伯努利方程的数学形式来表达的。伯努利方程是一个能量方程。

伯努利方程就是能量守恒定律在流动液体中的表现形式。要说明流动液体的能量问题，必须先讲述液流的受力平衡方程，亦即它的运动微分方程。

1. 理想液体的运动微分方程

下面研究理想液体定常流动条件下，在重力场中沿流线运动时其力的平衡关系。在定

常流动时，在微小流束上，其流体压力(p)、流体位置(z)、流体流速(v)均是流线段长的函数，故简化定常流流时的运动方程为

$$\frac{1}{\rho}\mathrm{d}p + g\mathrm{d}z + v\mathrm{d}v = 0 \tag{2-30}$$

这就是重力场中，理想液体沿流线做定常流动时的运动方程，即欧拉运动方程。它表示了单位质量液体的力平衡方程。

2. 理想液体微小流束的伯努利方程

将式(2-30)沿流线积分，便可得到理想液体微小流束的伯努利方程，即

$$\frac{p}{\rho} + gz + \frac{v^2}{2} = 常数 \tag{2-31}$$

为研究方便，一般将液体作为没有黏性摩擦力的理想液体来处理，如图2-15所示，一段理想液体在管内做稳定流动，管内各处的截面大小和高度都不相同，假定在很短的时间 t 内，管内液体从 $1'-1'$ 段流到 $2'-2'$ 段，根据能量守恒定律，对流线上任意两点，将式(2-31)两边同除以 g 可得式(2-32)，即为理想液体定常流动的伯努利方程。

$$\frac{p_1}{\rho g} + z_1 + \frac{v_1^2}{2g} = \frac{p_2}{\rho g} + z_2 + \frac{v_2^2}{2g} \tag{2-32}$$

式中：$p/\rho g$ 为单位重量液体所具有的压力能，称为比压能，也叫作压力水头；z 为单位重量液体所具有的势能，称为比位能，也叫作位置水头；$v^2/2g$ 为单位重量液体所具有的动能，称为比动能，也叫作速度水头。

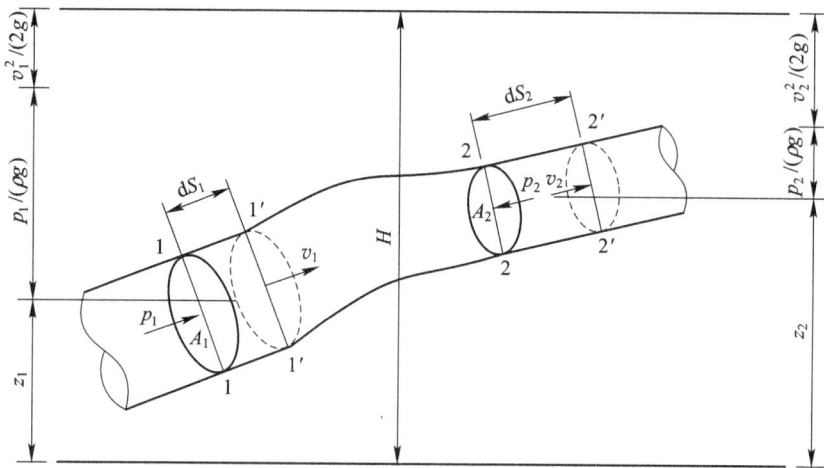

图 2-15　液流能量方程关系转换

对伯努利方程可做如下的理解：

（1）伯努利方程是一个能量方程，它表明在空间各相应通流断面处流通液体的能量守恒规律。

（2）理想液体的伯努利方程只适用于重力作用下的理想液体做定常流动的情况。

（3）任一微小流束都对应一个确定的伯努利方程，即对于不同的微小流束，它们的常

量值不同。

伯努利方程的物理意义：在密封管道内做定常流动的理想液体在任意一个通流断面上具有三种形式的能量，即压力能、势能和动能。三种能量的总合是一个恒定的常量，而且三种能量之间是可以相互转换的，即在不同的通流断面上，同一种能量的值会是不同的，但各断面上的总能量值都是相同的。

3. 实际液体微小流束的伯努利方程

由于液体存在着黏性，其黏性力在起作用，并表示为对液体流动的阻力，实际液体的流动要克服这些阻力，表示为机械能的消耗和损失，因此，当液体流动时，液流的总能量或总比能在不断地减少。所以，实际液体微小流束的伯努力方程为

$$\frac{p_1}{\rho g} + z_1 + \frac{v_1^2}{2g} = \frac{p_2}{\rho g} + z_2 + \frac{v_2^2}{2g} + h_w \qquad (2-33)$$

4. 实际液体总流的伯努利方程

实际液体在通流截面上，液流的实际动能和按平均流速计算出的动能之比为动能修正系数 α，对式(2-33)进行修正，得到实际液体总流的伯努利方程为

$$\frac{p_1}{\rho g} + z_1 + \frac{\alpha_1 v_1^2}{2g} = \frac{p_2}{\rho g} + z_2 + \frac{\alpha_2 v_2^2}{2g} + h_w \qquad (2-34)$$

伯努利方程的适用条件为稳定流动的不可压缩液体，即密度为常数；液体所受质量力只有重力，忽略惯性力的影响；所选择的两个通流截面必须在同一个连续流动的流场中是渐变流(即流线近于平行线，有效截面近于平面)。

应用伯努利方程时，还要注意以下几点，这是因为在推导伯努利方程过程中逐次加入了限制条件。

(1) z 和 p 是指截面的同一点上的两个参数。至于 1—1、2—2、1′—1′、2′—2′上的点倒不一定都要取在同一条流线上。但一般对管流而言，计算点都取在轴心线上。把这两个点都取在两截面的轴心处，是为了研究讨论方便。

(2) 液流是恒定流。如不是恒定流，要加入惯性项。

(3) 两个计算通流截面应取在平行流动或缓变流动处，但两截面之间的流动不受此限制。至于两截面间是什么流，是没有关系的，只会影响能量损失的大小。

(4) 液流仅受重力作用，亦即盛液的容器没有加速度的情况。

(5) 液体不可压缩，密度在运动中保持不变。

(6) 流量沿程不变，即没有分流。

(7) 适当地选取基准面，一般取液平面，这时 p 一般等于 p_a，$v=0$。

(8) 截面上的压力应取同一种表示法，都取相对压力，或都取绝对压力。若压力小于大气压，则表压力为负值，但用真空度表示时要写正值。如绝对压力为 0.03 MPa，则表压力为 -0.07 MPa，真空度为 0.07 MPa。

(9) 计算时动能修正系数不相同，层流时，$\alpha \approx 2$，紊流时，$\alpha \approx 1$。

【例 2-3】 应用伯努利方程分析液压泵正常吸油的条件，液压泵装置如图 2-16 所

示。设液压泵吸油口处的绝对压力为 p_2，油箱液面的压力 p_1 为大气压 p_a，泵吸油口至油箱液面高度为 h。

解　取油箱液面为基准面，并定为 1—1 截面，泵的吸油口处为 2—2 截面，假设 v_1 为油箱液面流速（可看作近似为零），v_2 为吸油管液速，h_w 为吸油管的能量损失，对两截面列伯努利方程（动能修正系数取 $\alpha_1 = \alpha_2 = 1$）：

$$\frac{p_1}{g\rho} + \frac{v_1^2}{2g} = \frac{p_2}{g\rho} + \frac{v_2^2}{2g} + h_w + h$$

代入已知条件，上式可简化为

$$\frac{p_a}{g\rho} = \frac{p_2}{g\rho} + \frac{v_2^2}{2g} + h_w + h$$

即液压泵吸油口的真空度为

图 2-16　液压泵装置

$$p_a - p_2 = \rho g h + \frac{1}{2}\rho v_2^2 + \rho g h_w = \rho g h + \frac{1}{2}\rho v_2^2 + \Delta p$$

由此可知，液压泵吸油口的真空度由三部分组成：产生一定流速 v_2 所需的压力、把油液提升到高度 h 所需的压力和吸油管的压力损失。

为保证液压泵正常工作，液压泵吸油口的真空度不能太大。若真空度太大，在绝对压力 p_2 低于油液的空气分离压 pg 时，溶于油液中的空气会分离析出形成气泡，产生气穴现象，出现振动和噪声。为此，必须限制液压泵吸油口的真空度小于 0.3×10^5 Pa。具体措施除增大吸油管直径、缩短吸油管长度、减小局部阻力以降低 $\rho v_2^2/2$ 和 Δp 两项外，一般对液压泵的吸油高度 h 进行限制，通常取 $h \leqslant 0.5$ m。若将液压泵安装在油箱液面以下，则 h 为负值，对降低液压泵吸油口的真空度更为有利。

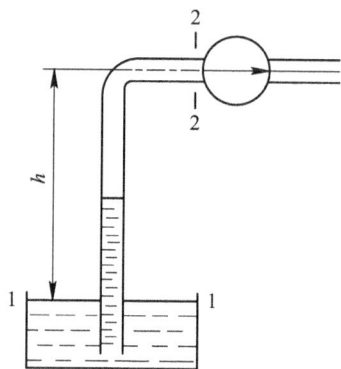

2.4　定常管流压力损失的计算

实际黏性液体在流动时存在阻力，为了克服阻力就要消耗一部分能量，这样就有能量损失。在液压传动中，能量损失主要表现为压力损失，这就是实际液体流动的伯努利方程中 h_w 项的含义。液压系统中的压力损失分为两类：一类是油液沿等直径直管流动时所产生的压力损失，称之为沿程压力损失。这类压力损失是由液体流动时的内、外摩擦力所引起的。另一类是油液流经局部障碍（如弯头、接头、管道截面突然扩大或收缩）时，由于液流的方向和速度的突然变化，在局部形成旋涡引起油液质点间及质点与固体壁面间相互碰撞和剧烈摩擦而产生的压力损失，称之为局部压力损失。

压力损失过大，也就是液压系统中功率损耗增加，将导致油液发热加剧，泄漏量增加，效率下降和液压系统性能变坏。

在液压技术中，研究液体流动阻力的目的：一是正确计算液压系统中的阻力；二是找出减小流动阻力的途径；三是利用阻力所形成的压差 Δp 来控制某些液压元件的动作。

2.4.1　沿程压力损失

沿程压力损失主要取决于管路的长度、内径、液体的流速和黏度等。液体的流态不同，沿程压力损失也不同。液体在圆管中层流流动在液压传动中最为常见。因此，在设计液压系统时，常希望管道中的液流保持层流流动的状态。

1. 层流时的沿程压力损失

在液压传动中，液体的流动状态多数是层流流动，在这种状态下液体流经直管的压力损失可以通过理论计算求得。

液体在等径水平直管中的层流流动如图 2-17 所示。

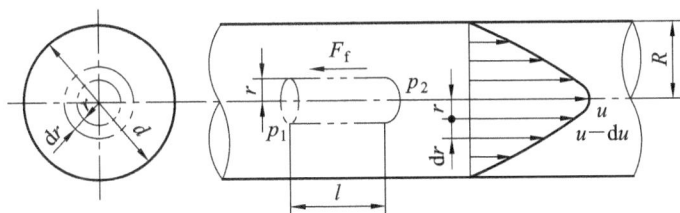

图 2-17　圆管层流运动分析

取一段与管轴重合的微小圆柱体作为研究对象。液体处于受力平衡状态，即

$$(p_1 - p_2)\pi r^2 = \Delta p \pi r^2 = F_f = -2\pi r l \mu \frac{du}{dr} \tag{2-35}$$

其中，F_f 是液体内摩擦力。这里用到了牛顿液体内摩擦定律。整理式(2-35)可得

$$du = -\frac{\Delta p}{2\mu l} r \, dr \tag{2-36}$$

对式(2-36)两边进行积分，并代入边界条件，可得

$$u = \frac{\Delta p}{4\mu l}(R^2 - r^2) \tag{2-37}$$

由式(2-37)可知，流速在半径方向上是按抛物线规律分布的，在管道轴线上流速取最大值，通过微元体的流量微元为

$$dq = u \, dA = 2\pi u r \, dr = \frac{\Delta p \pi}{2\mu l}(R^2 - r^2) r \, dr \tag{2-38}$$

对式(2-38)两边积分可得

$$q = \frac{\pi d^4}{128\mu l}\Delta p \tag{2-39}$$

将式(2-39)代入平均流速，可得

$$v = \frac{q}{A} = \frac{d^2}{32\mu l}\Delta p \tag{2-40}$$

液体层流时的沿程压力损失为

$$\Delta p_\lambda = \Delta p = \frac{32\mu l v}{d^2} \tag{2-41}$$

在式(2-41)中代入液体层流参数，也可以化简为

$$\Delta p_\lambda = \frac{64\nu}{dv}\rho\,\frac{l}{d}\,\frac{v^2}{2} = \frac{64}{Re}\,\frac{l}{d}\,\frac{\rho v^2}{2} = \lambda\,\frac{l}{d}\,\frac{\rho v^2}{2} \qquad (2-42)$$

在式(2-42)中，λ 是沿程阻力系数。实际计算时，对金属管取 $\lambda=75/Re$，橡胶管取 $\lambda=80/Re$，对于各种不同的液流管道，Re 取值都不同，在计算时查表 2-8 取值。

2. 紊流时的沿程压力损失

紊流时计算沿程压力损失的公式在形式上与式(2-42)相同。不同的是，此时的 λ 不仅与雷诺数有关，还与管壁的粗糙度有关，即 $\lambda=f(Re,\Delta/d)$，绝对粗糙度 Δ 与管径 d 的比值 Δ/d 称为相对粗糙度。

2.4.2　局部压力损失

局部压力损失的计算如下：

$$\Delta p_\xi = \xi\frac{\rho v^2}{2} \qquad (2-43)$$

式中：ξ 为局部阻力系数。各种局部装置结构的 ξ 是由实验测定的，可查相关手册。

阀类元件局部压力损失计算如下：

$$\Delta p_\xi = \Delta p_n\left(\frac{q}{q_n}\right)^2 \qquad (2-44)$$

式中：Δp_n 为阀在额定流量下的压力损失；q_n 为阀的额定流量；q 为阀的实际流量。

2.4.3　管路系统总的压力损失

管路系统总的压力损失为

$$\sum\Delta p = \sum\Delta p_\lambda + \sum\Delta p_\xi \qquad (2-45)$$

在式(2-45)中应注意，在两个局部阻力区之间的直管长度应大于(10~20)d。

液体的流速对系统的压力损失影响最大。流速增加，压力损失会增大，但流速太低会增加管路和阀类元件的尺寸。因此合理选择液体的流速在液压系统设计中显得尤其重要。

2.5　液压冲击

在液压传动系统中，常常由于一些原因而使液体压力突然急剧上升，形成很高的压力峰值，这种现象称为液压冲击。

1. 液压冲击的危害

系统中出现液压冲击时，液体瞬时压力峰值可以比正常工作压力大好几倍。液压冲击会损坏密封装置、管道或液压元件，还会引起设备振动，产生很大的噪声。有时冲击会使某些液压元件，如压力继电器、顺序阀等产生误动作，影响系统正常工作。

2. 液压冲击产生的原因

在阀门突然关闭或运动部件快速制动等情况下，液体在系统中的流动会突然受阻，这

时，由于液流的惯性作用，液体就从受阻端开始，迅速将动能逐层转换为液压能，因而产生了压力冲击波。此后，这个压力波又从该端开始反向传递，将压力能逐层转化为动能，这使得液体又反向流动，然后在另一端再次将动能转化为压力能，如此反复地进行能量转换。由于这种压力波的迅速往复传播，便在系统内形成压力振荡。这一振荡过程中，由于液体受到摩擦力及液体和管壁的弹性作用不断消耗能量，才使振荡逐渐衰减而趋向稳定。产生液压冲击的本质是动量变化。

3. 减小液压压力冲击的措施

减小液压冲击的主要措施如下：

(1) 尽可能延长阀门关闭和运动部件制动换向的时间。在液压传动系统中采用换向时间可调的换向阀。

(2) 正确设计阀口，限制管道流速及运动部件速度，使运动部件制动时的速度变化比较均匀。例如，在机床液压传动系统中，通常将管道流速限制在 4.5 m/s 以下，液压缸驱动的运动部件速度一般不宜超过 10 m/min 等。

(3) 在某些精度要求不高的工作机械上，使液压缸两腔油路在换向阀回到中位时瞬时互通。

(4) 适当加大管道直径，尽量缩短管道长度。必要时，还可在冲击区附近设置卸荷阀和安装蓄能器等缓冲装置来达到此目的。

(5) 采用软管，增加系统的弹性，以减少压力冲击。

2.6 气穴现象

气穴是液压系统中常出现的故障现象。液压油液中总含有一定量的空气，空气溶解或以气泡形式混合在液压油液中。在一定温度下，当流动油液压力降低到空气分离压 P_g（小于一个大气压）时，使原溶入液体中的空气分离出来形成气泡的现象，称为气穴现象。

1. 产生气穴现象的原因

液压油中总含有一定量的空气，对于矿物油型液压油（常温时，在标准大气压下）一般有 6%～12%（体积比）的溶解空气（不包括以气泡形式混含在油液中的空气）。当液体流动中某处压力下降到低于空气分离压时，溶解到油液中的空气将突然从油液中分离出来而产生大量气泡。因此产生气穴现象的原因是压力的过度下降。

2. 气穴对系统产生的危害

气穴的产生破坏了油液的连续状态。当所形成的气泡随着液流进入高压区时，气穴体积将急速缩小或溃灭。这一过程瞬时发生，从而产生局部液压冲击，其动能迅速转变为压力能及热能，使局部压力及温度急剧上升（局部压力可达数百甚至上千大气压，局部温度可达 1000℃），并引起强烈的振动及噪声。过高的温度将加速工作液的氧化变质。如果这个局部液压冲击作用在金属表面上，那么金属壁面在反复液压冲击、高温及游离出来的空气中氧的侵蚀下将产生剥蚀，这种现象通常称为气蚀。

有时，在气穴现象中分离出来的气泡并不溃灭，它们会随着液流聚集在管道的最高处或流道狭窄处而形成气塞，破坏系统的正常工作。

3. 预防气穴及气蚀所采取的措施

（1）减小孔口或缝隙前后压力差，使孔口或缝隙前后压力差之比 $p_1/p_2 < 3.5$。

（2）限制泵吸油口至油箱油面的安装高度，尽量减少吸油管道中的压力损失（如及时清洗滤油器或更换滤芯）。

（3）提高各元件接合处管道的密封性，尽量防止空气渗入到液压系统中。

（4）对于易产生气蚀的零件采用抗腐蚀性强的材料，增加零件的力学强度，并降低其表面粗糙度。

（5）当拖动大负载运动的液压执行元件，因换向或制动在回油腔产生液压冲击的同时，会使原进油腔压力下降而产生真空。为防止气穴，应在系统中设置补油回路。

2.7 恩氏黏度的测量方法实验

流体力学是液压传动和气压传动技术的基础。但是对于学生来说，流体力学的感性认识非常缺乏，通过流体力学的基本实训可使学生建立起一定的感性认识，为后面的学习打好基础。本实验要求学生掌握液体黏性的概念和恩氏黏度的测量方法。

1. 实验器材

LN-88 恩氏黏度计、秒表。

2. 恩氏黏度计的操作

（1）恩氏黏度计的结构。

恩氏黏度计的结构如图 2-18 所示。它由温度计、加热装置、阀、小孔和油盆组成。

（2）恩氏黏度计的操作步骤。

① 先用量杯量取 200 cm^3 的机械油倒入恩氏黏度计的容器中，对容器通电加热，用温度计测量机械油的温度，当机械油的温度达到规定的温度（如 40℃）时，断电保温 1 min 左右。

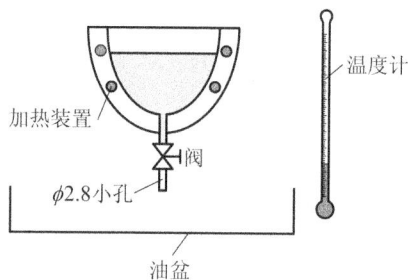

图 2-18 恩氏黏度计的结构

② 准备好秒表，在开启阀门时按下秒表，记录机械油流出的时间，注意机械油流完的瞬间要停止秒表，读出秒表记录的时间，两者的时间差为机械油流过恩氏黏度计的时间 t_1。再测定同体积（200 cm^3）的蒸馏水在 20℃时流过同一小孔所需的时间 t_2。

③ 计算恩氏黏度。由式（2-8）就可以计算出液压油的恩氏黏度。

④ 计算该机械油的运动黏度。利用式（2-9）将恩氏黏度换算成运动黏度。

（3）恩氏黏度计操作注意事项。

操作恩氏黏度计时，要注意加热温度和保温时间，记录的加热温度和保温时间一定要准确，要用有标号的液压油来做验证性实验。

习　题　2

2-1　某液压油在大气压下的体积是 50 L，当压力升高后，其体积减小到 49.9 L，取液压油的体积弹性模量为 $K=700.0$ MPa，求压力升高值。

2-2　什么是液体的黏性？常用的黏度表示方法有哪几种？

2-3　已知：液压油体积 $V=200$ cm³，密度 $\rho=900$ kg/m³，当温度为 50℃时，流过恩氏黏度计的时间 $t_1=153$ s，而当温度为 20℃时，200 cm³ 蒸馏水流过恩氏黏度计的时间 $t_2=51$ s，求：该油在 50℃时的 $°E$、ν、μ 各为多少？

2-4　已知：甲液为 21 L，$°E_1=5$；乙液为 9 L，$°E_2=7$。求：混合油的黏度 $°E$ 为多少？

2-5　液压油有哪些主要类型？选用液压油时应考虑哪些主要因素？

2-6　液压油的黏度是怎样随温度的变化而变化的？举例说明。

2-7　液压传动中对液压油提出哪些主要要求？液压油为什么要定期更换？

2-8　什么叫液体的静压力？液体的静压力有哪些特性？压力是如何传递的？

2-9　如习题图 2-1 所示，容器 A 中的液体的密度 $\rho_A=900$ kg/m³，容器 B 中的液体的密度为 $\rho_B=1200$ kg/m³，$Z_A=200$ mm，$Z_B=180$ mm，$h=60$ mm，U 形管中的测试介质是汞，试求 A、B 之间的压力差。

2-10　如习题图 2-2 所示，具有一定真空度的容器用一根管子倒置一液面与大气相通的水槽中，液体在管中上升的高度 $h=1$ m，设液体的密度 $\rho=1000$ kg/m³，试求容器内的真空度。

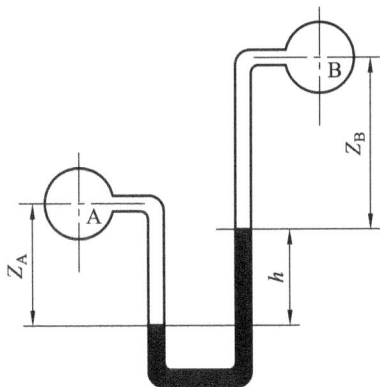

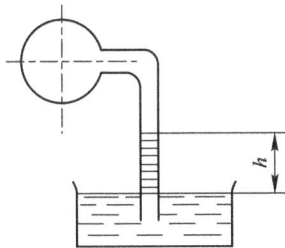

习题图 2-1　　　　　　　　　　习题图 2-2

2-11　如习题图 2-3 所示，直径为 d、质量为 m 的柱塞浸入充满液体的密闭容器中，在力 F 的作用下处于平衡状态。若浸入深度为 h、密度为 ρ 的液体，试求液体在测压管内上升的高度 x。

2-12   如习题图 2-4 所示，一抽吸设备水平放置，其出口和大气相通，细管处管道截面积 $A_1 = 3.2 \times 10^{-4}$ m²，出口处管道截面积 $A_2 = 4A_1$，$h = 1$ m，试求开始抽吸时，水平管中所必须通过的流量 q（液体为理想液体，不计损失）。

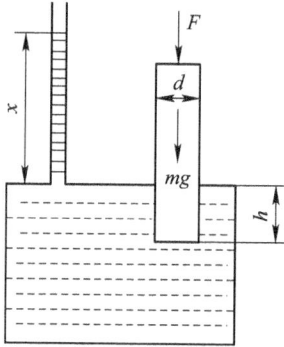

习题图 2-3   习题图 2-4

2-13   如习题图 2-5 所示，一管道输送密度 $\rho = 900$ kg/m³ 的液体，已知高度 $h = 15$ m，位置 1 处的压力 $p_1 = 4.5 \times 10^5$ Pa，位置 2 处的压力 $p_2 = 4 \times 10^5$ Pa，试判断管中液流的方向。

2-14   如习题图 2-6 所示，有一液压泵，流量为 25 L/min，吸油管直径为 25 mm，泵的吸油口比油箱液面高出 400 mm。如只考虑管长为 500 mm 吸油管中的沿程压力损失，油液的运动黏度为 30×10^{-6} m²/s，油液的密度为 900 kg/m³，问泵的吸油腔处的真空度为多少？（取 $\lambda = 75/Re$，$\alpha = 1$）

2-15   如习题图 2-7 所示，油泵从一个大的油池中抽吸油液，流量 $q = 150$ L/min，油液的运动黏度 $\nu = 34 \times 10^{-6}$ m²/s，油液密度 $\rho = 900$ kg/m³。吸油管直径 $d = 60$ cm，并设泵的吸油管弯头处局部阻力系数 $\xi = 0.2$，吸油口粗滤网的压力损失 $\Delta p = 0.0178$ MPa。如希望泵入口处的真空度 P_b 不大于 0.04 MPa，求泵的吸油高度 h（液面到滤网之间的管道沿程损失可忽略不计）。

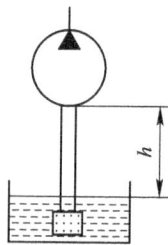

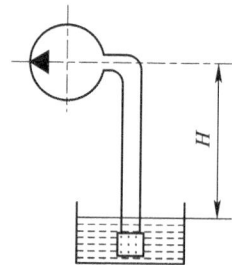

习题图 2-5   习题图 2-6   习题图 2-7

2-16　解释概念：通流截面、流量、平均流速。

2-17　有一管径不等的串联管道，大管内径为 20 mm，小管内径为 10 mm，流过黏度为 30×10^{-3} Pa·s 的液体，流量 $q = 20$ L/min，液体的密度 $\rho = 900$ kg/m³，问液流在两通流截面上的平均流速及雷诺数。

2-18　如习题图 2-8 所示，将一平板置于油液的自由射流范围之内，并垂直于射流的轴线。该平板截去射流流量的一部分并引起射流剩余部分偏转 α 角，已知射流速度 $v = 30$ m/s，全部流量 $q = 30$ L/s，分流量 $q_1 = 20$ L/s。试确定射流作用在平板上的力 F 及射流偏转角 α（液体的质量和对平板的摩擦忽略不计，油的密度 $\rho = 900$ kg/m³）。

2-19　习题图 2-9 所示为液压系统的安全阀，阀座直径 $d = 25$ mm，当系统压力为 5.0 MPa 时，阀的开度 $x = 5$ mm，通过的流量 $q = 600$ L/min，若阀的开启压力为 4.3 MPa，油液的密度 $\rho = 900$ kg/m³，弹簧的刚度 $k = 20$ N/mm，求油液的出流角 α。

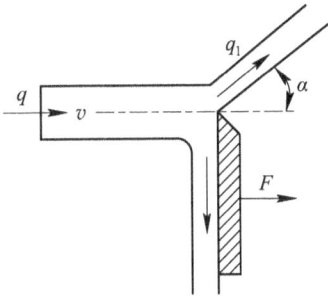
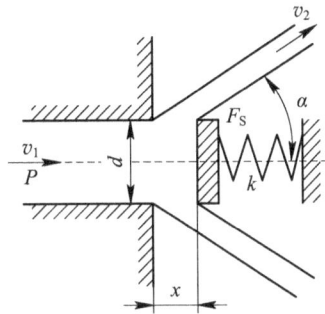

習題图 2-8　　　　　　　　　習題图 2-9

2-20　如习题图 2-10 所示，水平放置的光滑圆管由两段组成，直径 $d_1 = 10$ mm，$d_2 = 6$ mm，长度 $L = 3$ m，油液密度 $\rho = 900$ kg/m³，黏度 $\nu = 20 \times 10^{-6}$ m²/s，流量 $q = 18$ L/min。分别计算油液通过两段油管时的压力损失。

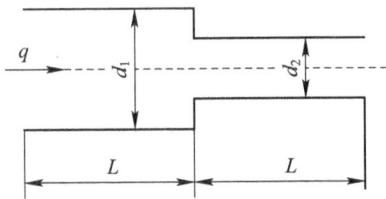

習題图 2-10

2-21　液压冲击和气穴现象是如何产生的？有何危害？如何防止？

第 3 章 液压动力元件

液压动力元件的功能就是将原动机输入的机械能转换成液体的压力能,原动机驱动偏心轮不断旋转,液压泵就不断地完成吸油和压油的动作,产生具有压力能的液体并源源不断地输入液压系统中。

⌐⌐⌐ 3.1 容积式液压泵的工作原理及组成条件

液压动力元件靠吸油腔体积扩大吸入工作液体,靠压油腔体积缩小排出液体,所以液压泵是靠"容积变化"进行工作的,把机械能转变成液体的压力能。

目前的液压传动系统中使用的动力元件绝大多数都是容积式液压泵,它由动力机构(一般是电动机或其他原动机构)带动,依靠密闭容积的周期性变化和相应的配流装置向液压系统提供压力油,使执行元件完成最终的运动。

1. 容积式液压泵的工作原理

图 3-1 所示为柱塞式液压泵的工作原理。图中柱塞 2 装在柱塞套筒 3 的腔体中,并在柱塞的左端形成一个密封容积 a,柱塞 2 在弹簧 4 的作用下始终压紧在偏心凸轮 1 上。当偏心凸轮 1 在电动机的带动下连续回转时,其回转中心至凸轮与柱塞的接触点间的距离将不断变化,造成柱塞 2 沿着柱塞套筒 3 的内腔左右滑动,柱塞左端的部分密封容积的大小将发生周期性的变化。当密封容积由小变大(柱塞 2 向右移动)时,该密封腔体内的油液压

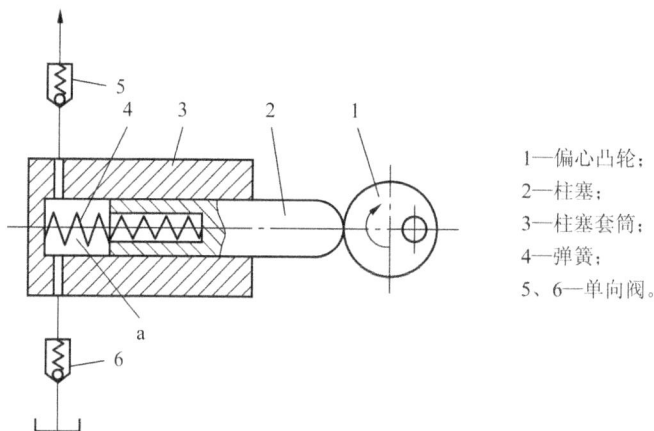

1—偏心凸轮;
2—柱塞;
3—柱塞套筒;
4—弹簧;
5、6—单向阀。

图 3-1 柱塞式液压泵的工作原理

力会因为柱塞不再挤压油液而不断减小，并且形成负压(低于大气压力)，在系统油液压力的作用下，单向阀 5 会关闭，避免系统油液倒流；而油箱中的油液在大气压力的作用下，会经吸油管顶开单向阀 6 进入密封腔而实现吸油；当柱塞 2 向左移动时，密封腔的容积将不断减小，腔体内的油液由于受到柱塞的挤压，压力升高而向腔体外挤压，此时，单向阀 6 将由于上端压力大于其下端压力而关闭，单向阀 5 将被顶开，具有较高压力的油液将流入液压系统，实现向系统的压油。这样通过液压泵就可以将电动机输入的回转机械能转换为液压系统液体的压力能，电动机(原动机)驱动偏心轮不断地旋转，液压泵就会不断地完成吸油和压油的动作，而向液压系统输出压力油。

上述液压泵的基本工作原理是利用油液的不可压缩性和密封容积的周期性变化来实现的，因此，这类泵又称为容积泵。

2. 形成容积泵的基本条件

由上述容积泵工作原理可知，要形成一个容积泵，需要具备以下几个基本条件。

(1) 周期性变化的密封容积。

① 密封容积是形成容积泵最为基本的条件，必须要有一个与外界相隔绝的密封空间，才有吸油和压油的可能。

② 密封容积要能够周期性地变化，才能够利用油液的不可压缩性，形成密封腔内油液压力的变化，完成吸油和压油。

(2) 要有配流装置。

配流装置的作用是保证在吸油行程中，密封容积与油腔相通，与系统断开，而在压油行程中，密封容积与油箱断开，而与系统相通。

在液压动力系统中，能够完成上述功能的装置称为配流装置。在图 3 - 1 中，单向阀 5 和 6 就起到了配流的作用。

(3) 油箱的油液要与大气相通或形成充压油箱。

油箱中的油液必须与大气相通，才能在吸油行程中，利用大气的压力将油箱中的油液压入油泵的密封容积内，完成吸油。

如果采用与外界相隔离的封闭式油箱，为保证顺利吸入油液，必须采用充压油箱。

3.2　液压泵的主要性能参数

1. 工作压力与额定压力

(1) 工作压力 p。液压泵实际工作时的输出压力称为工作压力。工作压力的大小取决于外负载的大小和排油管路上压力损失的大小。

(2) 额定压力 p_n。液压泵在正常工作条件下，按试验标准规定连续运转的最高压力称为液压泵的额定压力。

(3) 最高允许压力 p_{max}。在超过额定压力的条件下，根据试验标准规定，允许液压泵短暂运行的最高压力值称为液压泵的最高允许压力。

2. 排量和流量

（1）排量 V。液压泵轴每转一周，由其密封容积几何尺寸变化计算而得的排出液体的体积量叫作液压泵的排量。

排量可调节的液压泵称为变量泵，排量不可调节的液压泵则称为定量泵。

（2）流量 q。流量是指单位时间内，泵所输出的油液的体积量。

泵流量有理论流量、实际流量和额定流量等。

（3）理论流量 q_t。理论流量是指在不考虑液压泵泄漏流量的情况下，在单位时间内所排出的液体体积的平均值。显然，如果液压泵的排量为 V，其主轴转速为 n，则该液压泵的理论流量 q_t 为

$$q_t = nV \quad (\mathrm{m^3/s}) \tag{3-1}$$

式中：V 为液压泵的排量（$\mathrm{m^3/r}$）；n 为主轴转速（$\mathrm{r/s}$）。

（4）实际流量 q。液压泵在某一具体工况下，单位时间内所排出的液体体积称为实际流量，它等于理论流量 q_t 减去泄漏和压缩损失后的流量 q_l，即

$$q = q_t - q_l \tag{3-2}$$

（5）额定流量 q_n。液压泵在正常工作条件下，按试验标准规定（如在额定压力和额定转速下）必须保证的流量。

3. 泵的功率和效率

（1）液压泵的功率损失。泵的输出功率要小于它的输入功率，称为泵的功率损失。

泵的功率损失是在能量由机械能转换为液体的压力能的过程中产生的，引起液压泵功率损失的原因主要有容积损失和机械损失两大因素。

（2）容积损失。容积损失是指液压泵流量上的损失。

液压泵的实际输出流量总是小于其理论上应该排出的流量，其最主要的原因往往是液压泵内部的泄漏，即液体在高压下由高压腔漏进低压腔，其次是油液在负压条件下的气穴和在高压条件下的体积压缩。另外就是在吸油过程中吸油阻力太大、油液黏度大及液压泵转速过高等导致油液不能全部充满密封工作腔。

（3）泵的容积效率 η_v。液压泵的容积损失用容积效率 η_v 来表示，它等于液压泵的实际输出流量 q 与其理论流量 q_t 之比，即

$$\eta_v = \frac{q}{q_t} = 1 - \frac{\Delta q}{q_t} \tag{3-3}$$

因此，液压泵的实际输出流量 q 为

$$q = q_t \eta_v = V n \eta_v \tag{3-4}$$

式中：V 为液压泵的排量（$\mathrm{m^3/r}$）；n 为液压泵的转速（$\mathrm{r/s}$）。

液体的内泄漏与液体的压力有很大关系，所以，系统的工作压力越大，液压泵的容积效率越低。容积损失是客观存在的，液压泵的容积效率恒小于 1。

（4）机械损失。机械损失是指液压泵在转矩上的损失。

液压泵的实际输入转矩 T 总是大于理论上所需要的转矩 T_t，其主要原因是液压泵体

内相对运动部件之间因机械摩擦而引起的摩擦转矩损失及液体的黏性而引起的内摩擦损失。

(5) 机械效率 η_m。液压泵的机械损失用机械效率 η_m 表示，它等于液压泵的理论转矩 T_i 与实际输入转矩 T_0 之比，设转矩损失为 ΔT，则液压泵的机械效率为

$$\eta_m = \frac{T_i}{T_0} = \frac{1}{1 + \dfrac{\Delta T}{T_i}} \qquad (3-5)$$

(6) 液压泵的功率。

① 输入功率 P_i。液压泵的输入功率是指作用在液压泵主轴上的机械功率，当输入转矩为 T_0、角速度为 ω 时，有

$$P_i = T_0 \omega \qquad (3-6)$$

② 输出功率 P。液压泵的输出功率是指液压泵在工作过程中实际吸、压油口间的压差 Δp 和输出流量 q 的乘积，即

$$P = \Delta p q \qquad (3-7)$$

在工程实际中，若液压泵吸、压油口的压力差 Δp 的计算单位用 MPa 表示，输出流量 q 用 L/min 表示，则液压泵的输出功率 P 可表示为

$$P = \frac{\Delta p q}{60} \qquad (3-8)$$

式中：P 为输出功率(kW)。

在实际计算中，若油箱通大气，则液压泵吸、压油的压力差 Δp 往往用液压泵出口压力 p 代入，即

$$P = p q \qquad (3-9)$$

(7) 液压泵的总效率。液压泵的总效率是指液压泵的实际输出功率与其输入功率的比值，即

$$\eta = \frac{P}{P_i} = \frac{\Delta p q}{T_0 \omega} = \frac{\Delta p q_i \eta_v}{\dfrac{T_i \omega}{\eta_m}} = \eta_v \eta_m \qquad (3-10)$$

其中，$\Delta p q_i / \omega$ 为理论输入转矩 T_t。

由式 (3-10) 可知，液压泵的总效率等于其容积效率与机械效率的乘积，所以液压泵的输入功率也可写成

$$P_i = \frac{\Delta p q}{\eta} \qquad (3-11)$$

液压泵特性曲线如图 3-2 所示。由此可见，液压泵的总效率等于各自容积效率和机械效率的乘积，液压泵的容积效率、机械效率在总体上与油液的泄漏和摩擦副的摩擦损失有关，泄漏及摩

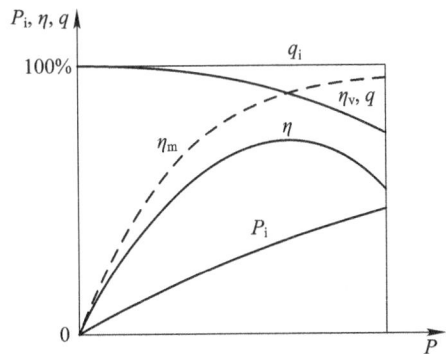

图 3-2　液压泵特性曲线

擦损失与液压泵的工作压力、油液黏度及工作转速有关。

3.3　液压泵的分类

在不同的行业中，广泛使用的液压泵有许多类型，一般比较常用的液压泵的分类情况如图 3-3 所示。

```
                                          ┌ 斜盘式
                              ┌ 轴向柱塞泵 ┤
                              │           └ 斜轴式
                              │
                              │           ┌ 阀配流
                   ┌ 变量泵 ──┤ 径向柱塞泵 ┤
                   │          │           └ 轴配流
                   │          │
                   │          └ 单作用叶片泵
                   │
                   │                        ┌ 外啮合式
                   │          ┌ 齿轮泵 ──────┤
                   │          │              │          ┌ 摆线
液压泵 ────────────┤          │              └ 内啮合式 ┤ 渐开线
                   │          │                          └ 楔块垫隙式
                   │          │
                   │          │           ┌ 双作用式
                   └ 定量泵 ──┤ 叶片泵 ───┤
                              │           └ 单作用式
                              │
                              │           ┌ 轴向式 ┬ 斜盘式
                              │ 柱塞泵 ───┤        └ 斜轴式
                              │           └ 径向式
                              │
                              │           ┌ 三螺杆
                              └ 螺杆泵 ───┤
                                          └ 双螺杆
```

图 3-3　液压泵的分类

按照液压泵的基本结构，一般液压泵可以分为齿轮泵、叶片泵、柱塞泵和螺杆泵四大类。而按照液压泵在单位时间内所能输出的油液的体积是否可调节又可将泵分为定量泵和变量泵两类，一般变量泵多为叶片泵和柱塞泵。

3.4　齿　轮　泵

齿轮泵是一种常用的液压泵，它的主要特点是结构简单，制造方便，价格低廉，体积小，质量轻，自吸性好，对油液污染不敏感，工作可靠；其主要缺点是流量和压力脉动大，噪声大，排量不可调。齿轮泵被广泛应用于采矿设备、冶金设备、建筑机械、工程机械、农林机械等各个行业。

　　齿轮泵按照其啮合形式的不同，有外啮合和内啮合两种，其中外啮合齿轮泵应用较广，而内啮合齿轮泵则多为辅助泵。

1. 齿轮泵的工作原理

　　图 3-4 所示为外啮合齿轮泵的工作原理。这种泵主要由主动齿轮、从动齿轮、驱动轴、泵体及侧板等主要零件构成。泵体内相互啮合的主动齿轮 2 和从动齿轮 3 与两端盖及泵体一起构成密封工作容积，齿轮的啮合线将左、右两腔隔开，形成了吸、压油腔，当齿轮按图示方向旋转时，右侧吸油腔内的轮齿脱离啮合，密封工作腔容积不断增大，形成局部真空，油液在大气压力作用下从油箱经吸油管进入吸油腔，并被旋转的轮齿带入左侧的压油腔。左侧压油腔内的轮齿不断进入啮合，使密封工作腔容积减小，油液受到挤压被排往系统。

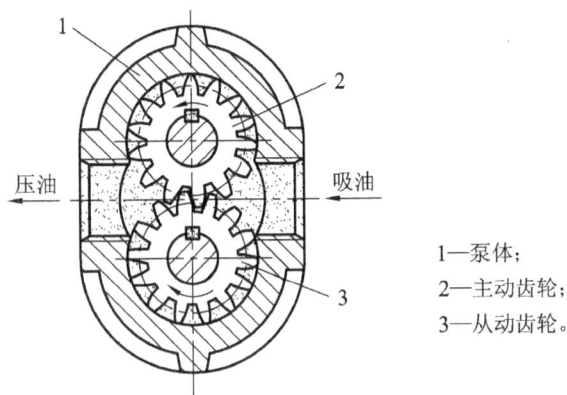

1—泵体；
2—主动齿轮；
3—从动齿轮。

图 3-4　外啮合齿轮泵的工作原理

2. 外啮合齿轮泵

　　图 3-5 所示为 CB-B 型齿轮泵的结构。它属于低压泵，不能承受较高的压力，其额定压力为 2.5 MPa，排量为 2.5~125 mL/r，转速为 1450 r/min，它是分离三片式结构，三片是指泵体 7 和泵盖 4、8。泵的前后盖和泵体由两个定位销 17 定位，用 6 只螺钉固紧。为了保证齿轮能灵活地转动，同时又要保证泄漏最小，在齿轮端面和泵盖之间应有适当间隙（轴向间隙），对小流量泵轴向间隙为 0.025~0.04 mm，大流量泵为 0.04~0.06 mm。齿顶和泵体内表面间的间隙（径向间隙），由于密封带长，同时齿顶线速度形成的剪切流动又和油液泄漏方向相反，对泄漏的影响较小。这里要考虑的问题是：当齿轮受到不平衡的径向力后，应避免齿顶和泵体内壁相碰，所以径向间隙就可稍大，一般取 0.13~0.16 mm。

　　为了防止压力油从泵体和泵盖间泄漏到泵外，并减小压紧螺钉的拉力，在泵体两侧的端面上开有泄油槽 16，使渗入泵体和泵盖间的压力油引入吸油腔。在泵盖和从动轴上的小孔，其作用是将泄漏到轴承端部的压力油也引到泵的吸油腔去，防止油液外溢，同时也润滑了滚针轴承。

　　但外啮合齿轮泵结构上也存在困油现象、径向不平衡力和泄漏大等问题。

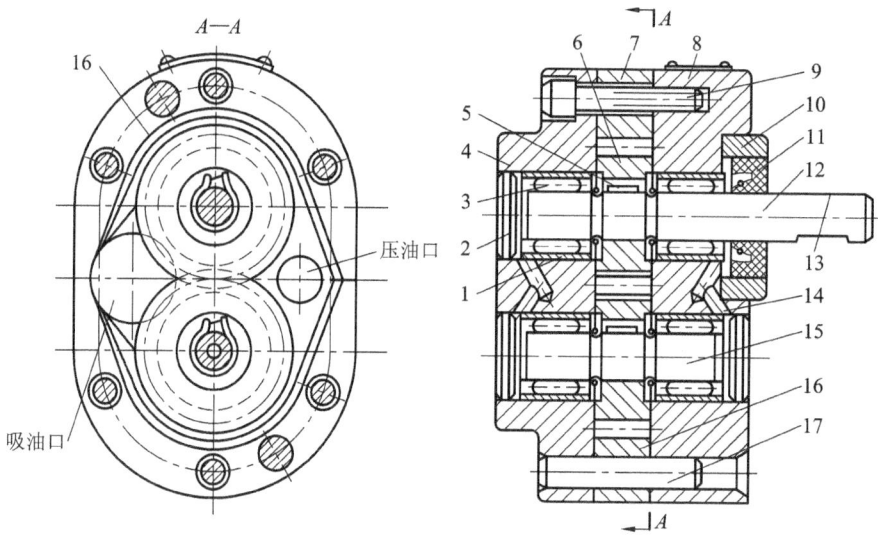

1—轴承外环；2—堵头；3—滚针轴承；4—后泵盖；5—键；6—齿轮；7—泵体；8—前泵盖；9—螺钉；10—压环；11—密封环；12—主动轴；13—键；14—泻油孔；15—从动轴；16—泄油槽；17—定位销。

图 3-5　CB-B 型齿轮泵的结构

1）困油现象

齿轮泵要连续地供油，就要求齿轮啮合的重叠系数 ε 大于1，也就是当一对齿轮尚未脱开啮合时，另一对齿轮已进入啮合，这样就会出现同时有两对齿轮啮合的瞬间，在两对齿轮的齿向啮合线之间形成了一个封闭容积，一部分油液也就被困在这一封闭容积中，如图 3-6(a)所示。齿轮连续旋转时，这一封闭容积便逐渐减小，到两啮合点处于节点两侧的对称位置时，如图 3-6(b)所示，封闭容积为最小，齿轮再继续转动时，封闭容积又逐渐增大，直到如图 3-6(c)所示位置时，容积又变为最大。在封闭容积减小时，被困油液受到挤压，压力急剧上升，使轴承上突然受到很大的冲击载荷，使泵剧烈振动，这时高压油从一切可能泄漏的缝隙中挤出，造成功率损失，使油液发热等。当封闭容积增大时，由于没有油液补充，因此形成局部真空，使原来溶解于油液中的空气分离出来，形成了气泡，会引起噪声、振动、气蚀等一系列不良现象。

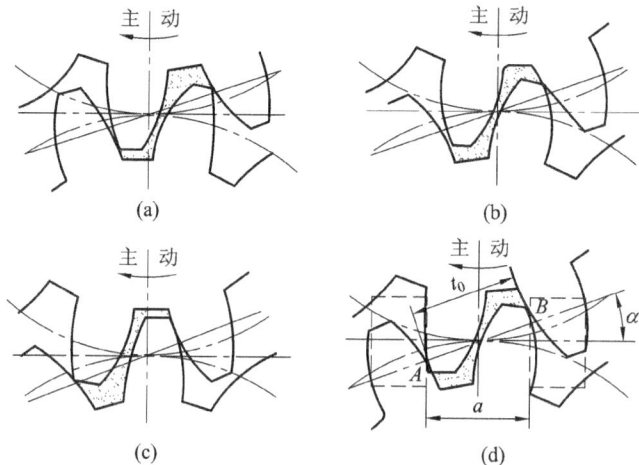

图 3-6　外啮合齿轮泵的困油现象及消除措施

消除困油的方法，通常是在两端盖板上开卸荷槽，如图 3-6(d)中的虚线方框。当封闭容积减小时，通过右边的卸荷槽与压油腔相通，而封闭容积增大时，通过左边的卸荷槽与吸油腔相通，两卸荷槽的间距必须确保在任何时候都不使吸、排油相通。t_0 是两啮合齿轮分度圆槽宽，$AB = t_0$，但无论怎样，两槽间的距离 a 必须保证在任何时候都不能使吸油腔和压油腔相互串通。对于分度圆压力角 $\alpha = 20°$、模数为 m 的标准渐开线齿轮，$a = 2.78m$（m 为模数），在很多齿轮泵中，两槽并不对称于齿轮中心线分布（卸荷槽为非对称时），而是整个向吸油腔侧平移一段距离，这样能取得更好的卸荷效果。

　　2）径向不平衡力

　　图 3-7 所示为齿轮泵工作时齿轮圆周上的压力分布情况，旋转的齿顶和泵的壳体内壁间的径向泄漏，从排油腔到进油腔的过渡范围内，压力表是逐渐下降的。由于径向压力不平衡而产生的径向液压力和齿轮啮合传递扭矩而产生的径向啮合力的合力，分别作用在主动齿轮轴和从动齿轮轴上，而且大小和方向均不相同，因此，齿轮和传动轴受到径向不平衡力的作用，工作压力越高，径向不平衡力越大。当径向不平衡力很大时，能使泵轴弯曲，导致齿顶压向定子的低压端，使定子偏磨，同时也加速轴承的磨损，降低轴承使用寿命。

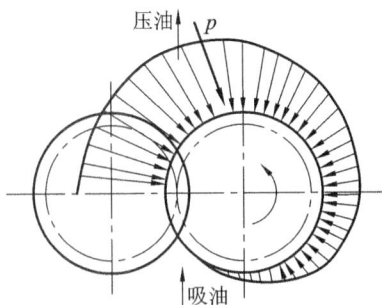

图 3-7　齿轮泵的径向不平衡力

　　为了减小径向不平衡力的影响，常采取缩小压油口的办法，使压油腔的压力仅作用在一个齿到两个齿的范围内，同时，适当增大径向间隙，使齿顶不与定子内表面产生金属接触，并在支撑上多采用滚针轴承或滑动轴承。

　　3）泄漏大

　　在液压泵中，运动件间是靠微小间隙密封的，这些微小间隙从运动学上形成摩擦副，同时，高压腔的油液通过间隙向低压腔的泄漏是不可避免的；齿轮泵压油腔的压力油可通过三条途经泄漏到吸油腔去：一是通过齿轮啮合线处的间隙——齿侧间隙；二是通过泵体定子环内孔和齿顶间的径向间隙——齿顶间隙；三是通过齿轮两端面和侧板间的间隙——端面间隙。在这三类间隙中，端面间隙的泄漏量最大，压力越高，由间隙泄漏的液压油就越多。因此，为了提高齿轮泵的压力和容积效率，实现齿轮泵的高压化，需要从结构上采取措施，对端面间隙进行自动补偿。

　　通常采用的自动补偿端面间隙装置有浮动轴套式（如图 3-8(a)所示）、弹性侧板式（如图 3-8(b)所示）和挠性侧板式（如图 3-8(c)所示）。其原理都是引入压力油使轴套或侧板紧贴在齿轮端面上，压力越高，间隙越小，可自动补偿端面磨损和减小间隙。齿轮泵的浮动轴套是浮动安装的，轴套外侧的空腔与泵的压油腔相通，当泵工作时，浮动轴套受油压的作用而压向齿轮端面，将齿轮两侧面压紧，从而补偿了端面间隙。

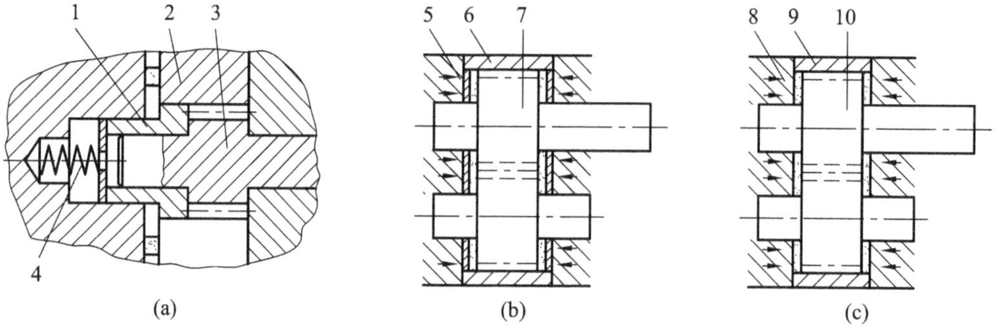

(a)　　　　　　　　　(b)　　　　　　　　　(c)

1—浮动轴套；2、6、9—泵体；3、7、10—齿轮轴；4—弹簧；5—弹性侧板；8—挠性侧板。

图 3-8　自动补偿端面间隙装置示意图

3. 内啮合齿轮泵

内啮合式齿轮泵有有隔板的内啮合齿轮泵（如图 3-9(a)所示）和摆动式内啮合齿轮泵（如图 3-9(b)所示）两种，它们共同的特点是：内外齿轮转向相同，齿面间相对速度小，运转时噪声小；齿数相异，绝对不会发生困油现象。因为外齿轮的齿端必须始终与内齿轮的齿面紧贴，以防内漏，所以内啮合齿轮泵不适用于较高压力的场合。

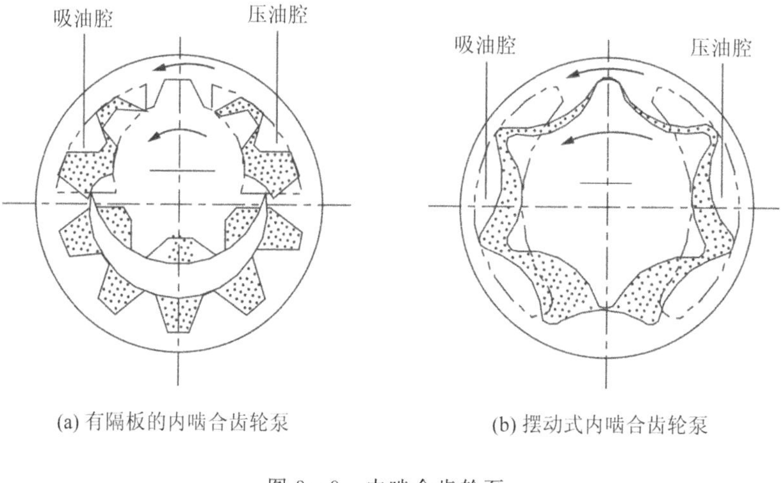

(a) 有隔板的内啮合齿轮泵　　　　　　　　(b) 摆动式内啮合齿轮泵

图 3-9　内啮合齿轮泵

内啮合齿轮泵有许多优点，如结构紧凑，体积小，零件少，转速可高达 10 000 r/min，运动平稳，噪声低，容积效率较高等。其缺点是流量脉动大，转子的制造工艺复杂等，目前多采用粉末冶金压制成型。

3.5　螺　杆　泵

螺杆泵实质上是一种外啮合摆线齿轮泵，按其螺杆根数不同，有单螺杆泵、双螺杆泵、三螺杆泵、四螺杆泵和五螺杆泵等；按螺杆的横截面不同，可以分为有摆线齿形、摆线—

渐开线齿形和圆形齿形等。

图 3-10 所示为三螺杆泵的结构简图。在三螺杆泵壳体 2 内平行地安装着三根互为啮合的双头螺杆,主动螺杆为中间凸螺杆 3,上、下两根凹螺杆 4 和 5 为从动螺杆。三根螺杆的外圆与壳体对应弧面保持着良好的配合。螺杆的啮合线将主动螺杆和从动螺杆的螺旋槽分割成多个相互隔离的、互不相通的密封工作腔。当传动轴(与凸螺杆为一整体)如图示方向旋转时,这些密封工作腔随着螺杆的转动一个接一个地在左端形成,并不断地从左向右移动,在右端消失。主动螺杆每转一周,每个密封工作腔便移动一个导程。密封工作腔在左端形成时逐渐增大将油液吸入来完成吸油工作,最右面的工作腔逐渐减小直至消失将油液压出完成压油工作。螺杆直径越大,螺旋槽越深,螺杆泵的排量越大;螺杆越长,吸、压油口之间的密封层次越多,密封就越好,螺杆泵的额定压力就越高。

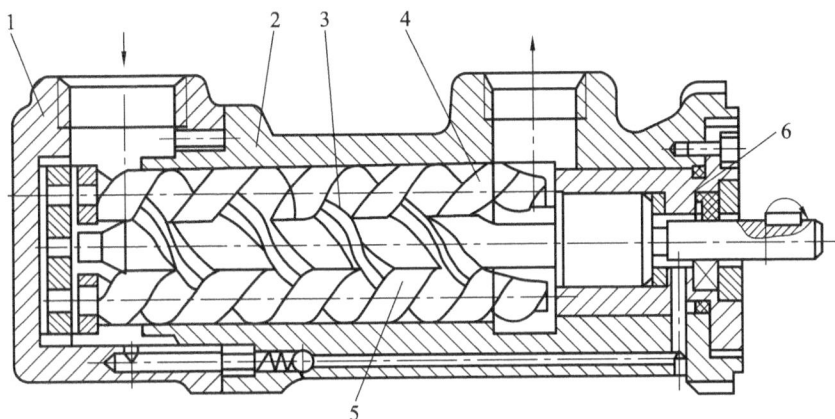

1—后盖;2—壳体;3—主动螺杆(凸螺杆);4、5—从动螺杆(凹螺杆);6—前盖。

图 3-10 三螺杆泵的结构简图

3.6 叶 片 泵

在工作压力超过 10 MPa 的应用场合,一般都优先考虑采用叶片泵。叶片泵根据其排量是否可调整分为定量叶片泵与变量叶片泵两类,定量叶片泵一般采用双作用式对称结构,而变量叶片泵需要采用单作用式偏心结构。

3.6.1 双作用叶片泵

1. 双作用叶片泵的工作原理

双作用叶片泵的工作原理如图 3-11 所示。它由定子 1、转子 2、叶片 3 和配油盘(图中未画出)等组成。双作用叶片泵的转子轴线与定子的几何中心保持同轴;定子的内表面曲线由两段长半径 R、两段短半径 r 和 4 段过渡曲线组成,形成了大致呈椭圆形的内腔型面,以便形成密封容积的变化;转子的径向槽内装有可以沿着槽做径向滑动的叶片,借助于叶片的重力,当转子在驱动轴的带动下高速回转工作时,叶片在离心力和根部压力油的作用下,沿转子槽做径向移动而压向定子内表面,这样,由两片相邻的叶片和定子的内表面、转子的外表面和两侧配油盘就形成了一个个独立的密封空间。当转子按图示方向旋转时，处在小圆弧上的密封空间经过渡曲线而运动到大圆弧的过程中，由于定子曲线的变化，密封空间的容积不断增大，而此时的密封容积正处于吸油腔的区域范围，要吸入油液；再向前运动，密封空间从大圆弧经过渡曲线运动到小圆弧的过程中，叶片被定子内壁逐渐压进槽内，密封空间容积变小，将油液从压油口压出，完成了一次吸油和压油的泵油过程，而同样的动作在转子的上下两侧同时发生。

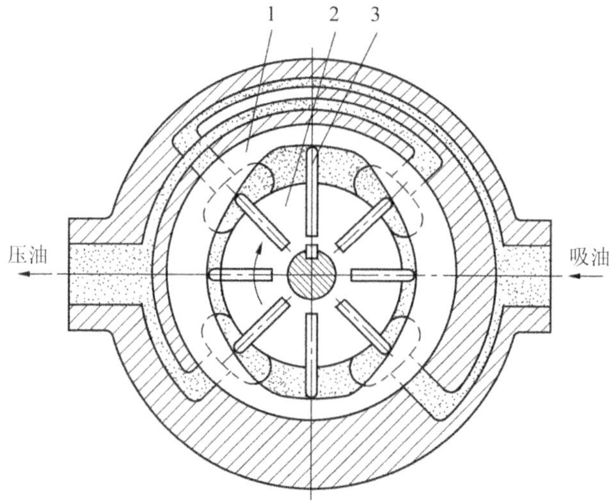

1—定子；2—转子；3—叶片。

图 3-11　双作用叶片泵的工作原理

　　这种叶片泵具有对称的两个吸油腔和两个压油腔，因而，在转子每转一周的过程中，每个密封空间要完成两次吸油和压油，所以称之为双作用叶片泵。

　　双作用叶片泵采用了两侧对称的吸油腔和压油腔结构，所以作用在转子上的径向压力是相互平衡的，不会给高速转动的转子造成径向的偏载。因此，双作用叶片泵又称为卸荷式叶片泵。为了使径向力完全平衡，密封空间数（即叶片数）应当保持双数，而且定子曲线要对称。

2. 双作用叶片泵的结构

　　图 3-12 所示为一种 YB 型双作用叶片泵的结构，整个泵采用分离结构，泵体由前泵体 7 和后泵体 1 及前端盖 8 所组成，转子 3、定子 4 和叶片 5 成为泵的主要结构，它的两侧配置有配流盘 2 和 6。由图可以看出，吸油口和压油口分别设置在后泵体 1 和前泵体 7 上，具有较远的距离，可以解决隔离与密封问题。整个转子由花键轴两端的滚动轴承 11、12 支承在泵体内，密封圈 10 可以防止油液外泄，同时防止了外部灰尘和污物的侵入。

3. 双作用叶片泵的几个重要结构与参数

1）配流盘

　　（1）封油区。图 3-13 所示为 YB 型双作用叶片泵的配流盘结构。为达到密封和配流的目的，在盘上有两个吸油窗口 2、4 和两个压油窗口 1、3，两组窗口之间为封油区，通常应使封油区对应的中心角 β 稍大于或等于两个叶片之间的夹角，否则会使吸油腔和压油腔连通，造成两腔体的内泄漏。

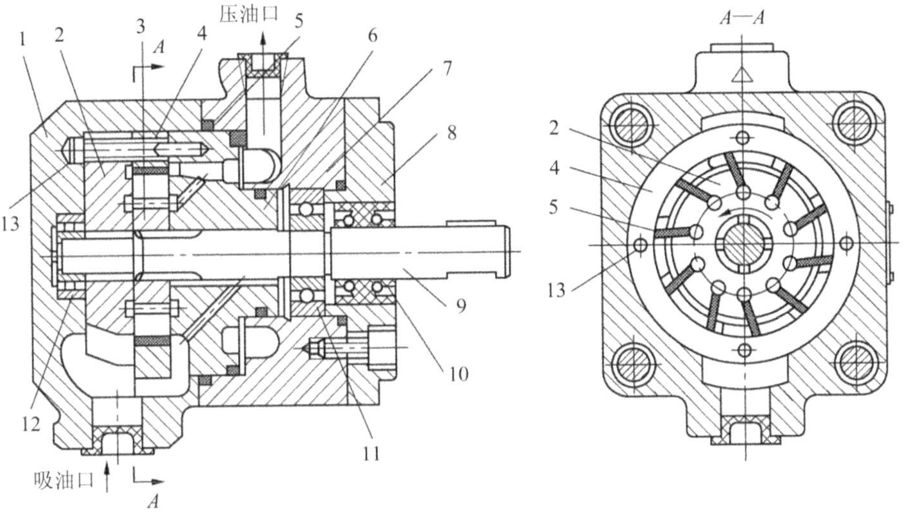

1—后泵体；2、6—配流盘；3—转子；4—定子；5—叶片；7—前泵体；
8—前端盖；9—轴；10—密封圈；11、12—滚动轴承；13—螺钉。

图 3-12　YB 型双作用叶片泵的结构

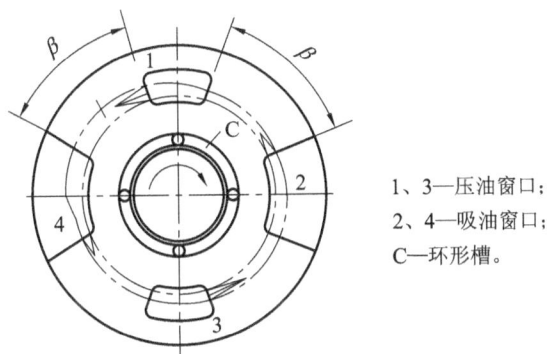

1、3—压油窗口；
2、4—吸油窗口；
C—环形槽。

图 3-13　配流盘

（2）卸荷槽。在两叶片间的密封油液从吸油区过渡到封油区（长半径圆弧处）的过程中，油液的压力基本上与吸油压力相同，但当转子再继续旋转一个微小角度时，该密封腔将突然与压油腔相通，使油腔的压力突然升高，造成很大的压力冲击，油液的体积会突然收缩，导致压油腔中的油液发生倒流现象，引起液压泵流量的脉动、压力的脉动和噪声，为减轻此时的压力冲击，在配流盘的两个压油窗口 1 和 3 靠叶片封油区进入压油区的一边各开有一个截面形状为三角形的卸荷槽（又称眉毛槽），使两叶片之间的封闭油液在未进入压油区之前就通过该三角槽与压力油相连，其压力逐渐上升，从而缓和了流量和压力的脉动，降低了噪声。

（3）环形槽 C。如图 3-13 所示，为了保证在高速回转中，叶片能够及时地沿径向槽甩出并紧贴住定子的内腔表面，在配流盘的中部设置了一个环形槽，该槽与压油腔相通并与转子叶片槽底部相通，可以使叶片的底部通压力油，帮助叶片在压力油的作用下快速地向外运动。

2）定子曲线

定子内腔曲线是由 4 段圆弧和 4 段过渡曲线组成的。在高速运动中应保证叶片始终贴紧在定子内表面过渡曲线上，形成相互隔离的密封空间，为使叶片在转子槽中径向运动时加速度变化均匀，叶片对定子表面的冲击尽可能小，目前的定子曲线多采用"等加速—等减速"移动规律曲线和高次曲线。

3）叶片的倾角

在叶片运动到压油区时，会受到定子内表面施加给它的很大的作用力，来迫使叶片挤回槽内，而此时由于定子表面曲线比较陡，施加给叶片的压力角会很大，影响了叶片的顺利退回，这会造成叶片、定子和转子槽间的压力增大，加剧相互间的磨损，严重时甚至会造成叶片卡死的现象。为了减小叶片此时的压力角，将叶片顺着转子回转方向前倾一个 θ 角，这样就可以有效地减小压力角，使叶片可以较顺利地在槽中灵活移动，减少了定子表面的压力和磨损，根据双作用叶片泵定子内表面的几何参数，其压力角的最大值 $\beta_{max} \approx 24°$。一般常取 $\theta \approx \beta_{max}$，因而叶片泵叶片的倾角 θ 一般取为 $10° \sim 14°$。YB 型双作用叶片泵叶片的前倾角为 $13°$。

4. 叶片压力不均衡的解决方法

一般双作用叶片泵的叶片底部都采取通压力油的顶出结构，但这样做的后果是会使得当叶片转到吸油区时，由于顶部压力过小而紧紧地挤压在定子表面上，造成定子吸油区曲线的过度磨损。这一原因同时也严重地影响了双作用叶片泵的工作压力的进一步提高。所以在高压叶片泵的结构上，经常可以看到以下一些叶片径向压力均衡结构。

1）阻尼油槽

为了减小叶片底部油液的作用力，可以设法降低油液的压力，其方法是将泵的压油腔的油通过一个阻尼槽或内装式小减压阀再通到吸油区叶片的底部，从而减小作用在叶片底部的油液压力，使叶片经过吸油腔时，叶片压向定子内表面的作用力不致过大。

2）薄叶片结构

减小叶片底部承受压力油作用的面积，就可以减小叶片底部的受力，通常采用减小叶片厚度的办法，但目前的叶片最小厚度一般为 $1.8 \sim 2.5$ mm，再小就会影响叶片的强度和刚性。

3）阶梯式叶片结构

如图 3 - 14(a)所示，它们的叶片根部均被分为两个油室 x 和 y，其中油室 y 常通压油腔，油室 x 经油道始终与叶片背面的油腔相通，于是位于压油区的叶片两端压力平衡，位于吸油区的叶片根部承受高压的面积减小。这种方法虽然在一定程度上减小了叶片的径向力，但油液同时也作用在叶片的侧面上，造成了叶片附加的侧面压力，阻碍了叶片的顺利滑动。另外，这种结构的工艺性也较差。

4）复合式叶片结构

图 3 - 14(b)所示为一种复合式叶片(也称子母叶片)结构，叶片做成子母复合结构，它们的叶片根部均被分为两个油室 x 和 y，其中油室 y 常通压油腔，油室 x 经油道始终与叶片背面的油腔相通，于是位于压油区的叶片两端压力平衡，位于吸油区的叶片根部承受高压的面积减小。这样，当叶片处在吸油腔时，只有油腔 y 的压力油作用在面积很小的母叶片承载面上，减小了叶片底部的作用力，而且可以通过调整该部分面积的大小来控制油液

作用力的大小。

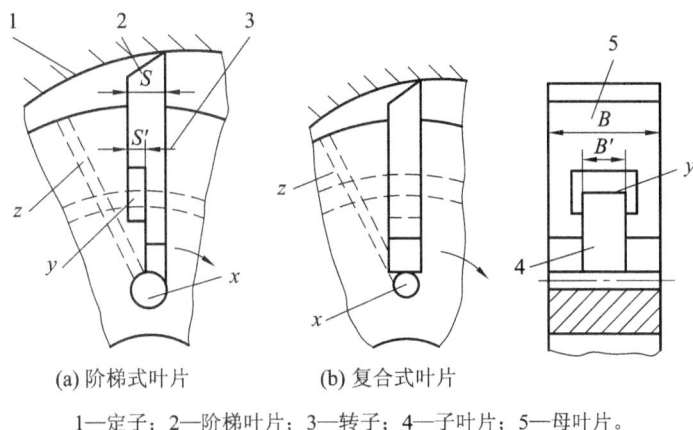

(a) 阶梯式叶片　　　　(b) 复合式叶片

1—定子；2—阶梯叶片；3—转子；4—子叶片；5—母叶片。

图 3-14　减小吸油区叶片根部有效作用面积

5）双叶片结构

图 3-15(a)所示为双叶片结构。在每一槽中同时放置两片可以自由滑动的叶片 1 和 2，而在两叶片的贴合面处有孔 c 与叶片的顶部形成的油腔 a 保持相通，这样，通过这个小孔 c，可以起到使叶片顶部和底部的液体压力均衡的作用。

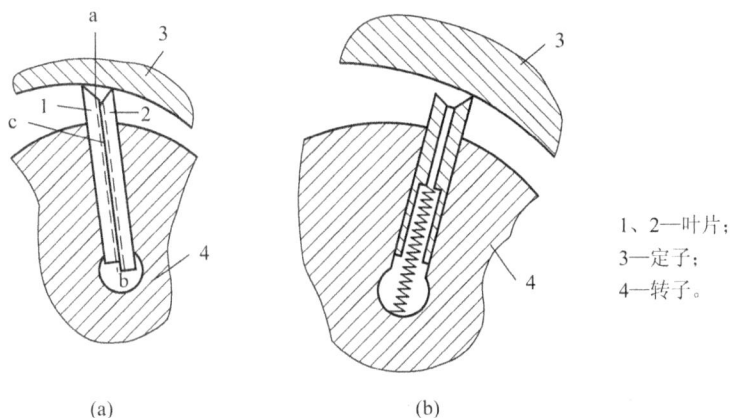

1、2—叶片；
3—定子；
4—转子。

(a)　　　　(b)

图 3-15　液压力平衡叶片结构

图 3-15(b)所示为装有弹簧的叶片顶出结构。这种结构叶片较厚，顶部与底部有小孔相通，叶片底部的油液是由叶片顶部经叶片的小孔引入的，若不考虑小孔的压力降，则叶片上下油腔油液的作用力始终是平衡的，叶片基本上是靠底部弹簧的力量紧贴在定子的内表面来保证密封的。

5. 双作用叶片泵的特点

双作用叶片泵的结构较齿轮泵复杂，但其工作压力较齿轮泵高，且流量脉动小（双作用叶片泵的叶片数一般为 12 或 16 片），工作平稳，噪声较小，寿命较长。因此它被广泛应用于机械制造中的专用机床、自动线等中、低压液压系统中，一般工作压力在 16 MPa 左右，但其结构复杂，吸油特性不太好，对油液的污染也比较敏感。

3.6.2 单作用叶片泵

1. 单作用叶片泵的工作原理

单作用叶片泵的工作原理如图 3-16 所示。与双作用叶片泵相类似，单作用叶片泵的主要结构也由转子 1、定子 2、叶片 3 和端盖等组成。但其定子的工作表面为圆柱形内表面，且定子和转子间设置有偏心距 e，当转子回转时，由于叶片的离心力作用，叶片紧靠在定子内壁，这样，在定子、转子、叶片和两侧配油盘间就形成了若干个密封的工作空间。当转子按图示的方向（逆时针）回转时，在定子腔体的右部，叶片要逐渐伸出，叶片间的工作空间将逐渐增大，形成了吸油条件，而当它转动到油腔的左边时，叶片被定子内壁逐渐压进槽内，密封空间逐渐缩小，形成了压油条件，将油液从压油口压出。在吸油腔和压油腔之间，有一段封油区，把吸油腔和压油腔隔开。这种叶片泵的转子每转一周，每个密封空间只完成一次吸油和压油，因此称其为单作用叶片泵。转子不停地旋转，泵就不断地进行吸油和压油的工作循环。

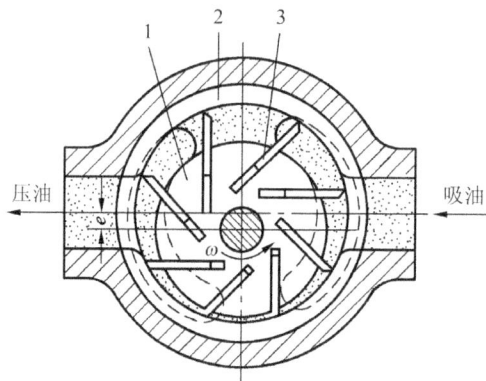

1—转子；2—定子；3—叶片。

图 3-16 单作用叶片泵的工作原理

2. 单作用叶片泵的特点与应用

与双作用叶片泵相比较，单作用叶片泵具有以下特点。

（1）泵流量可以调节。

改变定子和转子之间的偏心距大小便可以改变各个密封容积的变化幅度，从而达到改变泵的排量和流量的目的。

（2）吸、压油路可以反向。

当转子与定子的偏心方向反向时，外部油路的吸油压油方向也相反，所以可以实现吸、压油路的方向改变。

（3）转子的径向力不平衡。

由于定子与转子为偏心安装结构，油泵的转子受到不平衡的径向力的作用，因此这种泵一般只用于低压变量的应用场合。

单作用叶片泵多为低压变量泵，其最高工作压力一般为 7 MPa。

3.6.3　限压式变量叶片泵

1. 限压式变量叶片泵的工作原理

限压式变量叶片泵是一种单作用叶片泵,通过改变定子与转子间的偏心距 e,就能改变泵的输出流量。

限压式变量叶片泵的简化工作原理图如图 3-17 所示,其转子的回转中心是固定的,而定子套相对转子的偏心安装是活动可调的,定子套的右侧设置有反馈油缸 6 和活塞 4,左侧设置有调压弹簧 9 和调压螺钉 10,而反馈油缸的作用油液来源于泵的压油口,所以泵在正常工作时,定子是在出口油的反馈压力和调压弹簧 9 的相互作用下,处于一个相对平衡的位置。

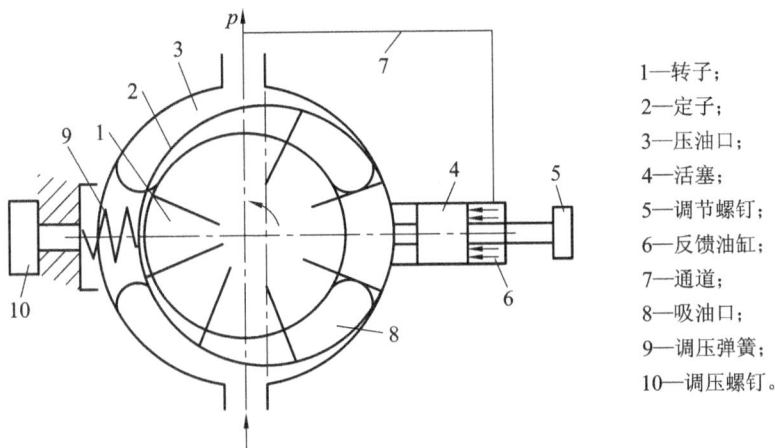

1—转子;
2—定子;
3—压油口;
4—活塞;
5—调节螺钉;
6—反馈油缸;
7—通道;
8—吸油口;
9—调压弹簧;
10—调压螺钉。

图 3-17　限压式变量叶片泵的简化工作原理图

这种泵的工作原理大致可以分为以下 4 种情况来分析。

(1) 当泵刚刚开始工作,而泵的出口压力尚未建立起来时,或者当外部载荷较小而系统的油压很低,活塞 4 上的作用力还不足以克服调压弹簧 9 的作用力时,定子 2 在调压弹簧 9 的作用下处于最右边的位置,即泵处于最大偏心和最大输出流量的状态。

(2) 当泵的出口压力达到工作压力 p 时,在系统压力作用下,活塞 4 克服了调压弹簧 9 的作用力向左推动定子套,使定子 2 在活塞 4 和调压弹簧 9 的共同作用下处于某一个相对平衡的工作位置,定子的偏心距及输出流量都处于一个相对平衡的状态。

(3) 当外部载荷有变化时,引起的系统压力变化会导致泵的供油量做相应的变化调整:当外载增大引起系统压力升高时,定子 2 会在活塞 4 的作用下向左移动,偏心距减小,流量减小,液压执行元件的移动速度会相应减慢;当外部载荷减小时,会引起定子向右移动,移动速度将相应加快。

(4) 当泵的出口压力由于系统的超载或过载而超过调压弹簧 9 和调压螺钉 10 所调定的最高限定压力 p_B 时,调压弹簧 9 将处于最大压缩状态,活塞 4 将定子 2 压到最左位置,此时的定子偏心距为零(或接近零),泵将停止向外供油,从而防止了出口压力的继续升高,起到了安全保护的作用。

这种泵的最高输出压力可以通过调压弹簧 9 和调压螺钉 10 来控制,所以称为限压式泵。又因为这种泵的反馈控制是作用到定子套的外部的，所以也称为外反馈式限压泵。

2. 限压式变量叶片泵的工作特性

限压式变量叶片泵的特性曲线如图 3-18 所示。B 点为拐点，对应的压力 $p_B = kx_o/A$；C 点为极限压力，$p_c = k(x_o + e_{max})/A$。在 AB 段，当工作压力 p 小于预先调定的最小限定压力时，液压作用力不能克服调压弹簧 9 的作用力，这时定子的偏心距保持最大（$e = e_{max}$），泵的输出流量 q_A 将保持最大值 q_{max}。又因供油压力的增大将使泵的泄漏流量 q_1 也增加，所以泵的实际输出流量 q 略有减少，如图 3-18 中工作曲线的 AB 段。

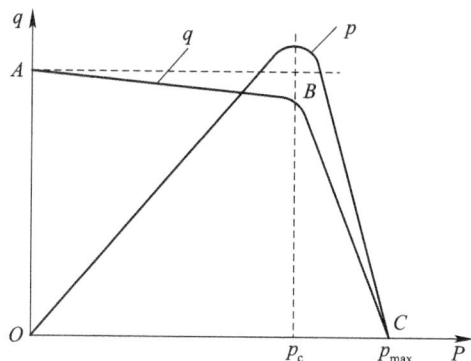

图 3-18　限压式变量叶片泵的特性曲线

当工作压力 p 超过最小限定压力时，液压作用力大于调压弹簧 9 的作用力，此时调压弹簧 9 开始压缩，定子向偏心量减小的方向移动，使泵的输出流量减小，压力越高，调压弹簧的压缩量越大，偏心量越小，输出流量越小，在调压弹簧 9 的有效弹性变形范围内，流量与系统工作压力的关系基本呈特性曲线 BC 段所示的线形变化规律。

调节调压螺钉 10 可以改变最高调定压力 p_B 的大小，这时特性曲线的 BC 段将左右平移；而改变调压弹簧的刚度，可以改变 BC 段的斜率，弹簧越"软"，BC 段越陡。

调节流量调节螺钉 5，可以调节最大偏心距（初始偏心量）的大小，从而改变泵的最大输出流量 q_A，使特性曲线 AB 段上下平移。

3. 限压式变量叶片泵的应用

限压式变量叶片泵结构复杂，轮廓尺寸大，相对运动的机件多，泄漏较大，同时，转子轴上承受较大的不平衡径向液压力，噪声也较大，容积效率和机械效率都没有定量叶片泵高。而从另外一方面看，在泵的工作压力条件下，它能按外载和压力的波动来自动调节流量，节省了能源，减少了油液的发热，对机械动作和变化的外载具有一定的自适应调整性。

限压式变量叶片泵对那些要实现空行程快速移动和工作行程慢速进给（慢速移动）的液压驱动是一种较合适的动力源，一般快速行程需要快的移动速度和大的工作流量，而负载压力较低，这正好对应了特性曲线的 AB 起始段，而工作进给时需要较高压力，同时移动速度较低，所需流量减少，对应了特性曲线的 BC 段。因此，这种泵特别适用于那些要求执行元件有快速、慢速和保压阶段的中、低压系统，有利于节能和简化回路。

3.6.4　双联叶片泵和双级叶片泵

1. 双联叶片泵

双联叶片泵是由两个相互独立的叶片泵装在同一根驱动轴上所组成的。两个泵的外部油路互相独立。两个泵可以共用同一个进油口，但它们的压油口是各自独立的。两个泵可以装在同一个壳体里，也可以各自单独设置外壳。图 3-19(a) 所示为两个泵共用同一个壳体，但出油口各自独立的双联泵，它们由驱动轴 4 共同带动。

这种双联叶片泵常应用于有快速移动和慢速工作进给要求的机械传动中，这时的双联

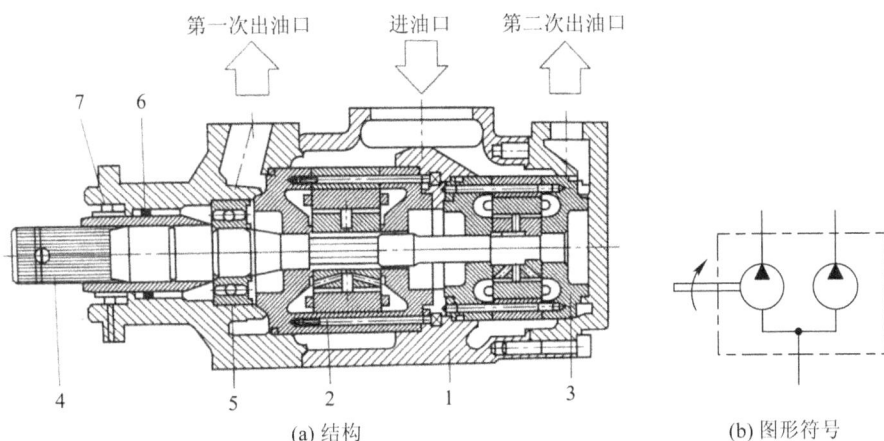

第一次出油口　　进油口　　第二次出油口

(a) 结构　　　　　　　　　　　(b) 图形符号

1—泵体；2—第一级泵芯：定子、转子、叶片、配油盘；3—第二级泵芯：定子、转子、叶片、配油盘；
4—驱动轴；5—双列滚珠轴承；6—O 形圈；7—双油封。

图 3 - 19　双联叶片泵

叶片泵常由一个小流量泵和一个大流量泵组成。当需要快速移动时，可以利用大流量泵供油，或者两个泵同时供油；当需要慢速工作进给时，由小流量泵供油，同时使大流量泵卸荷，以节省动力并防止油液的发热。

2. 双级叶片泵

双级叶片泵是指同一根驱动轴上安装的两个泵串联成为前、后两级的油路关系，即前一个泵的出油口就是后一个泵的进油口，两个叶片泵装在一个泵体内并在油路上相互串接。

双级叶片泵的工作原理如图 3 - 20 所示。两个单级叶片泵的转子装在同一根传动轴上，当传动轴回转时就带动两个转子一起转动。第一级泵经吸油管从油箱吸油，输出的油液直接送入第二级泵的吸油口，第二级泵的输出油液经管路送往工作系统，从而形成了前、后两级的供油关系。

设第一级泵的输出压力为 p_1，第二级泵的输出压力为 p_2，则该泵的最终输出压力为 $p_1 + p_2$。但这需要一个基本条件：第一级泵的输出流量应该正好满足第二级泵的输入流量的需要，否则会造成油液的空穴现象，引起噪声，并降低泵的效率。由于两个泵的定子内壁曲线和宽度等不可能做得完全一样，两个单级泵每转一周的容量就不可能完全相等。为了平衡两个泵的流量与载荷关系，如图 3 - 20(a) 所示，在泵体内设有一个载荷平衡阀，使第一级泵的油液输出与平衡阀的大端 1 相通，使第二级泵的输出油路与平衡阀的小端 2 相通。这样，当第一级泵的输出流量大于第二级泵的输入流量时，多余的油液经平衡阀的大端顶开平衡阀，并由泄油口流回它的进油口，使两个泵的流量与载荷获得平衡；如果第一级泵的输出流量小于第二级泵的需要，油压 p_1 要降低，使平衡阀被推向左侧，平衡阀的一级泄油口会关闭，而处于阀右侧的平衡油口会打开，第二级泵输出的部分油液经该阀口流回第二级泵的进油口而获得流量的补充和平衡。

一般，这种泵的单级压力可达 7.0 MPa，双级泵的工作压力就可达 14.0 MPa。

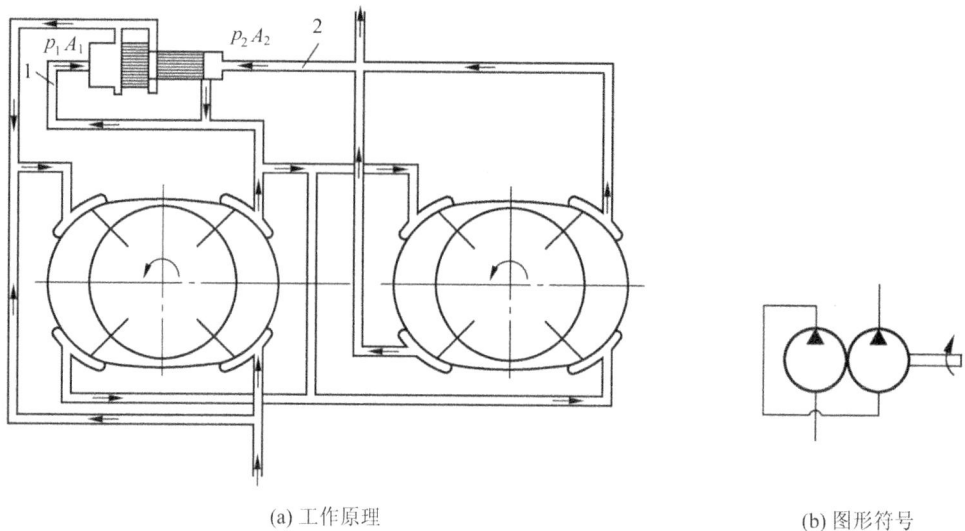

(a) 工作原理　　　　　　　　　　　　　　(b) 图形符号

图 3-20　双级叶片泵的工作原理

3.7　柱　塞　泵

柱塞泵是通过柱塞在柱塞孔内往复运动时密封工作容积的变化来实现吸油和排油的。柱塞泵具有压力高、结构紧凑、效率高、流量调节方便等优点，广泛用于需要高压、大流量、大功率的系统中和流量需要调节的场合，如在液压机、工程机械、船舶上得到了广泛的应用。

柱塞泵按柱塞的排列和运动方向不同，可分为轴向柱塞泵和径向柱塞泵两大类。

3.7.1　轴向柱塞泵

1. 轴向柱塞泵的工作原理

轴向柱塞泵可分为斜盘式和斜轴式两大类。图 3-21 所示为斜盘式轴向柱塞泵的工作原理。这种泵由缸体 1、配油盘 2、柱塞 3、斜盘 4 等主要零件组成。斜盘 4 和配油盘 2 是不动的，传动轴 5 带动缸体 1 和柱塞 3 一起转动，柱塞 3 靠机械装置或在低压油作用下压紧在斜盘上。

当传动轴按图示方向旋转时，柱塞在其沿斜盘自下而上回转的半周内逐渐向缸体外伸出，使缸体孔内密封工作腔的容积不断增加，产生局部真空，从而将油液经位于配油盘右部的吸油窗口吸入；柱塞在其自上而下回转的半周内又逐渐向里推入，使密封工作腔的容积不断减小，将油液从位于配油盘左部的压油窗口向外排出，缸体每转一转，每个柱塞往复运动一次，完成一次吸压油动作。改变斜盘的倾角 γ 大小，就可以改变柱塞的有效行程，实现泵的排量的变化。改变斜盘倾角方向，就能改变吸油和压油的方向，即成为双向变量泵。

2. 轴向柱塞泵的排量和流量计算

1）排量

若柱塞数为 Z，柱塞孔直径为 d，柱塞孔的分布圆直径为 D，斜盘倾角为 γ，则柱塞的

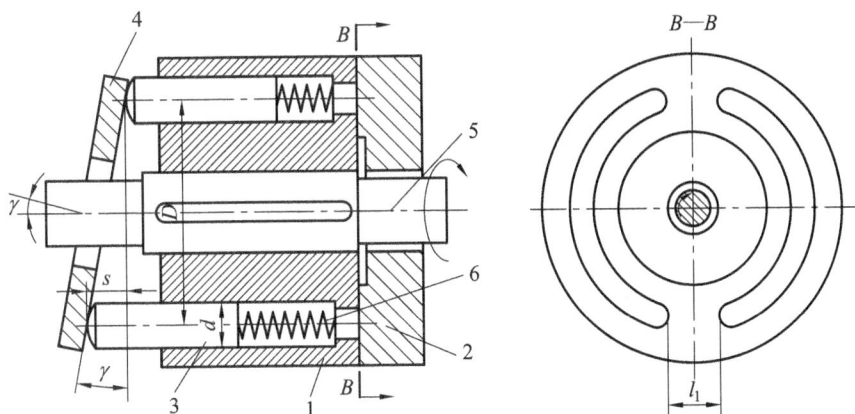

1—缸体；2—配油盘；3—柱塞；4—斜盘；5—传动轴；6—弹簧。

图 3-21　斜盘式轴向柱塞泵的工作原理

行程为 $s=D\tan\gamma$，故缸体旋转一圈，泵的排量为

$$V = Zs\frac{\pi d^2}{4} = \frac{1}{4}\pi d^2 ZD\tan\gamma \qquad (3-12)$$

2）理论流量

泵的理论流量为

$$q_\mathrm{t} = nV = \frac{1}{4}\pi d^2 nZD\tan\gamma \qquad (3-13)$$

3）实际流量

泵的实际流量为

$$q = \frac{1}{4}\pi d^2 nZD\tan\gamma\eta_\mathrm{v} \qquad (3-14)$$

3. 轴向柱塞泵的结构

图 3-22 所示为斜盘式轴向柱塞泵的结构。这种泵由主体部分和变量机构两部分组成。而主体部分由滑履 4、柱塞 5、缸体 6、配油盘 7 和缸体端面间隙补偿装置等组成，变量机构由手轮 1、丝杆、活塞、轴销等组成。柱塞的球状头部装在滑履 4 内，以缸体作为支撑的弹簧通过钢球推压回程盘 3，回程盘和柱塞滑履一同转动。在排油过程中借助斜盘 2 推动柱塞做轴向运动；在吸油时依靠回程盘、钢球和弹簧组成的回程装置将滑履紧紧压在斜盘表面上滑动。在滑履与斜盘相接触的部分有一油室，它通过柱塞中间的小孔与缸体中的工作腔相连，压力油进入油室后在滑履与斜盘的接触面间形成了一层油膜，起着静压支承的作用，使滑履作用在斜盘上的力大大减小，因而磨损也减小。传动轴 8 通过左边的花键带动缸体 6 旋转，由于滑履 4 紧贴在斜盘表面上，柱塞在随缸体旋转的同时在缸体中做往复运动。缸体中柱塞底部的密封工作容积是通过配油盘 7 与泵的进出口相通的。随着传动轴的转动，液压泵就连续地吸油和排油。

斜盘式轴向柱塞泵有以下特点：

（1）自动补偿装置。

缸体柱塞孔的底部有一轴向孔，这个孔使得缸体压紧配油盘端面的作用力，除了弹簧

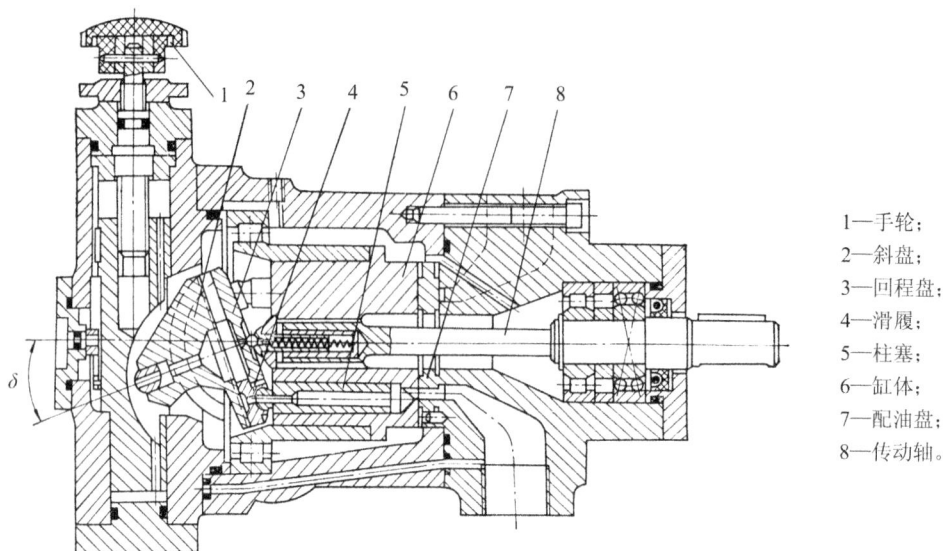

图 3-22　斜盘式轴向柱塞泵的结构

1—手轮；
2—斜盘；
3—回程盘；
4—滑履；
5—柱塞；
6—缸体；
7—配油盘；
8—传动轴。

张力外，还有该孔底面积上的液压力一同使缸体和配油盘保持良好的接触，使密封更为可靠，同时当缸体和配油盘配合面磨损后可以得到自动补偿，提高泵的容积效率。

（2）滑履结构。

在斜盘式轴向柱塞泵中，一般柱塞头部装有滑履，二者之间为球头接触，而滑履与斜盘之间又以平面接触，改善了柱塞的工作受力情况，并由缸孔中的压力油经柱塞和滑履中间小孔，润滑各相对运动表面，大大降低相对运动零件的磨损，这样有利于高压下的工作。

（3）变量机构。

在变量轴向柱塞泵中均设有专门的变量机构，用来改变斜盘倾角 γ 的大小，以调节泵的排量。变量方式有手动式、伺服式、压力补偿式等多种。图 3-22 所示的轴向柱塞泵采用手动变量机构，变量时，可转动手轮 1 来实现。

轴向柱塞泵的优点是结构紧凑、径向尺寸小、惯性小、容积效率高，目前最高压力可达 40.0 MPa，甚至更高，多用于工程机械、压力机等高压系统中，但其轴向尺寸较大，轴向作用力也较大，结构比较复杂。

4. 斜轴式轴向柱塞泵

图 3-23 所示为斜轴式轴向柱塞泵的工作原理。当传动轴 1 在电动机的带动下转动时，连杆 2 推动柱塞 4 在缸体 3 中做往复运动，同时连杆的侧面带动柱塞连同缸体一同旋转。利用固定不动的平面配流盘 5 的吸入、压出窗口进行吸油、压油。若改变缸体的倾斜角度 γ，则可改变泵的排量；若改变缸体的倾斜方向，则可成为双向变量轴向柱塞泵。

图 3-24 所示为斜轴式无铰轴向柱塞泵。该柱塞泵的缸体轴线与传动轴不在一条直线上，它们之间存在一个摆角 β。柱塞 3 与传动轴 1 之间通过连杆 2 连接，当传动轴旋转时不是通过万向铰，而是通过连杆拨动缸体 4 旋转（故称无铰泵），同时强制带动柱塞在缸体孔内做往复运动，实现吸油和压油。其排量公式与斜盘式轴向柱塞泵完全相同，用缸体的摆角 β 代替公式中的斜盘倾角 γ 即可。

1—传动轴；
2—连杆；
3—缸体；
4—柱塞；
5—平面配流盘。

图 3-23　斜轴式轴向柱塞泵的工作原理

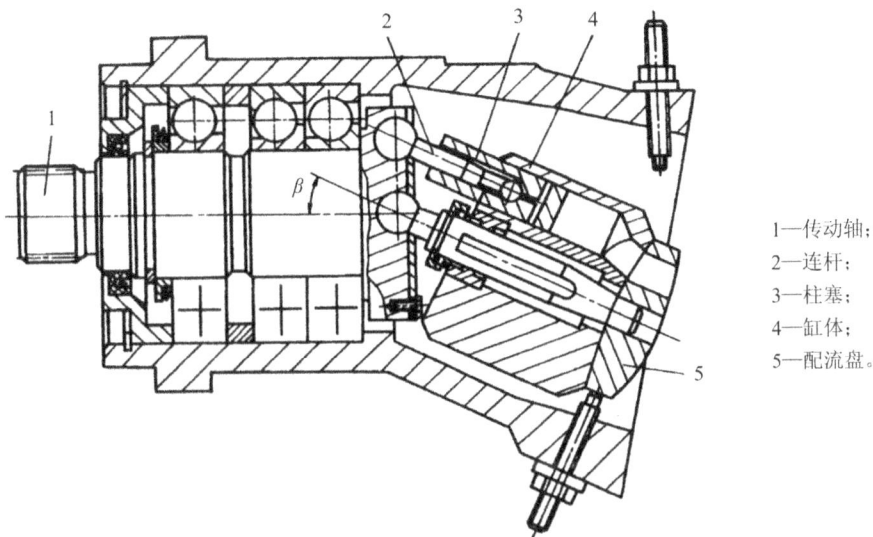

1—传动轴；
2—连杆；
3—柱塞；
4—缸体；
5—配流盘。

图 3-24　斜轴式无铰轴向柱塞泵

▦ 3.7.2 ▦ 径向柱塞泵

　　径向柱塞泵的柱塞沿径向布置。根据配流方式的不同，径向柱塞泵可分为轴配流方式和阀配流方式两种。径向柱塞泵的特点是工作压力较高，工作可靠；但其体积较大，结构复杂，转速要求较低。

1. 径向柱塞泵的工作原理

　　图 3-25 所示为径向柱塞泵的工作原理。在转子(缸体)2 上径向均匀排列着柱塞孔，孔中装有柱塞 1，柱塞可在柱塞孔中自由滑动。衬套 3 固定在转子孔内并随转子一起旋转。配流轴 5 固定不动，配流轴的中心与定子中心有偏心距 e，定子能左右移动。

　　当转子顺时针方向转动时，柱塞在离心力(或在低压油)的作用下压紧在定子 4 的内壁上。当柱塞转到上半周时，柱塞向外伸出，径向孔内的密封工作容积不断增大，产生局部

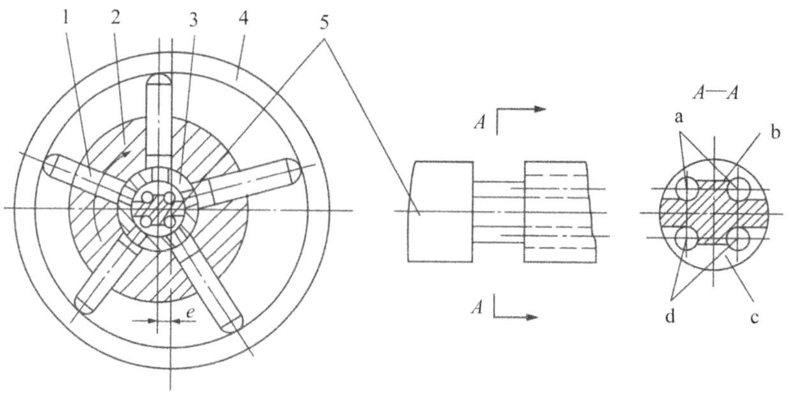

1—柱塞；2—转子；3—衬套；4—定子；5—配流轴。

图 3-25　径向柱塞泵的工作原理

真空，油箱中的油液经配流轴上的 a 孔进入 b 腔；当柱塞转到下半周时，柱塞向里推入，密封工作容积不断减小，c 腔的油从配流轴上的 d 孔向外压出。转子每转一转，柱塞在每个径向孔内吸、压油各一次。改变定子与转子偏心距 e 的大小，就可以改变泵的排量；改变偏心距 e 的方向，即使偏心距 e 从正值变为负值时，泵的吸、压油方向发生变化。因此，径向柱塞泵可以做成单向或双向变量泵。

径向柱塞泵的径向尺寸大，柱塞布置不如前面介绍的轴向布置紧凑，结构复杂，自吸能力差，配流轴由于受径向不平衡压力的作用，必须做得直径较粗，以免变形过大，同时在配流轴与衬套之间磨损后的间隙不能自动补偿，泄漏较大，这些原因限制了径向柱塞泵的转速和额定压力的进一步提高。

2. 径向柱塞泵的排量和流量计算

当径向柱塞泵的转子和定子间的偏心距为 e 时，柱塞在缸体内孔的行程为 2e，若柱塞数为 Z，柱塞直径为 d，则泵的排量为

$$V = \left(\frac{\pi d^2}{4}\right)2eZ \qquad (3-15)$$

若泵的转速为 n，容积效率为 η_v，则泵的实际流量为

$$q = \left(\frac{\pi d^2}{4}\right)2eZn\eta_v \qquad (3-16)$$

柱塞在缸体中的径向移动速度是变化的，而各个柱塞在同一瞬时的径向移动速度也不一样，所以径向柱塞泵的瞬时流量是脉动的。由于柱塞数为奇数要比柱塞数为偶数的瞬时流量脉动小得多，因此径向柱塞泵采用的柱塞个数为奇数。

3. 径向柱塞泵的典型结构与特点

图 3-26 所示为配流轴式径向柱塞泵。它具有以下特点：

（1）配流轴上吸、压油窗口的两端与吸压油窗口对应的方向开有平衡油槽，用于平衡配流轴上的液压径向力，保证配流轴与缸体之间的径向间隙均匀。这不仅减少了滑动表面的磨损，也减小了间隙泄漏，提高了容积效率。

（2）柱塞头部增加了滑履 6，滑履与定子内圆的接触为面接触，而且接触面实现了静

压平衡，接触面的比压很小。

（3）可以实现多泵同轴串联，液压装置结构紧凑。

（4）改变定子相对于缸体的偏心距 e 可以改变排量。其变量方式灵活，可以具有多种变量形式。

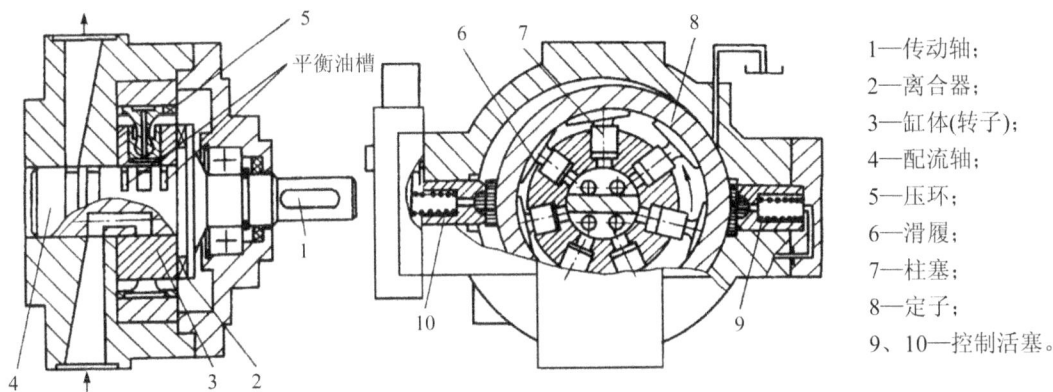

1—传动轴；
2—离合器；
3—缸体(转子)；
4—配流轴；
5—压环；
6—滑履；
7—柱塞；
8—定子；
9、10—控制活塞。

图 3-26　配流轴式径向柱塞泵

3.8　液压泵的噪声及其控制

在液压系统的噪声中，液压泵的噪声占有很大的比重。因此，减小液压泵的噪声是液压系统降噪处理中的重要组成部分。

液压泵的噪声大小和液压泵的种类、结构、大小、转速及工作压力等很多因素有关。而研究结果表明，在各工作参数中，转速对噪声的影响远大于压力的。例如对轴向柱塞泵来说，转速增大一倍，噪声增大 8 dB(A)，而压力增大一倍，噪声增大 3 dB(A)。

1. 产生噪声的原因

液压泵产生噪声的原因如下。

（1）液压泵的流量脉动和压力脉动造成泵构件的振动。这种振动有时还可能产生谐振。谐振频率可以是流量脉动频率的 2 倍、3 倍或更大。泵的基本频率及其谐振频率若和机械的或液压的自然频率相一致，则噪声便大大增加。

（2）液压泵在其工作过程中，当吸油容积腔突然和压油腔相通，或高压容积腔突然和吸油腔相通时，会产生油液流量和压力的突变，它们对噪声的影响甚大。

（3）气穴现象。

（4）液压泵内流道会因突然扩大或收缩、急拐弯、通流截面过小而导致液体紊流、旋涡及喷流。

（5）机械部件因素，如转动部分不平衡、轴承振动等引起的噪声。

2. 降低噪声的措施

降低噪声的措施如下。

（1）消除泵内液压的急剧变化。

（2）为吸收泵的流量和压力脉动，在泵出口装设蓄能器或消声器。

（3）装在油箱上的电动机和泵应使用橡胶垫减振，电动机轴和液压泵泵轴间的同轴度要好。

（4）压油管的某一段采用橡胶软管，对泵和管路的连接进行隔振。

（5）防止气穴现象和油中掺混空气现象的发生。

3.9 各类液压泵的性能比较及选用

液压系统的应用范围很广，但归纳起来可以分为两大类：一类统称为固定设备用液压系统，如各类机床、液压机、注塑机、轧钢机等；另一类统称为移动设备用液压系统，如起重机、汽车、飞机等。这两类液压系统在液压泵的选用上有较大的差异。前者原动机一般为电动机，多采用中、低压范围，对噪声要求高。而后者原动机一般为内燃机，多采用中、高压范围，对噪声要求低。液压系统中常用液压泵的性能比较如表3-1所示。

表3-1 液压系统中常用液压泵的性能比较

性能	外啮合轮泵	双作用叶片泵	限压式变量叶片泵	径向柱塞泵	轴向柱塞泵	螺杆泵
输出压力	低压	中压	中压	高压	高压	低压
流量调节	不能	不能	能	能	能	不能
效率	低	较高	较高	高	高	较高
输出流量脉动	很大	很小	一般	一般	一般	最小
自吸特性	好	较差	较差	差	差	好
对油的污染敏感性	不敏感	较敏感	较敏感	很敏感	很敏感	不敏感
噪声	大	小	较大	大	大	最小

选用液压泵时，最主要的是应满足使用要求，要考虑的因素如下。

（1）变量需求。要求变量选用变量泵，其中单作用叶片泵的工作压力较低，仅适用于机床系统。

（2）工作压力。目前各类液压泵的额定压力都有所提高，但相对而言，柱塞泵的额定压力最大。

（3）工作环境。齿轮泵的抗污染能力最好，因此特别适合于工作环境较差的场合。

（4）噪声指标。属于低噪声的液压泵有内啮合齿轮泵、双作用叶片泵和螺杆泵，后两种泵内的瞬时理论流量均匀。

（5）效率。按结构形式分，轴向柱塞泵的总效率最高；而同一种结构的液压泵，排量大的总效率高；同一排量的液压泵，在额定工况（额定压力、额定转速、最大排量）时的总效率最高，若工作压力低于额定压力或转速低于额定转速、排量小于最大排量，则泵的总效率将下降，甚至会下降很多。因此，液压泵应在额定工况（额定压力和额定转速）或接近额定工况的条件下工作。

一般来说，由于各类液压泵具有各自突出的特点，其结构、功用和运转方式各不相同，因此应根据不同的使用场合选择合适的液压泵。一般在机床液压系统中，往往选用双作用叶片泵和限压式变量叶片泵；而在筑路机械、港口机械及小型工程机械中往往选择抗污染能力较强的齿轮泵；在负载大、功率大的场合往往选择柱塞泵。表 3-2 所示为各类液压泵的性能及应用。

表 3-2　各类液压泵的性能及应用

性能参数	齿轮泵			叶片泵		螺杆泵	柱塞泵			
	内啮合		外啮合	单作用	双作用		轴向		径向	
	渐开线式	摆线式					斜盘式	斜轴式	轴配流	阀盘配流
压力范围/MPa （低压型） （中、高压型）	2.5 ≤30	1.6 16	2.5 ≤30	≤ 6.3	6.3 ≤32	2.5 10	≤40	≤40	35	≤70
排量范围/(mL·r^{-1})	0.3～ 300	2.5～ 150	0.3～ 650	1～ 320	0.5～ 480	1～ 9200	0.2～ 560	0.2～ 3600	16～ 2500	<4200
转速范围/(r·min^{-1})	300～ 4000	1000～ 4500	3000～ 7000	500～ 2000	500～ 4000	1000～ 18 000	600～ 6000		700～ 4000	≤1800
容积效率/%	≤96	80～90	70～95	58～92	80～94	70～95	88～93		80～90	90～95
总效率/%	≤90	65～80	63～87	54～81	65～82	70～85	81～88		81～83	83～86
流量脉动	小	小	大	中等	小	很小	中等		中等	
功率质量比 /(kW·kg^{-1})	大	中	中	小	中	小	大	中～大	小	大
噪声	小		大	较大	小	很小	大			
对油液污染敏感性	不敏感			敏感	敏感	不敏感	敏感			
流量调节	不能			能	不能		能			
自吸能力	好			中		好	差			
价格	较低	低	最低	中	中低	高				
应用范围	机床、农业机械、工程机械、航空、船舶、飞机、一般机械			机床、注塑机、工程机械、液压机、飞机等		精密机床及机械、食品化工、石油、纺织机械等	工程机械、运输机械、锻压机械、船舶和飞机、机床和液压机			

▎▎▎ 3.10　液压泵的拆装和性能测试

▬▬ 3.10.1 ▬▬　液压泵的拆装

1. 实验目的

通过拆装进一步厘清典型液压泵的结构特点。提高对液压泵的感性认识，加深理解其工作原理。

2. 实验设备及工具

内六角扳手、固定扳手、螺丝刀、相关液压泵。

3. 实验内容

齿轮泵的拆装及主要零部件分析：CB-B 型齿轮泵。

4. 实验要求

（1）液压泵的正确拆装顺序及注意事项。

（2）认识液压泵的铭牌、型号等内容。

（3）液压泵的职能符号（定量、动量、单向、双向）及选型要求等。

（4）分析液压泵的结构及工作原理。

5. 实验步骤

1）齿轮泵型号

CB-B 型齿轮泵如图 3 - 5 所示。

2）拆卸步骤

（1）松开 6 个紧固螺钉，分开端盖 1 和 4；从泵体 3 中取出主动齿轮及轴、从动齿轮及轴。

（2）分解端盖与轴承、齿轮与轴、端盖与油封（此步骤可不做）。

（3）装配顺序与拆卸相反。

3）主要零件分析

（1）泵体 3。泵体的两端面开有封油槽，此槽与吸油口相通，用来防止泵内油液从泵体与泵盖接合面外泄，泵体与齿顶圆的径向间隙为 0.13～0.16 mm。

（2）端盖 1 与 4。前后端盖内侧开有卸荷槽（见图中虚线所示），用来消除困油。端盖 1 上吸油口大、压油口小，用来减小作用在轴和轴承上的径向不平衡力。

（3）齿轮 2。两个齿轮的齿数和模数都相等，齿轮与端盖间轴向间隙为 0.03～0.04 mm，轴向间隙不可以调节。

6. 实验报告内容

（1）在齿轮泵、单作用叶片泵（变量）中选一种，画出工作原理简图，说明其主要结构组成及工作原理。

（2）叙述拆装的顺序。

（3）拆装中主要使用的工具。

（4）拆装过程的感受。

3.10.2　液压泵的性能测试

1. 实验目的

了解叶片泵的主要性能，熟悉实验设备和实验方法，测绘液压泵的性能曲线，掌握液压泵的工作特性。

2. 实验设备及工具

YZ-01 型、YZ-02 型液压传动综合教学实验台。

3. 实验内容

（1）液压泵的流量-压力特性。

（2）液压泵的容积效率-压力特性。

（3）液压泵的输出功率-压力特性。

（4）液压泵的总效率-压力特性。

4. 实验要求

（1）熟悉液压泵相关流量、压力、效率、功率等概念的含义及计算。

（2）容积效率 η_v、总效率 η 的测试方法和机械效率 η_m 的计算方法。

（3）根据图 3-27 所示的液压系统原理图，正确安装和调试实验液压回路。

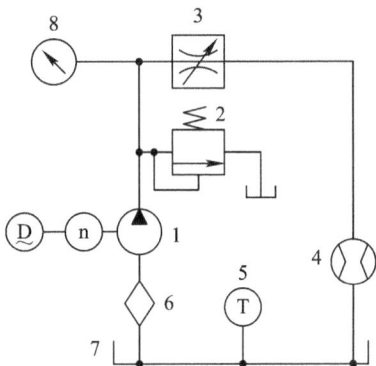

图 3-27　液压泵的特性测试的液压系统原理图

5. 实验步骤

（1）了解和熟悉实验台液压系统的工作原理及各元件的作用，明确注意事项。

（2）检查油路连接是否可靠。

（3）按以下步骤调节液压元件：

① 将溢流阀 2 开至最大，启动液压泵 1，关闭节流阀 3，通过溢流阀 2 调整液压泵的压力至 7.0 MPa，使其高于液压泵的额定压力 6.0 MPa 而作为安全阀使用。然后用锁母将溢流阀 2 锁住。

② 节流阀 3 开至最大，使液压泵 1 的压力为零（或接近零），测出此时的空载流量，此即为理论流量 q_t。

③ 通过逐级关小节流阀 3 的通流截面，作为液压泵 1 的不同负载，测出不同负载下的相关数据：液压泵的压力 p、液压泵的输出流量 q、液压泵的输入功率 P_i、液压泵的输入转速 n（参数）。

a. 液压泵的压力 p：通过压力表读出，数据记入表 3-3 中。

b. 液压泵的输出流量 q：通过流量计 4 读出，数据记入表 3-3 中。

c. 液压泵的输入功率 P_i：通过实验台上的功率表读出，数据记入表 3-3 中。

d. 液压泵的输入转速 n：通过实验台上的转速表读出，数据记入表 3-3 中。

e. 实验完成后，放松溢流阀，关停电动机，待回路中的压力为零后拆卸元件，清理好元件并放入规定的抽屉内。

表 3 - 3 液压泵性能实验数据表

安全阀调定压力	MPa	7.0						
额定压力	MPa	6.0						
空载流量	L/min							
实验测得参数	输出压力 p	MPa						
	输入功率 P_i	kW						
	转速 n	r/min						
	输出流量 q	L/min						
计算参数	输出功率 P_0	kW						
	容积效率 η_v							
	总效率 η							

3.10.3 选择叶片泵和柱塞泵、拆装叶片泵

在自动化机床的润滑装置中，经常采用液压泵作为动力元件自动向各润滑部位供油。由于工作的特殊性，正确选择动力元件是保证整个润滑系统可靠工作的关键。试根据具体要求，选择润滑装置的动力元件。

1. 实验目标

(1) 观察和了解叶片泵的工作原理和性能参数。

(2) 能正确选用叶片泵和柱塞泵。

(3) 能正确拆装叶片泵，加深对叶片泵结构及工作原理的了解。

(4) 会检测泵的工作压力。

2. 实验教学内容分析与实施

因为润滑装置工作时，不同于液压机，它不需要液压泵输出较大的流量，也不需要液压泵输出很高的压力，但是要求液压泵在工作中噪声小、工作平稳。而齿轮泵工作时噪声大，小流量供油不稳定，齿轮泵用在润滑装置中不能很好地满足工作要求。因此在实际应用时，常选择叶片泵和柱塞泵作为润滑装置的动力元件。在选用叶片泵和柱塞泵作为润滑装置动力元件时，应根据各自的工作特点合理地选择和应用。

1) 叶片泵的选用

单作用叶片泵的吸油腔和压油腔各占一侧，转子受到的压油腔油液的作用力大于吸油腔油液的作用力，致使转子所受的径向力不平衡，从而使轴向力也不平衡，使得轴承受到较大的载荷作用，所以在实际使用中要求压油腔的压力不能过高，不宜用在对油压要求较高的场合。

双作用叶片泵的流量较均匀，几乎没有流量脉动，运转平稳，噪声较低，转子受阻力相互平衡，轴承使用寿命长，结构紧凑，轮廓尺寸小，排量大。当润滑装置对动力元件要求较高时，可选择双作用叶片泵作为动力元件。

在选用叶片泵作为动力元件时应注意如下事项。

（1）使用叶片泵时，应注意液压油的黏度。若黏度过高，则吸油阻力增大，将会影响泵的流量；若黏度过稀，则会因叶片泵内部间隙的影响，造成真空度不够，吸油难，对设备工作造成不良影响。

（2）油温应合适，一般应控制在 10～50℃。

（3）叶片泵对油液的污物非常敏感，油液不清洁会造成叶片卡死。因此，必须保证油液过滤良好及环境清洁。

2）柱塞泵的选用

与齿轮泵和叶片泵相比，柱塞泵能以最小的尺寸和最小的质量供给最大的动力，为一种高效泵。该泵输出压力高，输出流量大。润滑装置动力元件一般要求体积小，效率高，故一般选择轴向柱塞泵作为动力元件。而径向柱塞泵一般不作为润滑装置的动力元件使用。

在使用轴向柱塞泵时，同样要求油液要清洁。

3．操作步骤

教师巡回指导，并及时给每位学生打操作分数。

（1）熟悉叶片泵、柱塞泵结构。

（2）拆解叶片泵，观察及了解各零件在叶片泵中的作用，了解各种叶片泵的工作原理，按一定的步骤装配叶片泵。

（3）能正确检测叶片泵的工作压力。

（4）正确分析叶片泵工作时出油口压力与负载之间的关系。

4．归纳小结

各组集中，教师点评，学生提问，并完成实验报告。

习　题　3

3-1　液压泵完成吸油和排油，必须具备什么条件？

3-2　液压泵的工作压力和额定压力有何关系？

3-3　液压泵装于系统中之后，它的工作压力是否就是铭牌上的压力？为什么？

3-4　为什么说液压泵的工作压力取决于负载？

3-5　为什么液压泵的实际工作压力不宜比额定压力低很多？为什么液压泵在低转速下工作时容积效率和总效率均比额定转速时要低？

3-6　液压泵的排量和流量各取决于什么参数？流量的理论值与实际值有何区别？

3-7　液压传动中常见的液压泵分为哪几种？

3-8　什么是齿轮泵的困油现象？困油现象有何危害？用什么方法消除困油现象？

3-9　为什么齿轮泵的齿轮多为修正齿轮？

3-10　有一齿轮泵，已知顶圆直径 $D_e = 48$ mm，齿宽 $B = 24$ mm，齿数 $z = 13$。若最大工作压力 $p = 10$ MPa，电动机转速 $n = 980$ r/min。求电动机功率（泵的容积效率 $\eta_v = 0.90$，总效率 $\eta = 0.8$）。

3-11　有一齿轮泵，在齿轮两侧端面间隙 $s_1 = s_2 = 0.04$ mm，转速 $n = 1000$ r/min，工作压力 $p = 2.5$ MPa 时输出的流量 $q = 20$ L/min，容积效率 $\eta_v = 0.90$。工作一段时间后，端

面间隙因磨损分别增大为 $s_1=0.042$ mm，$s_2=0.048$ mm（其他间隙不变），若泵的工作压力和转速不变。求此时的容积效率。（提示：当 $s_1=s_2=0.04$ mm 时，端面间隙泄漏占总泄漏的 85%）

3-12　为保证双作用叶片泵的叶片在转子叶片槽内自由滑动并紧贴定子内表面，通常采用叶片槽根部全部通高压油的措施。请分析该措施带来的三个副作用。

3-13　为什么双作用叶片泵的叶片数取为偶数？而单作用叶片泵的叶片数取为奇数？

3-14　如果说将双作用叶片泵的配流盘绕转子轴线旋转一定角度可以改变泵的排量，能不能实现？

3-15　为限压式变量叶片泵选配电动机时，应根据什么工况进行计算？

3-16　什么叫单作用式叶片泵？什么叫双作用叶片泵？

3-17　为什么轴向柱塞泵一般不能反向旋转使用？如工作时要求能够正反转，结构上应采取什么措施？

3-18　根据图 3-18 所示限压式变量叶片泵的特性曲线，对照图 3-17 所示说明如何调整使流量段 AB 上下平移，使流量段 BC 左右平移？拐点压力 p_B 是如何调整的？当拐点压力 p_B 变化时，变量泵的极限工作压力 p_C 是否变化？

3-19　柱塞泵有哪些特点？适用于什么场合？

3-20　已知液压泵的参数，额定压力 $p_n=200\times10^5$ Pa，额定流量 $q_n=20$ L/min，$\eta_{vP}=0.95$。求：液压泵的理论流量 q_t 和泄漏量 Δq。

3-21　已知液压泵的参数 $p=20$ MPa，$q=60$ L/min，$\eta_v=0.9$，$\eta_m=0.9$，求：驱动液压泵的电动机功率 P_i。

3-22　已知液压泵的参数 $p=10$ MPa，$n=1450$ r/min，$V=200$ mL/r，$\eta_v=0.95$，$\eta=0.9$，求：液压泵的 P_i、P_o。

3-23　已知液压泵的参数 $n=1500$ r/min，$p=6.3\times10^6$ Pa，$q=53$ L/min，$P_i=7$ kW，$q_t=56$ L/min。求：液压泵的 η_v、η。

第4章 液压执行元件

在液压传动系统中执行元件一般有液压马达和液压缸两种,液压马达将压力油转化为旋转运动,液压缸将压力油转化为直线运动。

4.1 液压马达

液压马达是将液体的压力能转换为机械能的能量转换装置,它是液压设备执行机构实现旋转运动的执行元件。

4.1.1 液压马达的分类与特点

1. 液压马达的分类

液压马达和液压泵在结构原理上基本相同,也是靠工作腔密封容积的容积变化而工作的。与液压泵类似,液压马达按排量能否改变可分为定量马达和变量马达。从转速、转矩范围分,液压马达可分为高速小转矩液压马达和低速大转矩液压马达。一般认为,额定转速在 500 r/min 以上的为高速液压马达,额定转速在 500 r/min 以下的为低速液压马达。高速液压马达有齿轮马达、叶片马达、轴向柱塞马达、螺杆马达等。低速液压马达有曲柄连杆马达、静力平衡马达和多作用内曲线马达等。液压马达的图形符号如图 4-1 所示。

(a) 单向定量液压马达　　(b) 单向变量液压马达　　(c) 双向定量液压马达　　(d) 双向变量液压马达

图 4-1　液压马达的图形符号

2. 液压马达的特点

从工作原理上讲,液压马达与液压泵是可逆的,但由于功用不同,它们的实际结构有所差别。例如:

(1) 液压马达一般需要正反转,所以在内部结构上应具有对称性,而液压泵一般是单方向旋转的,没有这一要求。

(2) 为了减小吸油阻力,减小径向力,一般液压泵的吸油口比出油口的尺寸大。而液压马达低压腔的压力稍高于大气压力,所以没有上述要求。

(3) 液压马达要求能在很宽的转速范围内正常工作,因此,应采用液动轴承或静压轴承。因为当液压马达的速度很低时,若采用动压轴承,则不易形成润滑滑膜。

（4）叶片泵依靠叶片跟转子一起高速旋转而产生的离心力使叶片始终紧贴定子的内表面，起封油作用，形成工作容积。若将其当马达使用，则必须在液压马达的叶片根部装上弹簧，以保证叶片始终紧贴定子内表面，以便马达能正常启动。

（5）液压泵在结构上需保证具有自吸能力，而液压马达就没有这一要求。

（6）液压马达必须具有较大的启动扭矩。所谓启动扭矩，就是马达由静止状态启动时，马达轴上所能输出的扭矩，该扭矩通常大于在同一工作压差时处于运行状态下的扭矩。所以，为了使启动扭矩尽可能接近工作状态下的扭矩，要求马达扭矩的脉动小，内部摩擦小。

由于液压马达与液压泵具有上述不同的特点，因此很多类型的液压马达和液压泵不能互逆使用。

4.1.2　液压马达的性能参数

液压马达的性能参数有很多，下面介绍液压马达的主要性能参数。

1. 排量、流量和容积效率

习惯上将马达的轴每转一周，按几何尺寸计算所进入的液体容积，称为马达的排量 V，有时称之为几何排量、理论排量，即不考虑泄漏损失时的排量。

液压马达的排量表示出了其工作容腔的大小，它是一个重要的参数。虽然液压马达在工作中输出的转矩大小是由负载转矩决定的，但是，推动同样大小的负载，工作容腔大的马达的压力要低于工作容腔小的马达的压力。所以说工作容腔的大小是液压马达工作能力的主要标志。也就是说，排量的大小是液压马达工作能力的重要标志。

液压马达的流量分为实际流量和理论流量。液压马达入口处流量为其实际流量 q。液压马达的理论流量 q_i 是在马达没有泄漏时，达到要求转速所需的进口流量。

根据液压动力元件的工作原理可知，马达转速 n、理论流量 q_i 与排量 V 之间的关系为

$$q_i = nV \tag{4-1}$$

式中：q_i 为理论流量（m^3/s）；n 为转速（r/min）；V 为排量（m^3/s）。

由于液压马达存在间隙，产生了泄漏 Δq，为了满足转速要求，则有

$$q = q_i + \Delta q \tag{4-2}$$

式中：Δq 为泄漏流量。

液压马达的容积效率 η_v 是液压马达的理论流量 q_i 与实际流量 q 之比，即

$$\eta_v = \frac{q_i}{q} = \frac{1}{1 + \dfrac{\Delta q}{q_i}} \tag{4-3}$$

所以实际流量为

$$q = \frac{q_i}{\eta_v} \tag{4-4}$$

2. 液压马达输出的理论转矩

根据排量的大小，可以计算在给定压力下液压马达所能输出的转矩的大小，也可以计算在给定的负载转矩下马达的工作压力的大小。假设液压马达进、出油口之间的压力差为 Δp，输入液压马达的流量为 q，液压马达输出的理论转矩为 T_t，角速度为 ω，如果不计损失，那么液压马达输入的液压功率应当全部转化为液压马达输出的机械功率，即

$$\Delta p = T_t \omega \qquad (4-5)$$

又因为 $\omega = 2\pi n$，所以液压马达的理论转矩为

$$T_t = \frac{\Delta p}{2\pi n} \qquad (4-6)$$

式中：Δp 为马达进出口之间的压力差。

3. 液压马达的机械效率

由于液压马达内部不可避免地存在各种摩擦，实际输出的转矩 T 总要比理论转矩 T_t 小些，即

$$\eta_m = \frac{T}{T_t} \qquad (4-7)$$

式中：η_m 为液压马达的机械效率（%）。

4. 液压马达的启动机械效率 η_{m0}

液压马达的启动机械效率是指液压马达由静止状态启动时，马达实际输出的转矩 T_0 与它在同一工作压差时的理论转矩 T_t 之比，即

$$\eta_{m0} = \frac{T_0}{T_t} \qquad (4-8)$$

液压马达的启动机械效率表示出了其启动性能的指标。因为在同样的压力下，液压马达由静止到开始转动的启动状态的输出转矩要比运转中的转矩大，这给液压马达带载启动造成了困难，所以启动性能对液压马达是非常重要的，启动机械效率正好能反映其启动性能的高低。启动转矩降低的原因，一方面是在静止状态下的摩擦因数最大，在摩擦表面出现相对滑动后摩擦因数明显减小；另一方面也是最主要的方面，即液压马达在静止状态下润滑油膜被挤掉，基本上变成了干摩擦。一旦马达开始运动，随着润滑油膜的建立，摩擦阻力立即下降，并随滑动速度增大和油膜变厚而减小。

实际工作中都希望启动性能好一些，即希望启动转矩和启动机械效率大一些。现将不同结构形式的液压马达的启动机械效率 η_{m0} 列入表 4-1 所示。

表 4-1　液压马达的启动机械效率

液压马达的结构形式		启动机械效率 η_{m0}
齿轮马达	老结构	0.60~0.80
	新结构	0.85~0.88
叶片马达	高速小扭矩型	0.75~0.85
轴向柱塞马达	滑履式	0.80~0.90
	非滑履式	0.82~0.92
曲轴连杆马达	老结构	0.80~0.85
	新结构	0.83~0.90
静压平衡马达	老结构	0.80~0.85
	新结构	0.83~0.90
多作用内曲线马达	由横梁的滑动摩擦副传递切向力	0.90~0.94
	传递切向力的部位具有滚动副	0.95~0.98

由表 4-1 可知，多作用内曲线马达的启动性能最好，轴向柱塞马达、曲轴连杆马达和静压平衡马达居中，叶片马达较差，而齿轮马达最差。

5. 液压马达的转速

液压马达的转速取决于供液的流量 q_i 和液压马达本身的排量 V，即

$$n_t = \frac{q_i}{V} \tag{4-9}$$

式中：n_t 为理论转速(r/min)。

液压马达内部有泄漏，并不是所有进入马达的液体都推动液压马达做功，一小部分因泄漏损失掉了。所以液压马达的实际转速要比理论转速低一些。

$$n = n_t \eta_v \tag{4-10}$$

式中：n 为液压马达的实际转速(r/min)；η_v 为液压马达的容积效率(%)。

6. 最低稳定转速

最低稳定转速是指液压马达在额定负载下，不出现爬行现象的最低转速。所谓爬行现象，就是当液压马达的工作转速过低时，往往保持不了均匀的速度，进入时动时停的不稳定状态。

液压马达在低速时产生爬行现象的原因是：

(1) 摩擦力的大小不稳定。通常，摩擦力是随速度增大而增加的，而对静止和低速区域工作的马达内部的摩擦阻力，当工作速度增大时非但不增加，反而减少，形成了所谓"负特性"的阻力。另外，液压马达和负载是由液压油被压缩后压力升高而被推动的，因此，可用图 4-2(a)所示的物理模型表示低速区域液压马达的工作过程：以匀速 v_0 推弹簧的一端（相当于高压下不可压缩的工作介质），使质量为 m 的物体（相当于马达和负载质量、转动惯量）克服"负特性"的摩擦阻力而运动。当物体静止或速度很低时阻力大，弹簧不断压缩，增加推力。只有等到弹簧压缩到其推力大于静摩擦力时才开始运动。一旦物体开始运动，阻力突然减小，物体突然加速跃动，其结果又使弹簧的压缩量减少，推力减小，物体依靠惯性前移一段路程后停止下来，直到弹簧的移动又使弹簧压缩，推力增加，物体就再一次跃动为止，形成如图 4-2(b)所示的时动时停的状态。对液压马达来说，这就是爬行现象。

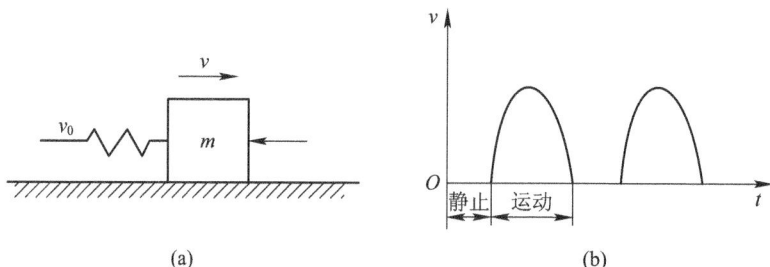

图 4-2　液压马达爬行的物理模型

(2) 泄漏量大小不稳定。液压马达的泄漏量不是每个瞬间都相同的，它也随转子转动的相位角度变化做周期性波动。由于低速时进入马达的流量小，泄漏所占的比重就大，泄漏量的不稳定就会明显地影响到参与马达工作的流量数值，从而造成转速的波动。当马达在低速运转时，其转动部分及所带的负载表现出的惯性较小，上述影响比较明显，因而出

现爬行现象。实际工作中，一般都期望最低稳定转速越小越好。

7. 最高使用转速

液压马达的最高使用转速主要受使用寿命和机械效率的限制，转速提高后，各运动副的磨损加剧，使用寿命降低，转速高则液压马达需要输入的流量就大，因此各过流部分的流速相应增大，压力损失也随之增加，从而使机械效率降低。

对某些液压马达，转速的提高还受到背压的限制。例如曲轴连杆式液压马达，当转速提高时，回油背压必须显著增大才能保证连杆不会撞击曲轴表面。随着转速的提高，回油腔所需的背压也应随之提高。但过分地提高背压，会使液压马达的效率明显下降。为了使液压马达的效率不致过低，液压马达的转速不应太高。

8. 调速范围

液压马达的调速范围用最高使用转速和最低稳定转速之比表示，即

$$i = \frac{n_{\max}}{n_{\min}} \tag{4-11}$$

4.2　高速小转矩液压马达

1. 齿轮式液压马达

图 4-3 所示为齿轮式液压马达的工作原理。齿轮式液压马达与齿轮式液压泵的结构基本相同，最大的不同是齿轮式液压马达的两个油口一样大，且内泄漏单独引出油箱。当高压油进入右腔时，由于两个齿轮的受压面积存在差异，因而产生转矩，推动齿轮转动。

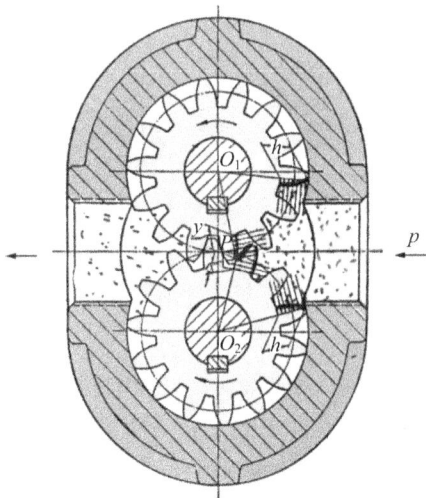

图 4-3　齿轮式液压马达的工作原理

齿轮式液压马达结构简单，主要用于高转速、小转矩的场合，也用作笨重物体的旋转的传动装置。由于笨重物体的惯性起到飞轮作用，可以补偿旋转的波动性，因此齿轮式液压马达在起重设备中应用得比较多。但是齿轮式液压马达的输出转矩和转速的脉动性较大，径向力不平衡，在低速及负荷变化时运转的稳定性较差。

2. 叶片式液压马达

图 4-4 所示为叶片式液压马达的工作原理。叶片式液压马达由转子、定子、叶片、配油盘、转子轴和泵体等组成。在结构上与叶片泵有一些重要的区别。叶片式液压马达的叶片径向放置,以便马达可以正反向旋转;在吸、压油腔通入叶片根部的通路上设有单向阀,使叶片底部能与压力油相通,以保证马达的正常启动;在每个柱塞根部均设有弹簧,使叶片始终处于伸出状态,以保证密封。

当压力油进入压油腔后,在叶片 1 和叶片 5 上,一面作用有压力油,另一面无压力

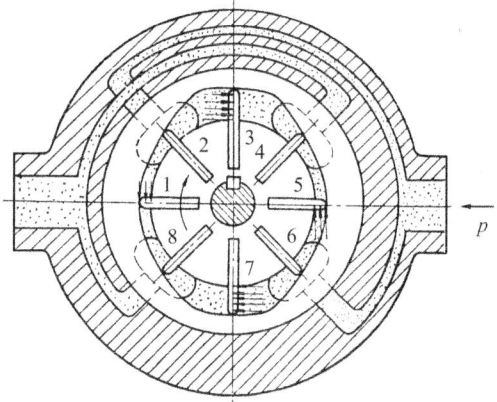

1~8—叶片。

图 4-4   叶片式液压马达的工作原理

油,由于叶片 3、7 的受压面积大于叶片 1、5,因此由叶片受力差构成的力矩推动转子和叶片顺时针旋转。当改变输油方向时,液压马达就会反转。

叶片式液压马达的转子惯性小,动作灵敏,可以频繁换向,但泄漏量较大,不宜用于低速场合。因此叶片式液压马达多用于转速高、转矩小、动作要求灵敏的场合。

3. 轴向柱塞式液压马达

图 4-5 所示为斜盘式轴向柱塞马达的工作原理。这种马达由转子、柱塞、倾斜盘、配油盘、定子等组成。

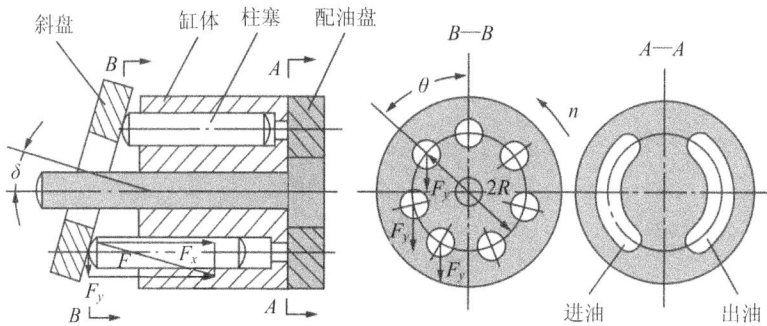

图 4-5   斜盘式轴向柱塞马达的工作原理

工作时,压力油经配油盘进入柱塞底部,柱塞受压力油作用外伸,并紧压在斜盘上,这时在斜盘上产生一反作用力 F,F 可分成轴向分力 F_x 和径向分力 F_y,轴向分力 F_x 与作用在柱塞上的液压力相平衡,而径向分力 F_y 使转子产生转矩,使缸体旋转,从而带动液压马达的传动轴转动。

4. 斜轴式轴向柱塞马达

斜轴式轴向柱塞马达由缸体、配油盘、柱塞和斜盘等主要零件组成,其结构如图 4-6所示。斜轴式轴向柱塞马达的缸体内有多个柱塞,柱塞是轴向排列的,即柱塞的中心线平行于传动轴的轴线,因此称为斜轴式轴向柱塞马达。但它又不同于往复式柱塞泵,因为它

的柱塞不仅在缸体内做往复运动，而且柱塞和缸体与斜盘相对有旋转运动。柱塞以一球形端头与斜盘接触。在配油盘上有高低压月牙形沟槽，它们彼此由隔墙隔开，保证了一定的密封性，它们分别与泵的进油口和出油口连通。斜盘的轴线与缸体轴线之间有一倾斜角度。

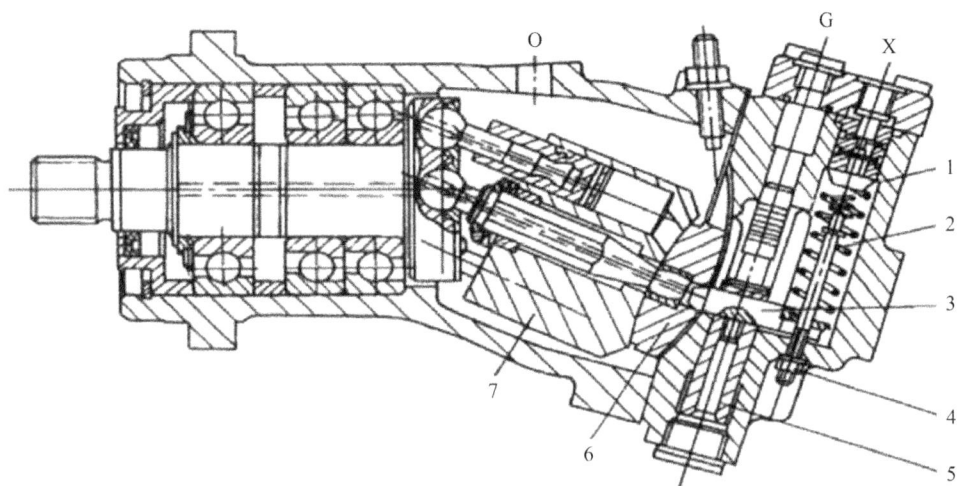

1—后盖；2—弹簧；3—拨销；4—调整螺钉；5—变量活塞；6—配油盘；7—缸体；
G—同步、外控油口；O—泄油、排油口；X—外控油口。

图 4-6　斜轴式轴向柱塞马达的结构

斜轴式轴向柱塞马达广泛应用于大功率的液压传动系统中，如用于机床、冶金、锻压、矿山及起重机械的液压传动系统。为了提高效率，在应用斜轴式轴向柱塞马达时，还通常用齿轮泵或滑片泵作为辅助油泵，用来给油，弥补漏损及保持油路中有一定的压力。

5. 液压马达的选用

液压马达的选用与液压泵的选用原则基本相同。在选用液压马达时，首先确定液压马达的类型，然后按液压系统所要求的压力、流量大小确定其规格型号。选用液压马达时可根据表 4-2 所列出的常用液压马达的主要性能和应用范围，进行综合比较而定。

表 4-2　常用液压马达的主要性能和应用范围

类型性能	齿轮式液压马达	叶片式液压马达	轴向柱塞式液压马达
压力/MPa	<20	6.3~20	20~35
排量/(mL/r)	2.5~210	2.5~237	2.5~915
噪声	大	小	大
单位功率造价	最低	中等	高
应用范围	钻床、风扇及工程机械、农业机械和农业机械的回转机构	有回转工作台的机床	起重机、绞车、铲车、内燃机车、数控机床等设备

4.3 低速大转矩液压马达

低速液压马达的输出转矩通常都较大(可达数千至数万牛·米),所以又称为低速大转矩液压马达。低速大转矩液压马达的主要特点是转矩大,低速稳定性好(一般可在 10 r/min 以下平稳运转,有的可低到 0.5 r/min 以下),因此可以直接与工作机构连接(如直接驱动车轮或绞车轴),不需要减速装置,使传动结构大为简化。低速大转矩液压马达广泛用于工程、运输、建筑和船舶等机械(如行走机械、卷扬机、搅拌机)上。

低速大转矩液压马达的基本结构是径向柱塞式,通常分为两种类型,即单作用曲轴型和多作用内曲线型。

1. 单作用曲轴连杆径向柱塞式液压马达

图 4-7 所示为单作用偏心曲轴连杆径向柱塞式液压马达。在这种液压马达中,5 个(也有 7 个的)油缸按径向在圆周上均匀分布,形成星形壳体。每个油缸中都装有柱塞 1,柱塞的中心球窝中装有连杆 2 小端的球头,连杆 2 大端的凹形圆柱面紧贴在输出轴 4 上,轴的一端通过十字联轴器 5 同配流转阀 6 连接。压力液体经进出口 a 或 b 和配流转阀 6 进入油缸内,并作用到柱塞上,其作用力通过柱塞和连杆作用在输出轴的偏心圆柱上。这些作用力都通过偏心圆柱面的中心,因此对输出轴的中心产生转矩,使输出轴回转和输出转矩。排出的液体经配流转阀从进出口 b 或 a 排出。改变压力液体进出口的进出方向,即可改变马达的旋转方向。

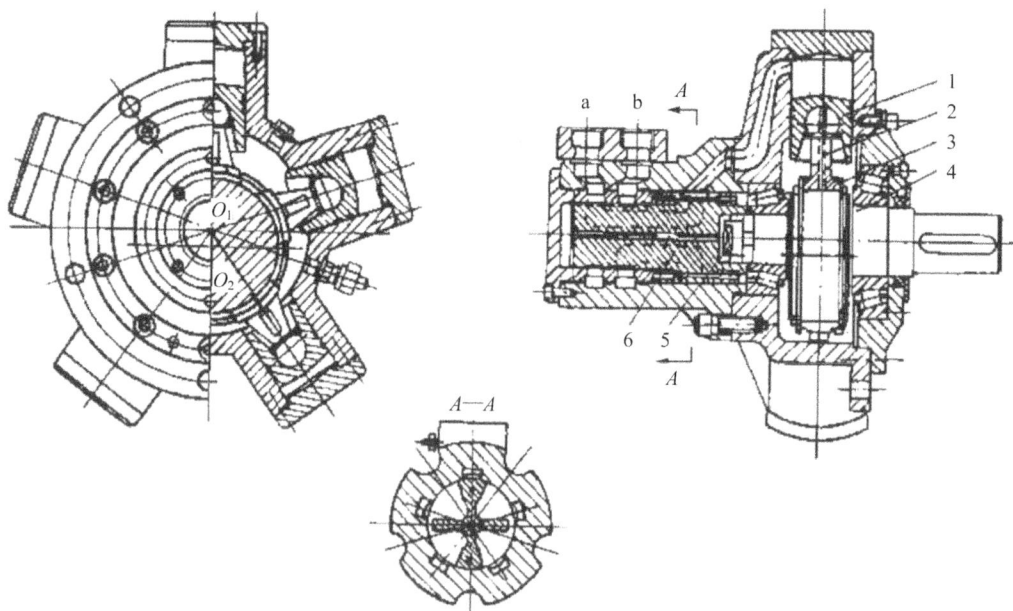

1—柱塞;2—连杆;3—曲轴;4—输出轴;5—联轴器;6—配流转阀。

图 4-7 单作用偏心曲轴连杆径向柱塞式液压马达

配流转阀的结构如图 4-8 所示。液压马达进排液口经阀套上的相应径向孔通到配流转阀上的环形槽 a 或 b，环形槽 a 在转阀中与轴向孔 c 和 d 相通，环形槽 b 则与 e 和 f 相通。这四个轴向孔一直通到剖面 C—C 所示的配流窗口处。在剖面 C—C 中可看出水平左右两侧的封油区将配流窗口分隔出上下两腔，分别为进液腔或排液腔。

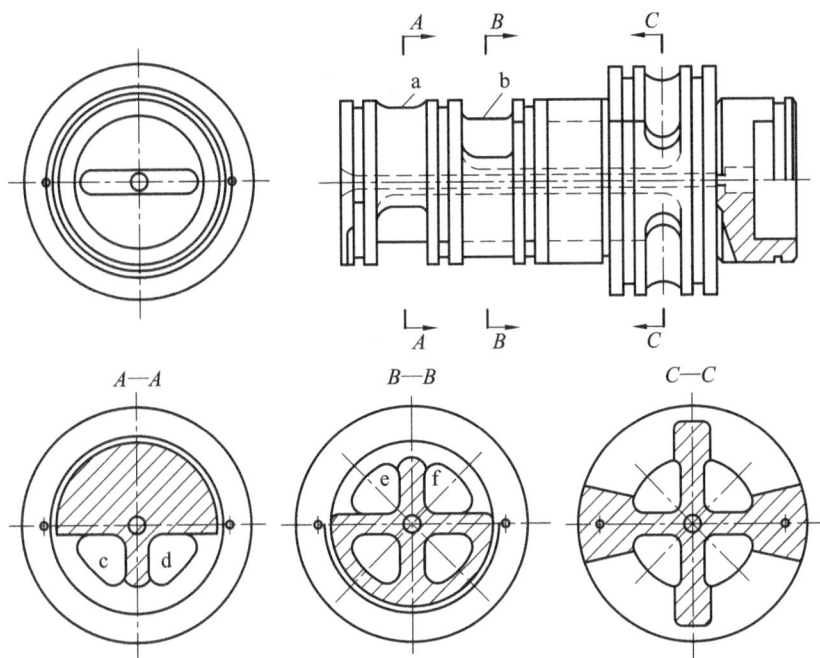

图 4-8　配流转阀的结构

单作用曲轴连杆径向柱塞式液压马达历史较长，它的优点是结构简单、工作可靠、品种规格多、价格低廉。其缺点是体积和质量较大，转矩脉动大。以往的产品低速稳定性较差，但近年来其主要摩擦副采用静压支承或静压平衡结构，性能有所提高，低速稳定转速可达 3 r/min。几十年来这种马达不仅未被后起的其他种类马达淘汰，反而保持着持续发展的态势。

2. 多作用内曲线径向柱塞式液压马达

图 4-9 所示为一多作用内曲线径向柱塞式液压马达的结构。图中的配流轴 1 是固定的，其上有进液口和排液口，当压力液体从进液口进入，经配流窗口通到缸体 2 的柱塞孔中，并作用于柱塞 3 的端部，柱塞受液压力作用向外伸出，迫使柱塞顶部的横梁 4 两端处的滚轮 5 压向定子 6 的内壁。定子内壁由多段内曲面构成，滚轮每经过一段曲面，柱塞往复伸缩一次，故称多作用式。定子在滚轮接触处的反作用力的分力对缸体产生转动力矩，使缸体转动。缸体又将此力矩和旋转运动传给主轴 7 将其输出。

多作用内曲线径向柱塞式液压马达的转速范围为 0～100 r/min。其适用于负载转矩很大，转速低，平稳性要求高的场合。例如，在挖掘机、拖拉机、起电机、采煤机牵引部件等中应用较多。

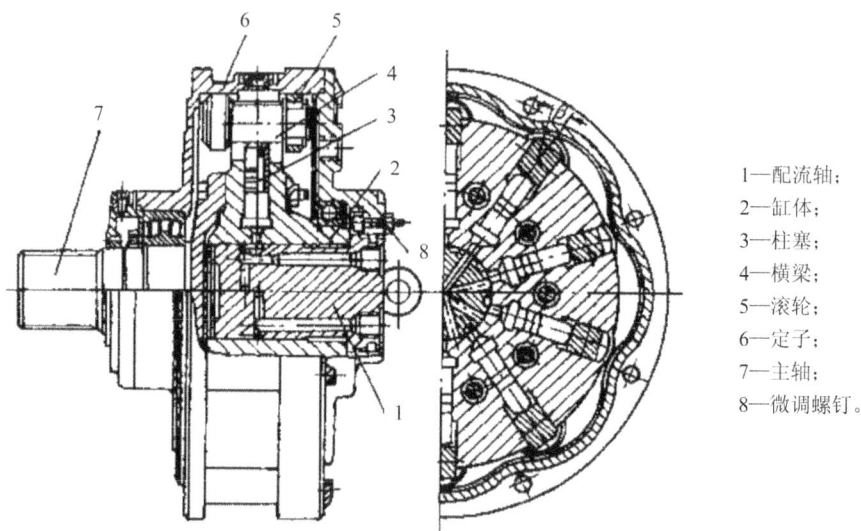

1—配流轴;
2—缸体;
3—柱塞;
4—横梁;
5—滚轮;
6—定子;
7—主轴;
8—微调螺钉。

图 4-9　多作用内曲线径向柱塞式液压马达的结构

4.4　液压缸的选用

　　液压缸是液压传动系统中的执行元件,是将液压能转换为机械能的能量转换装置,用来实现往复直线运动。其结构简单、工作可靠,与杠杆、连杆、齿轮齿条、棘轮棘爪、凸轮等机构配合能实现多种机械运动,在各种机械的液压系统中得到了广泛应用。

4.4.1　液压缸的分类和结构特点

1. 液压缸的分类

　　按其结构形式,液压缸可以分为直线运动液压缸(如活塞缸、柱塞缸等)和摆动缸。直线运动液压缸可实现往复直线运动,输出推力(或拉力)和线速度。摆动缸可实现小于 360° 的往复摆动,输出转矩和角速度。按照作用方式不同,液压缸可以分为单作用式和双作用式。

　　下面分别介绍几种常用的液压缸。

　　1) 活塞缸

　　活塞缸根据其使用要求不同可分为双杆式和单杆式两种。

　　(1) 双杆式活塞缸。

　　双杆式活塞缸的活塞两端都有一根直径相等的活塞杆伸出。根据安装方式不同,双杆式活塞缸可分为缸筒固定式和活塞杆固定式两种。图 4-10(a)所示为缸筒固定式双杆活塞缸。它的进、出油口布置在缸筒两端,活塞通过活塞杆带动工作台移动,当活塞的有效行程为 L 时,整个工作台的运动范围为 3L,所以机床占地面积大,一般适用于小型机床。当工作台行程要求较长时,可采用如图 4-10(b)所示的活塞杆固定的形式,缸体与工作台相连,活塞杆通过支架固定在机床上,动力由缸体传出。这种安装形式的工作台的移动范围只等于液压缸有效行程 L 的两倍(2L),因此占地面积小。进、出油口可以设置在固定不动的空心的活塞杆的两端，但必须使用软管连接。

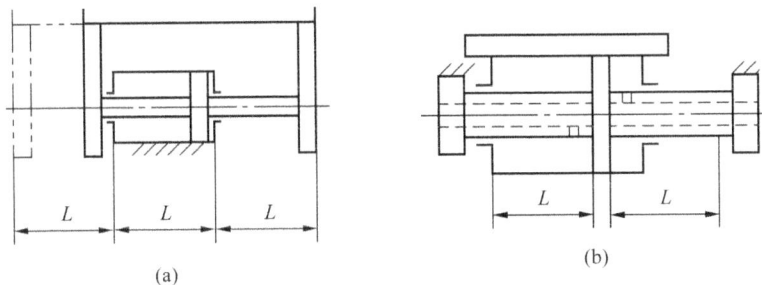

图 4 - 10　双杆式活塞缸

由于双杆式活塞缸两端的活塞杆的直径通常是相等的，因此它左、右两腔的有效面积也相等。当分别向左、右腔输入相同压力和相同流量的油液时，液压缸左、右两个方向的推力和速度相等。设活塞直径为 D，活塞杆直径为 d，液压缸进、出油腔的工作压力分别为 p_1 和 p_2，输入流量为 q，双杆式活塞缸的推力 F 和速度 v 分别为

$$F = A(p_1 - p_2)\eta_m = \frac{\pi(D^2 - d^2)(p_1 - p_2)\eta_m}{4} \tag{4-12}$$

$$v = \frac{q\eta_v}{A} = \frac{4q\eta_v}{\pi(D^2 - d^2)} \tag{4-13}$$

式中：d 为活塞杆直径；D 为活塞直径；p_1、p_2 分别为液压缸进、出油腔的工作压力；q 为输入液压缸的流量；η_m 为液压缸机械效率；η_v 为液压缸容积效率。

双杆式活塞缸在工作时一个活塞杆受力，而另一个活塞杆不受力，因此这种液压缸的活塞杆可以做得细些。

（2）单杆式活塞缸。

如图 4 - 11 所示，单杆式活塞缸只有一端带活塞杆。单杆式活塞缸也有缸体固定和活塞杆固定两种形式，它们的工作台移动范围都是活塞有效行程的两倍。

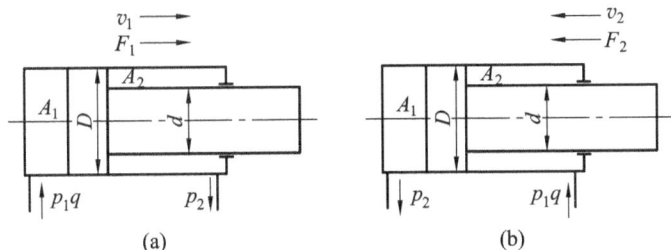

图 4 - 11　单杆式活塞缸

由于液压缸两腔的有效工作面积不等，因此它在两个方向上的输出推力和速度也不等，其值分别为

$$F_1 = (p_1 A_1 - p_2 A_2)\eta_m = \frac{\pi[(p_1 - p_2)D^2 + p_2 d^2]\eta_m}{4} \tag{4-14}$$

$$v_1 = \frac{q\eta_v}{A_1} = \frac{4q\eta_v}{\pi D^2} \tag{4-15}$$

$$F_2 = (p_1 A_2 - p_2 A_1)\eta_{\mathrm{m}} = \frac{\pi\left[(p_1 - p_2)D^2 - p_1 d^2\right]\eta_{\mathrm{m}}}{4} \qquad (4-16)$$

$$v_2 = \frac{q\eta_{\mathrm{v}}}{A_2} = \frac{4q\eta_{\mathrm{v}}}{\pi(D^2 - d^2)} \qquad (4-17)$$

式中：d 为活塞杆直径；D 为活塞直径；p_1、p_2 分别为液压缸进、出油腔的工作压力；q 为输入液压缸的流量；η_{m} 为液压缸机械效率；η_{v} 为液压缸容积效率。

由式(4-14)~式(4-17)可知，因为 $A_1 > A_2$，所以 $F_1 > F_2$，$v_1 < v_2$。如果把两个方向上的输出速度 v_2 和 v_1 的比值称为速度比，记作 φ，则

$$\varphi = \frac{v_2}{v_1} = \frac{\dfrac{4q}{\pi(D^2 - d^2)}}{\dfrac{4q}{\pi D^2}} = \frac{1}{1 - \left(\dfrac{d}{D}\right)^2} \qquad (4-18)$$

因此，活塞杆直径越小，φ 越接近 1，活塞两个方向运动的速度差值也就越小。如果活塞杆较粗，活塞两个方向运动的速度差值就较大，可用于快速退回运动。在已知 D 和 φ 的情况下，可以较方便地确定 d，即

$$d = D\sqrt{\frac{\varphi - 1}{\varphi}} \qquad (4-19)$$

（3）差动缸。

向单杆式活塞缸的左、右两腔用油管连通并同时通入高压油，即为差动连接，如图 4-12 所示。做差动连接的单出杆液压缸称为差动缸，开始工作时差动缸左、右两腔的油液压力相同，但是左腔（无杆腔）的有效面积大于右腔（有杆腔）的有效面积，故活塞向右运动，同时使右腔（有杆腔）中排出的油液（流量为 q'）也进入左腔，加大了流入左腔的流量（$q + q'$），从而也加快了活塞移动的速度。实际上活塞在运动时，因为差动连接时两腔间的管路中有压力损失，所以右腔中油液的压力稍大于左腔中油液的压力，而这个差值一般都较小，可以忽略不计，则差动连接时活塞推力 F_3 和运动速度 v_3 分别为

$$F_3 = p_1(A_1 - A_2)\eta_{\mathrm{m}} = \frac{p_1 \pi d^2 \eta_{\mathrm{m}}}{4} \qquad (4-20)$$

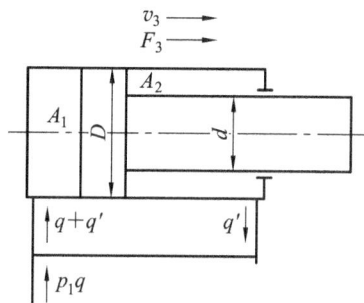

图 4-12　差动缸

进入无杆腔的流量为 $q\eta_{\mathrm{v}} + q'$，无杆腔的面积是 A_1，所以差动速度 $v_3 = (q\eta_{\mathrm{v}} + q')/A_1$，$q' = \pi(D^2 - d^2)v_3$，代入化简后得

$$v_3 = \frac{4q\eta_{\mathrm{v}}}{\pi d^2} \qquad (4-21)$$

式中：q' 为有杆腔中排出油液的流量；d 为活塞杆直径；D 为活塞直径；A_1 为无杆腔活塞面积；A_2 为有杆腔活塞面积；p_1 为液压缸的工作压力；q 为泵输出流量；η_m 为液压缸机械效率；η_v 为液压缸容积效率。

由式(4-20)与式(4-21)可知，差动连接时液压缸的推力比非差动连接时小，速度比非差动连接时大，利用这一点，可使在不加大油源流量的情况下得到较快的运动速度，这种连接方式被广泛应用于组合机床的液压动力系统和其他机械设备的快速运动中。如果要求机床往返快速相等，即使 $v_2 = v_3$，则由式(4-17)和式(4-21)可得

$$\frac{4q\eta_v}{\pi(D^2 - d^2)} = \frac{4q\eta_v}{\pi d^2}$$

可得

$$D = \sqrt{2}\,d \tag{4-22}$$

2）柱塞缸

如图 4-13(a)所示的柱塞缸只能实现一个方向的液压传动，反向运动要靠外力。若需要实现双向运动，则必须成对使用，如图 4-13(b)所示。这种液压缸中的柱塞和缸筒不接触，运动时由缸盖上的导向套来导向，因此缸筒的内壁不需精加工，它特别适用于行程较长的场合。

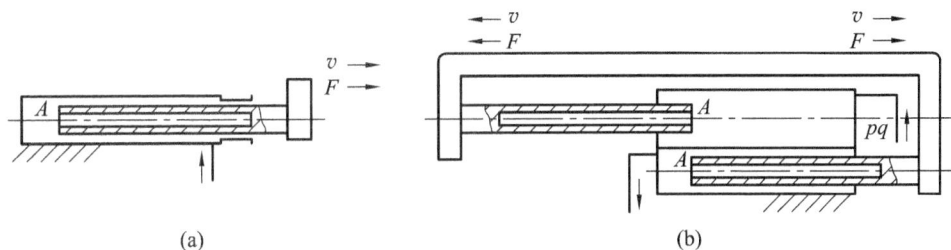

图 4-13　柱塞缸

柱塞缸输出的推力和速度各为

$$F = pA\eta_m = \frac{p\pi d^2 \eta_m}{4} \tag{4-23}$$

$$v = \frac{q\eta_v}{A} = \frac{4q\eta_v}{\pi d^2} \tag{4-24}$$

式中：d 为活塞杆直径；P 为液压缸工作压力；q 为输入液压缸的流量；η_m 为液压缸机械效率；η_v 为液压缸容积效率。

3）其他液压缸

(1) 增压液压缸。

增压液压缸又称增压器，它利用活塞和柱塞有效面积的不同使液压系统中的局部区域获得高压。它有单作用和双作用两种形式。单作用增压缸的工作原理如图 4-14(a)所示。输入活塞缸的液体压力为 p_1，活塞直径为 D，柱塞直径为 d，柱塞缸中输出的液体压力为高压，其值为

$$p_2 = p_1 \eta_m \left(\frac{D}{d}\right)^2 = K\eta_m p_1 \tag{4-25}$$

式中：$K = D^2/d^2$ 称为增压比，代表增压程度（能力）。

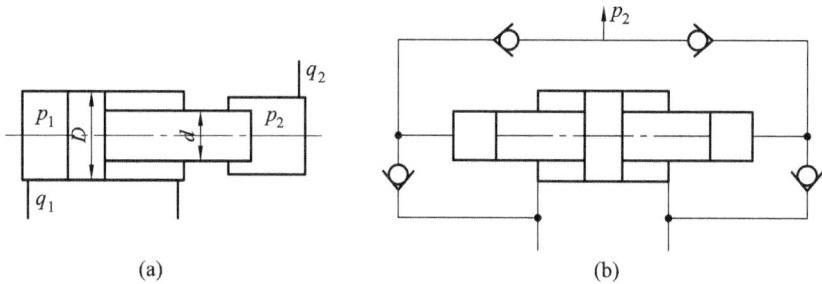

图 4 - 14　增压缸

显然，增压能力是在降低有效能量的基础上得到的，也就是说增压缸仅仅增大了输出的压力，并不能增大输出的能量。

单作用增压缸在柱塞运动到终点时，不能再输出高压液体，需要将活塞退回到左端位置，再向右行时才又输出高压液体。为了克服这一缺点，可采用双作用增压缸，如图 4 - 14(b)所示，由两个高压端连续向系统供油。在液压系统中，若整个系统需要低压，而局部需要高压，为节省一个高压泵，则可使用增压缸。

（2）伸缩缸。

伸缩缸由两个或多个活塞缸套装而成，前一级活塞缸的活塞杆内孔是后一级活塞缸的缸筒，伸出时可获得很长的工作行程，缩回时可保持很小的结构尺寸。典型伸缩缸叠合后的长度在其伸出长度的 $20\%\sim40\%$ 变化。所以，当安装空间受限制而应用场合又需要长行程时，伸缩缸是最佳的解决方案。

伸缩缸可以是图 4 - 15(a)所示的单作用式，也可以是图 4 - 15(b)所示的双作用式，前者靠外力回程，后者靠液压回程。图 4 - 15(c)所示为双作用式伸缩缸结构。

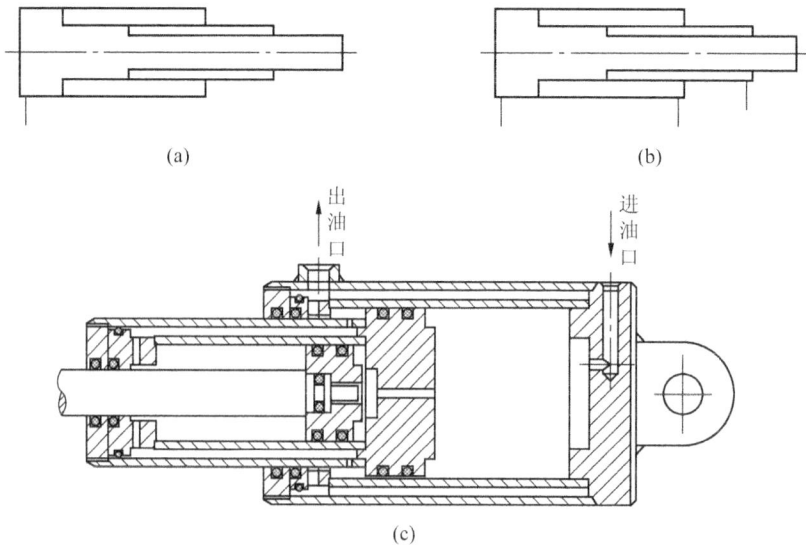

图 4 - 15　伸缩缸

伸缩缸的外伸动作是逐级进行的。先是最大直径的缸筒以最低的油液压力开始外伸，当到达行程终点后，稍小直径的缸筒开始外伸，直径最小的末级最后伸出。随着工作级数变大，外伸缸筒的直径越来越小，输出推力逐渐减小，工作速度逐渐加大，其公式如下：

$$F_i = \eta_m p_1 \frac{\pi}{4} D_i^2 \qquad (4-26)$$

$$v_1 = \frac{\eta_v 4q}{\pi D_i^2} \qquad (4-27)$$

式中：i 为 i 级活塞缸；F_i 为液压缸推力；D 为活塞直径；q 为输入液压缸总流量；η_m 为液压缸机械效率；η_v 为液压缸容积效率。

（3）齿轮缸。

齿轮缸由两个柱塞缸和一套齿条传动装置组成，如图 4-16 所示。压力油推动柱塞的直线运动，经齿轮齿条传动装置将直线运动变成齿轮的转动，用于实现工作部件的往复摆动或间歇进给运动。

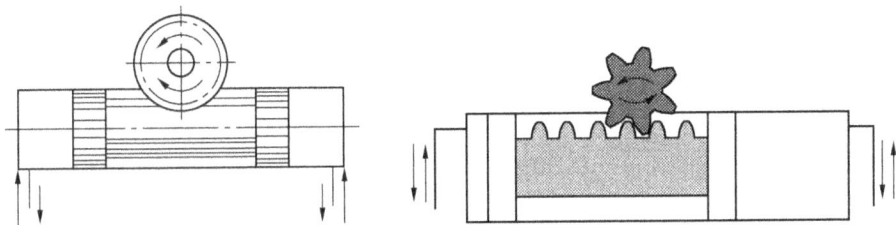

图 4-16　齿轮缸

2. 液压缸的结构特点

通常液压缸由后端盖、缸筒、活塞杆、活塞组件、前端盖等主要部分组成。为防止油液向液压缸外泄或由高压腔向低压腔泄漏，在缸筒与端盖、活塞与活塞杆、活塞与缸筒、活塞杆与前端盖之间均设置有密封装置，在前端盖外侧，还装有防尘装置。为防止活塞快速退回到行程终端时撞击后端盖，液压缸端部还设置有缓冲装置；有时还需设置排气装置。

图 4-17 所示为双作用单活塞杆液压缸的结构，它由缸底 20、缸筒 10、缸盖兼导向套 9、活塞 11 和活塞杆 18 等主要部分组成。

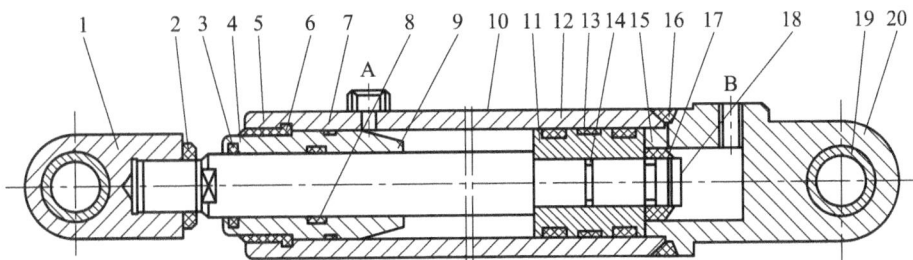

1—耳环；2—螺母；3—防尘圈；4、17—弹簧挡圈；5—套；6、15—卡键；7、14—O形密封圈；8、12—Y形密封圈；9—缸盖兼导向套；10—缸筒；11—活塞；13—耐磨环；16—卡键帽；18—活塞杆；19—衬套；20—缸底。

图 4-17　双作用单活塞杆液压缸的结构

缸筒的一端与缸底焊接，另一端缸盖与缸筒用卡键 6、套 5 和弹簧挡圈 4 固定，两端设有油口 A 和 B。活塞 11 与活塞杆 18 利用卡键 15、卡键帽 16 和弹簧挡圈 17 连在一起。活塞与缸筒的密封采用一对 Y 形聚氨酯密封圈 12,由于活塞与缸筒有一定的间隙,采用由尼龙 1010 制成的耐磨环 13 定心导向,活塞杆与活塞由 O 形密封圈密封。较长的导向套可保证活塞杆不偏离中心,导向套外径由 O 形密封圈 7 密封,内孔由 Y 形密封圈 8 和防尘圈 3 防止油液外漏和灰尘进入缸内。缸底和活塞杆端耳环 1 有销孔与外界连接,销孔内装有抗磨尼龙衬套 19。

1) 缸筒和端盖

缸筒是液压缸的主体,其内孔一般采用镗削、绞孔、滚压或珩磨等精密加工工艺制造,要求表面粗糙度为 0.1~0.4 μm,使活塞及其密封件、支承件能顺利滑动,从而保证密封效果,减少磨损;缸筒要承受很大的液压力,因此,应具有足够的强度和刚度。

端盖装在缸筒两端,与缸筒形成封闭油腔,同样承受很大的液压力,因此,端盖及其连接件都应有足够的强度。设计时既要考虑强度,又要选择工艺性较好的结构形式。

导向套对活塞杆或柱塞起导向和支承作用,有些液压缸不设导向套,直接用端盖孔导向,这种结构简单,但磨损后必须更换端盖。

缸筒、端盖和导向套的材料选择和技术要求可参考《液压工程手册》。

常见的缸体组件连接形式如图 4-18 所示。

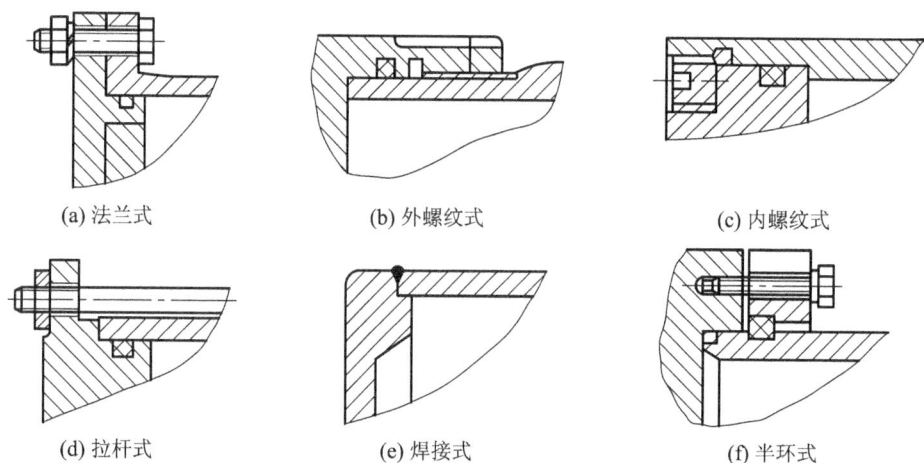

图 4-18 缸筒和缸盖的连接形式

(1) 法兰式连接,如图 4-18(a)所示,其结构简单,加工方便,连接可靠,但是要求缸筒端部有足够的壁厚,用以安装螺栓或旋入螺钉,缸筒端部一般采用铸造、镦粗或焊接方式制成粗大的外径。法兰式连接是常用的一种连接形式。

(2) 螺纹式连接,其有外螺纹式连接(如图 4-18(b)所示)和内螺纹式连接(如图 4-18(c)所示)两种,其特点是体积小,质量轻,结构紧凑,但缸筒端部结构较复杂,这种连接形式一般用于要求外形尺寸小,质量轻的场合。

(3) 拉杆式连接,如图 4-18(d)所示,其结构简单,工艺性好,通用性强,但端盖的体积和质量较大,拉杆受力后会拉伸变长,影响密封效果。这种连接形式只适用于长度不大的中、低压液压缸。

(4) 焊接式连接,如图 4-18(e)所示,其强度高,制造简单,但焊接时易引起缸筒变形。

（5）半环式连接，如图 4-18(f)所示，其分为外半环连接和内半环连接两种。半环式连接工艺性好，连接可靠，结构紧凑，但削弱了缸筒强度。半环式连接应用十分普遍，常用于无缝钢管缸筒与端盖的连接。

2）活塞和活塞杆

如图 4-19 所示，活塞与活塞杆的连接最常用的有螺纹式连接和半环式连接两种形式。除此之外，还有整体式连接、焊接式连接、锥销式连接等。

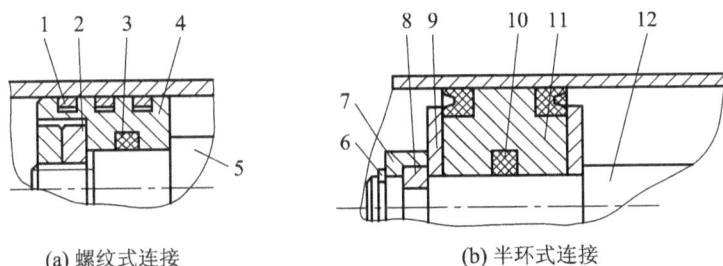

(a) 螺纹式连接　　　　　　　　　　(b) 半环式连接

1—活塞环；2—螺母；3、10—密封圈；4、11—活塞；5、12—活塞杆；6—挡圈；7—套环；8—半环；9—挡板。

图 4-19　活塞与活塞杆的连接形式

螺纹式连接结构简单，装拆方便，但一般需备螺母防松装置；半环式连接强度高，但结构复杂，装拆不便，半环式连接多用于高压和振动较大的场合；整体式连接和焊接式连接结构简单，轴向尺寸紧凑，但损坏后需整体更换，对活塞与活塞杆比值较小、行程较短或尺寸不大的液压缸，其活塞与活塞杆可采用整体或焊接式连接；锥销式连接加工容易，装配简单，但承载能力小，且需要有必要的防止脱落措施，在轻载情况下可采用锥销式连接。

3）密封装置

液压缸的密封装置主要用来防止液压油的泄漏，良好的密封是液压缸传递动力、正常动作的保证。根据两个需要密封的耦合面间有无相对运动，可把密封分为动密封和静密封两大类。设计或选用密封装置的基本要求是具有良好的密封性能，并随压力的增加能自动提高密封性。除此以外，摩擦阻力要小，耐油，抗腐蚀，耐磨，寿命长，制造简单，拆装方便。常见的密封方法有以下几种。

（1）间隙密封。

间隙密封依靠相对运动零件配合面间的微小间隙来防止泄漏。由环形缝隙轴向流动理论可知，泄漏量与间隙的三次方成正比，因此可用减小间隙的办法来减少泄漏。一般间隙为 0.01~0.05 mm，这就要求配合面有很高的加工精度。

间隙密封的特点是结构简单、摩擦力小、耐用，但对零件的加工精度要求较高，且难以完全消除泄漏，故只适用于低压、小直径的快速液压缸。

（2）活塞环密封。

活塞环密封依靠装在活塞环形槽内的弹性金属环紧贴缸筒内壁实现密封，如图 4-20 所示。它的密封效果较间隙密封好，适用的压力和温度范围很宽，能自动补偿磨损和温度变化的影响，能在高速条件下工作，摩擦力小，工作可靠，寿命长，但不能完全密封。活塞环加工复杂，缸筒内表面加工精度要求高，一般用于高压、高速和高温的场合。

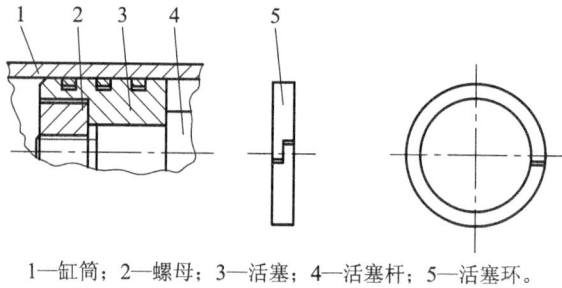

1—缸筒；2—螺母；3—活塞；4—活塞杆；5—活塞环。

图 4-20　活塞环密封

（3）密封圈密封。

密封圈密封是液压系统中应用最广泛的一种密封，密封圈有 O 形、V 形、Y 形及组合式等数种，其材料为耐油橡胶、尼龙、聚氨酯等。

4）缓冲装置

当液压缸所驱动负载的质量较大，速度较高时，一般应在液压缸中设缓冲装置，必要时还需在液压传动系统中设缓冲回路，以免在行程终端发生过大的机械碰撞，导致液压缸损坏。缓冲的原理是当活塞或缸筒接近行程终端时，在排油腔内增大回油阻力，从而降低缸的运动速度，避免活塞与缸盖相撞，液压缸中常用的缓冲装置如图 4-21 所示。

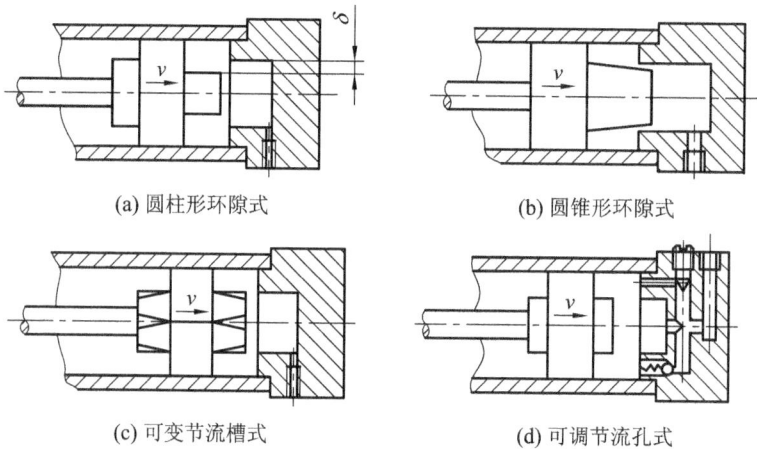

(a) 圆柱形环隙式

(b) 圆锥形环隙式

(c) 可变节流槽式

(d) 可调节流孔式

图 4-21　液压缸中常用的缓冲装置

图 4-21(a)所示为圆柱形环隙式缓冲装置。当缓冲柱塞进入缸盖上的内孔时，缸盖和缓冲柱塞间形成缓冲油腔，被封闭油液只能从环形间隙 δ 排出，产生缓冲压力，从而实现减速缓冲。这种缓冲装置在缓冲过程中，其节流面积不变，故当缓冲开始时，产生的缓冲制动力很大，但很快就降低了，因此其缓冲效果较差。但这种装置结构简单，便于设计和降低制造成本，所以在一般系列化的成品液压缸中多采用这种缓冲装置。

图 4-21(b)所示为圆锥形环隙式缓冲装置。因为缓冲柱塞为圆锥形，所以缓冲环形间隙随位移量的改变而改变，即节流面积随缓冲行程的增大而缩小，使机械能的吸收较均匀，其缓冲效果较好。

图 4-21(c)所示为可变节流槽式缓冲装置。在缓冲柱塞上开有由浅入深的三角节流

槽，节流面积随着缓冲行程的增大而逐渐减小，缓冲压力变化平缓。

图 4-21(d)所示为可调节流孔式缓冲装置。在缓冲过程中，缓冲腔油液经小孔节流排出，调节节流孔的大小，可控制缓冲腔内缓冲压力的大小，以适应液压缸不同的负载和速度工况对缓冲的要求；同时当活塞反向运动时，高压油从单向阀进入液压缸内，活塞也不会因推力不足而产生启动缓慢或困难等现象。

5）排气装置

由于液压油中混入空气，以及液压缸在安装过程中或长时间停止使用时渗入空气，液压缸在运行过程中，会因气体压缩性使执行部件出现低速爬行、噪声等不正常现象，严重时会使系统不能正常工作，因此液压缸必须考虑空气的排出。

对于要求不高的液压缸，往往不设计专门的排气装置，而是将油口布置在缸筒两端的最高处，这样也能使空气随油液排往油箱，再从油箱溢出。对于速度稳定性要求较高的液压缸和大型液压缸，常在液压缸的最高处设置专门的排气装置，如排气塞（如图 4-22 所示）、排气阀等。当松开排气塞或排气阀的锁紧螺钉后，低压往复运动几次，带有气泡的油液就会排出，空气排完后拧紧螺钉，液压缸便可正常。

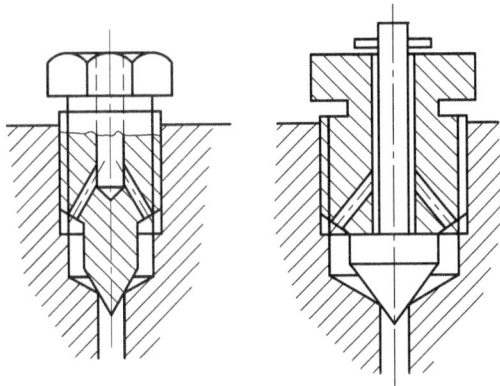

图 4-22 排气塞

4.4.2 液压缸的设计和计算

一般来说液压缸是标准件，但有时也需要自行设计。下面以双作用单活塞杆液压缸为例介绍有关设计计算内容。

1. 液压缸基本参数确定

1）工作负载 F_R 与液压缸推力 F

液压缸的工作负载 F_R 是指工作机构在满负荷情况下，以一定速度启动时对液压缸产生的总阻力，即

$$F = F_R + F_L + F_g \tag{4-28}$$

式中：F_R 为工作机构的负载、自重等对液压缸产生的作用力；F_L 为工作机构在满负荷下启动时的静摩擦力；F_g 为工作机构满负荷启动时的惯性力。

液压缸推力 F 应等于或略大于它的工作负载总阻力。

2）运动速度 v

液压缸的运动速度与其输入流量和活塞、活塞杆的面积有关。如果工作机构对液压缸的运动速度有一定的要求，应根据所需的运动速度和缸径来选择液压泵；在速度没有要求时，可根据已选定的泵流量和缸径来确定运动速度。

3）缸筒内径 D

缸筒内径即活塞外径，是液压缸的主要参数，可根据以下原则确定。

（1）按推力 F 计算缸筒内径 D。

在液压系统给定工作压力 p 后（设回油背压为零），应满足

$$F = pA\eta_{\mathrm{m}} \tag{4-29}$$

式中：A 为液压缸的有效工作面积，对于无活塞杆腔，$A = \pi D^2/4$，对于有活塞杆腔，$A = \pi(D^2 - d^2)/4$。

对于无活塞杆腔，当要求推力为 F_1 时，有

$$D_1 = \sqrt{\frac{4F_1}{\pi p \eta_{\mathrm{m}}}} \tag{4-30}$$

对于有活塞杆腔，当要求推力为 F_2 时，有

$$D_2 = \sqrt{\frac{4F_2\varphi}{\pi p \eta_{\mathrm{m}}}} \tag{4-31}$$

式中：p 为液压缸的工作压力，由液压系统设计时给定（设回油压力为零）；φ 为往复速度比，$\varphi = \dfrac{D^2}{D^2 - d^2}$，由液压系统设计时给定；$\eta_{\mathrm{m}}$ 为液压缸机械效率，一般取 $\eta_{\mathrm{m}} = 0.95$。

计算所得的缸筒内径 D 应取式（4-30）和式（4-31）计算值较大的一个，然后圆整为标准系列（参见《液压工程手册》）。圆整后，液压缸的工作压力应做相应的调整。

（2）按运动速度 v 计算缸筒内径 D。

当液压缸运动速度 v 有要求时，可根据液压缸的流量 q 计算。对于无活塞杆腔，当运动速度为 v_1，进入液压缸的流量为 q_1 时，有

$$D_1 = \sqrt{\frac{4q_1\eta_{\mathrm{v}}}{\pi v_1}} \tag{4-32}$$

对于无活塞杆腔，当运动速度为 v_2，进入液压缸的流量为 q_2 时，有

$$D_2 = \sqrt{\frac{4q_2\varphi\eta_{\mathrm{v}}}{\pi v_2}} \tag{4-33}$$

当液压缸有密封件密封时，泄漏很小，可取容积效率 $\eta_{\mathrm{v}} = 1$。

同理缸筒内径 D 应按 D_1、D_2 中较小的一个圆整为标准值。

（3）推力 F 与运动速度 v 同时给定时，缸筒内径 D 的计算。

如果系统中液压泵的类型和规格已定，则液压缸的工作压力和流量已知，此时可根据推力计算内径，然后校核其工作速度。当计算速度与要求相差较大时，建议重新选择不同规格的液压泵。液压缸的工作压力 p 应不超过液压泵的额定压力与系统总压力损失之差。

当然，在设计液压缸时还有一个系统综合效益问题，这一点对多缸工作系统尤为重要。

4）活塞杆直径 d

确定活塞杆直径 d，通常要满足液压缸速度或往复速度比，然后校核其结构强度和稳

定性。若往复速度比为 φ，则

$$d = D \sqrt{\frac{\varphi - 1}{\varphi}} \qquad (4-34)$$

液压缸往复速度比推荐值如表 4-3 所示。

表 4-3   液压缸往复速度比推荐值

液压缸工作压力 p/MPa	$\leqslant 10$	$10\sim20$	>20
往复速度比 φ	1.33	$1.46\sim2$	2

同理，活塞杆直径 d 也应圆整为标准值。

5) 最小导向长度 l 的确定

当活塞杆全部外伸时，从活塞支承面中点到导向套滑动面中点的距离称为最小导向长度 l（如图 4-23 所示）。如果导向长度太短，将使液压缸的初始挠度增大，影响液压缸的稳定性，因此设计时必须保证有一定的最小导向长度。

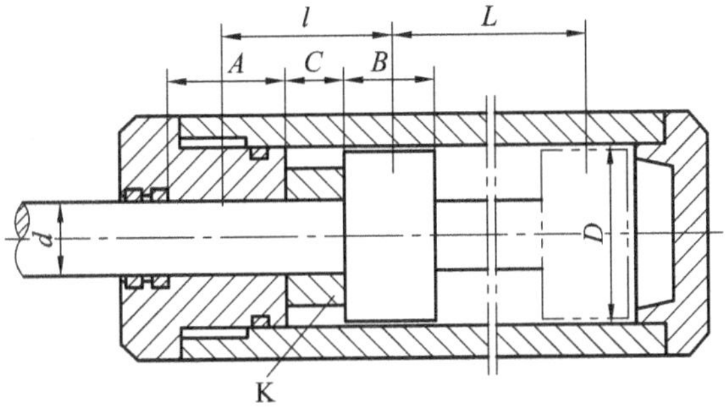

图 4-23   导向长度

对于一般的液压缸，最小导向长度 l 应满足

$$l \geqslant \frac{L}{20} + \frac{D}{2} \qquad (4-35)$$

式中：L 为液压缸最大行程；D 为缸筒内径。

活塞的宽度 B，一般取 $B = (0.6\sim1.0)D$；导向套滑动面的长度 A，在 $D < 80$ mm 时取 $A = (0.6\sim1.0)D$，在 $D > 80$ mm 时取 $A = (0.6\sim1.0)d$。为保证最小导向长度，过分增大 A 和 B 都是不合适的，必要时可在导向套与活塞之间装一个隔套（图中零件 K），隔套的长度 C 由需要的最小导向长度 l 决定，即

$$C = l - \frac{1}{2}(A + B) \qquad (4-36)$$

2. 结构强度设计与稳定校核

1) 缸筒外径

缸筒内径确定后，由强度条件计算壁厚；然后求出缸筒外径 D_1。

当缸筒壁厚 δ 与内径 D 的比值小于 0.1 时，称为薄壁缸筒，壁厚按材料力学薄壁圆筒公式计算：

$$\delta \geqslant \frac{pD}{2[\sigma]} \qquad (4-37)$$

式中：p 为液压缸最大工作压力；$[\sigma]$ 为活塞杆材料的许用应力，$[\sigma]=\sigma_b/n$，σ_b 为液压缸材料的抗拉强度极限，n 为安全系数，一般取 $n=5$。

当缸筒壁厚 δ 与内径 D 的比值大于 0.1 时，称为厚壁缸筒，壁厚按材料力学第二强度理论计算：

$$\delta \geqslant \frac{D}{2}\left(\sqrt{\frac{[\sigma]+0.4p}{[\sigma]-1.3p}}-1\right) \tag{4-38}$$

缸筒壁厚确定之后，即可求出缸筒外径：

$$D_1 = D + 2\delta \tag{4-39}$$

D_1 也按有关标准圆整为标准值。

2）液压缸的稳定性和活塞杆强度校核

按速度比要求初步确定活塞杆直径后，还必须满足液压缸的稳定性及其强度要求。

（1）液压缸的稳定性验算。

按材料力学理论，一根受压的直杆，在其轴向负载 F 超过稳定临界力 F_K 时，即失去原有直线状态下的平衡，称为失稳。对液压缸，其稳定条件为

$$F \leqslant \frac{F_K}{n_K} \tag{4-40}$$

式中：F 为液压缸最大推力；F_K 为液压缸的稳定临界力；n_K 为稳定性安全系数，一般取 $n_K=2\sim4$。

液压缸的稳定临界力 F_K 与活塞杆和缸体的材料、长度、刚度及其两端支撑状况等因素有关。当 $\frac{l}{d}>10$ 时要进行稳定性校核。

当 $\lambda=\frac{\mu l}{r}>\lambda_1$ 时，由欧拉公式计算：

$$F_K \leqslant \frac{\pi^2 EI}{(\mu l)^2} \tag{4-41}$$

式中：λ 为活塞杆的柔性系数；μ 为长度折算系数，由液压缸的支承情况决定，如表 4-4 所示；E 为活塞杆材料的纵向弹性模量，对于钢材，$E=2.1\times10^{11}$ Pa；I 为活塞杆断面的最小惯性矩；λ_1 为柔性系数，按表 4-5 选取；r 为活塞杆横断面的回转半径，$r=\sqrt{\dfrac{I}{A}}$，其中 A 为活塞杆断面面积。

当 $\lambda_1<\lambda<\lambda_2$ 时，属于中柔度杆，按雅辛斯基公式验算：

$$F_K = A(a-b\lambda) \tag{4-42}$$

式中：a、b 为与活塞杆材料有关的系数，按表 4-5 选取；λ_2 为柔性系数，按表 4-5 选取；A 为活塞杆断面面积。

（2）当 $\frac{l}{d}<10$ 时，活塞杆的强度验算。

当活塞杆受纯压缩或纯拉伸时，有

$$\sigma = \frac{4F}{\pi(d^2-d_1^2)} \leqslant [\sigma] \tag{4-43}$$

式中：d_1 为空心活塞杆内径，对于实心杆，$d_1=0$；$[\sigma]$ 为活塞杆材料的许用应力，$[\sigma]=\sigma_s/n$，

σ_s 为活塞杆材料的屈服强度极限，n 为安全系数，一般取 $n=1.4\sim2$。

表 4 - 4　长度折算系数

序号	1	2	3	4
液压缸的安装形式与活塞杆的计算长度 l	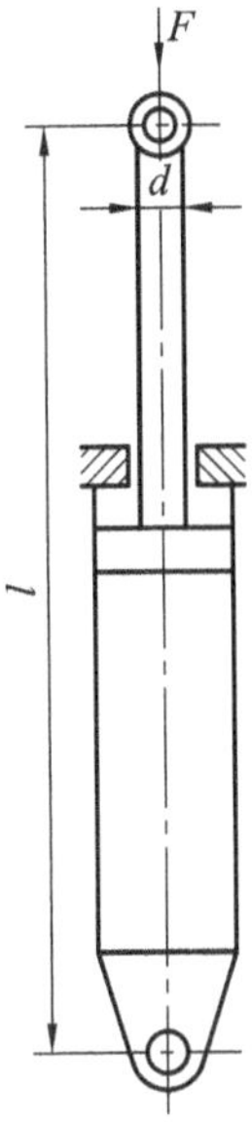	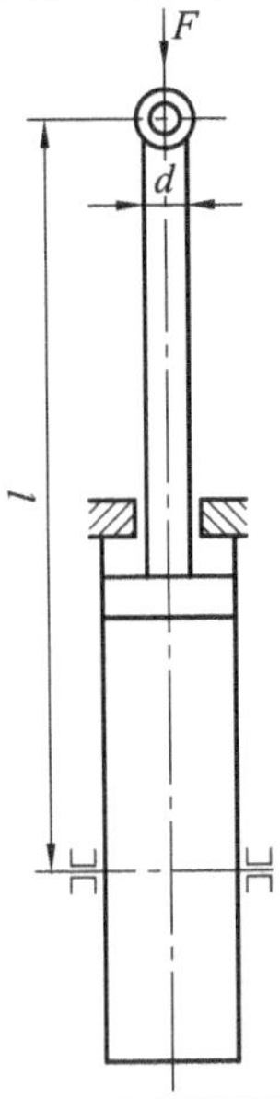	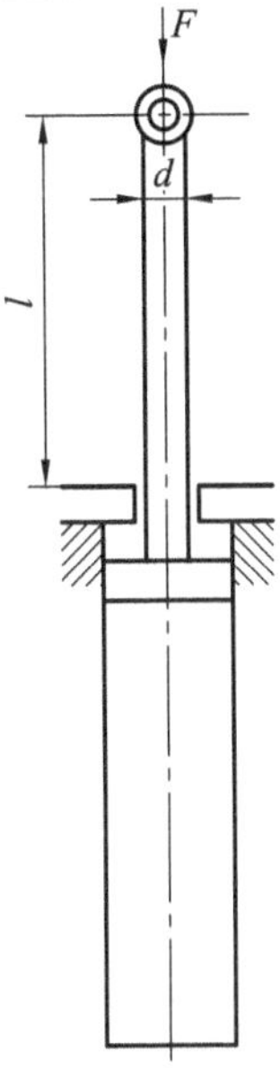	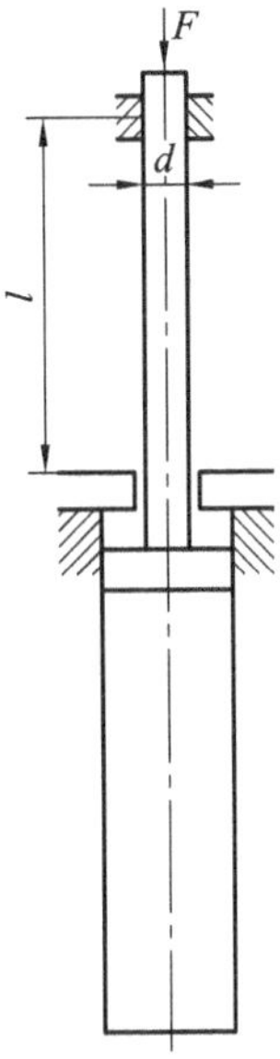
长度折算系数 μ	1	1	0.7	0.5

表 4 - 5　稳定校核的相关系数

材料	a	b	λ_1	λ_2
钢（Q235）	3100	11.4	105	61
钢（Q275）	4600	36.17	100	60
硅钢	5890	38.17	100	60
铸铁	7700	120	80	—

4.5　液压缸的选用和拆装

　　在自动化机床的润滑装置中，经常采用液压泵作为动力元件自动向各润滑部位供油。由于工作的特殊性，正确选择动力元件是保证整个润滑系统可靠工作的关键。应根据具体要求，选择润滑装置的动力元件。

1. 实验目标

（1）液压缸的分类和工作原理。

（2）双作用单出杆活塞式液压缸的推力和速度计算。

（3）液压缸的选用和拆装。

2. 实验教学内容分析与实施

压力机主轴工作时产生上下运动,那么在压力机中由什么元件来带动主轴完成这一运动呢?该如何选择这些元件呢?

分析上述任务可知,主轴要完成工作所需的上下运动必须靠液压传动系统中相关的元件来带动,这个元件就是液压传动系统中的执行元件。在液压传动系统中执行元件一般有液压缸和液压马达两种,液压缸将压力能转化为直线运动,液压马达将压力能转化为旋转运动。此任务中需要采用液压缸作为执行元件来带动主轴产生上下运动。

(1) 双作用单出杆液压缸。

双作用单出杆液压缸带动工作部件往复运动的速度不同,常用于实现机床设备中的快速退回和慢速退回工作进给。同时,双作用单出杆液压缸由于两端有效作用面积不同,无杆腔进油产生的推力大于有杆腔进油的推力,当无杆腔进油时能克服较大的外载荷,因此,也常用在需要液压缸产生较大推力的场合。如任务引入中的压力机工作时,向下工进时需要慢速运动并要克服较大的工作阻力,向上退回时需要快速返回,这时选择双作用单出杆液压缸就非常合适。

(2) 双作用双出杆液压缸。

双作用双出杆液压缸带动工作部件的往返速度一致,常应用于需要工作部件做等速往返直线运动的场合,如外圆磨床的工作台就由双作用双出杆液压缸驱动。对于差动液压缸,因为只需要较小的牵引力就能获得相等的往返速度,更重要的是可以使用小流量液压泵来得到较快的运动速度,所以在机床上使用较多,如在组合机床上用于要求推力不大、速度相同的快进和快推工作循环的液压传动系统中。油温一般应控制在 $10 \sim 50$ ℃。

3. 操作步骤

教师巡回指导,并及时给每位学生的操作打分。

(1) 简单控制的双作用液压缸回路的安装。

(2) 计算液压缸运动时的参数。

(3) 分析液压缸的特点。

(4) 正确拆装液压缸。

4. 归纳小结

各组集中,教师点评,学生提问,并完成实验报告。

习　题　4

4-1　什么叫液压执行元件?有哪些类型?

4-2　按结构特点不同,液压缸可分为哪几种类型?

4-3　双杆活塞式液压缸在缸固定和杆固定时,工作台运动范围有何不同?运动方向和进油方向之间是什么关系?

4-4　怎样计算单杆和双杆活塞液压缸的牵引力?这两种液压缸各有何特点?

4-5　什么叫液压缸的差动连接?适用于什么场合?怎样计算液压缸差动连接时的运动速度和牵引力?

4－6　如果要求机床工作台往复运动速度相同，应采用什么类型的液压缸？

4－7　某一减速机要求液压马达的实际输出转矩 $T=52.5$ N·m，转速 $n=30$ r/min。设液压马达的排量 $V=12.5$ cm³/r，液压马达的容积效率 $\eta_v=0.9$，机械效率 $\eta_m=0.9$。求所需要的流量和压力。

4－8　已知：三种不同的液压缸（单杆活塞式液压缸、差动液压缸、柱塞式液压缸），其内径活塞杆直径是 d、流量是 q，当输入流量都是 q 时，计算各缸筒的移动速度、方向和活塞杆受力。

4－9　某液压马达每转排量 $V_m=70$ mL/r，供油压力 $p=10$ MPa，输入流量 $q=100$ L/min，液压马达的容积效率 $\eta_v=0.92$，机械效率 $\eta_m=0.94$，液压马达回油腔的背压为 0.2 MPa，试求：液压马达输出转矩和液压马达的转速。

4－10　简述柱塞缸的工作原理，并指出其具有的特点。

4－11　当机床工作台的行程较长时应采用什么类型的液压缸？如何实现工作台的往复运动？

4－12　简述增压缸的作用及适用场合。

4－13　活塞与活塞杆的连接方式主要有哪些？

4－14　缸体与端盖的连接方式主要有哪些？

4－15　液压缸中为什么要设有缓冲装置？常见的缓冲装置有哪几种？

4－16　某液压马达的排量 $V_m=40$ mL/r，当马达在 $p=6.3$ MPa 和 $n=1450$ r/min 时，马达输入的实际流量 $q_m=63$ L/min，马达实际输出转矩 $T_m=37.5$ N·m。求液压马达的容积效率 η_v、机械效率 η_m 和总效率 η。

4－17　如习题图 4－1 所示，A_1 和 A_2 分别为两液压缸有效作用面积，$A_1=50$ cm²，$A_2=20$ cm²，液压泵流量 $q=3$ L/min，负载 $W_1=5000$ N，$W_2=4000$ N，不计损失。求两缸工作压力 p_1、p_2 及两活塞运动速度 v_1、v_2。

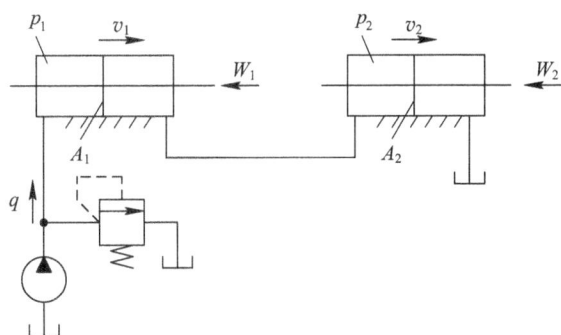

习题图 4－1

4－18　若要求某差动液压缸快进速度 v_1 是快退速度 v_2 的 3 倍。试确定活塞面积 A_1 和活塞杆截面积 A_2 之比。

4－19　什么是液压马达的工作压力、额定压力、排量和流量？

4－20　已知液压马达参数：排量 $V=250$ mL/r，入口压力 $p_1=9.8$ MPa，出口压力 $p_2=0.49$ MPa，总效率 $\eta=0.9$，$\eta_v=0.92$，$q=22$ L/min。求：T、n。

4 - 21　已知液压马达参数，额定排量 $V = 200$ cm³/r，进油压力 $p_1 = 100 \times 10^5$ Pa，回油压力 $p_2 = 0$，总效率 $\eta = 0.7$，容积效率 $\eta_v = 0.8$。求：（1）T_{max}。（2）当 $n = 50$ r/min 时，q。

4 - 22　已知液压马达进油压力 $p_1 = 102 \times 10^5$ Pa，回油压力 $p_2 = 2 \times 10^5$ Pa，理论排量 $V = 200$ cm³/r，总效率 $\eta = 0.75$，机械效率 $\eta_m = 0.9$。求：（1）马达输出理论转矩 T_t。（2）当 $n = 500$ r/min 时，q。（3）当实际输出转矩 $T = 200$ N·m，$n = 500$ r/min 时，P_i、P。

第5章　液压控制阀

液压执行元件(如液压缸、液压马达)在工作时会经常地启动、制动、换向及改变运动速度以适应外负载的变化，液压控制阀对外不做功，仅用于控制执行元件，使其满足主机工作性能要求。因此，液压阀性能的优劣，工作是否可靠对整个液压系统能否正常工作将产生直接影响。

5.1　液压控制阀概述

液压控制阀的功能是控制和调节流体的流动方向、压力和流量，以满足执行元件所需要的启动、停止、运动方向、力或力矩、速度或转速、动作顺序和克服负载等要求，从而使系统按照指定的要求协调地工作。对液压控制阀的基本要求都是动作灵敏，使用可靠，密封性能好，结构紧凑，安装调整、使用维护方便，通用性强等。

液压控制阀的基本机构主要包括阀芯、阀体和驱动阀芯在阀体内做相对运动的装置。阀芯的主要形式有滑阀、锥阀和球阀；阀体上除有与阀芯配合的阀体孔外，还有外界油管的进出油口；驱动阀芯可以是手调机构，也可以是弹簧或电磁铁，有时还作用有液压力。液压控制阀正是利用阀芯在阀体内的相对运动来控制阀口的通断及开口大小来实现压力、流量和方向控制的。

5.1.1　液压控制阀的分类

液压控制阀的种类非常多，可按不同的用途、控制方式、结构形式、安装连接形式等进行分类。

1. 按用途分类

按用途不同，液压控制阀可以分为方向控制阀(如单向阀、换向阀)、压力控制阀(如溢流阀、减压阀、顺序阀)、流量控制阀(如节流阀、调速阀)。这三类阀还可根据需要组合成组合阀，如单向顺序阀、单向节流阀、电磁溢流阀等，这样使其结构更紧凑，并提高了效率。

2. 按控制方式分类

按控制方式不同，液压控制阀可以分为开关或定值控制阀、比例控制阀、伺服控制阀、电液数字控制阀等。

(1) 开关或定值控制阀。这种类型的阀借助手轮、手柄、凸轮、电磁铁、压缩气体、压力液体等来控制流体的通路，定值地控制流体的流动方向、压力和流量，它们统称为开关阀，多用于普通液压与气压传动系统。

（2）比例控制阀。这种类型的阀用与输入/输出成比例的电信号来控制流体的通路，使其实现按一定的规律成比例地控制系统中流体的流动方向、压力和流量，多用于开环程序控制系统。

（3）伺服控制阀。这种类型的阀能将微小的电气信号转换成大的功率输出，以控制系统中流体的流动方向、压力和流量，多用于高精度、快速响应的闭环控制系统。

（4）电液数字控制阀。这种类型的阀是用数字信息直接控制的阀，用以控制系统中流体的流动方向、压力和流量。

3. 按结构形式分类

按结构形式不同，液压控制阀可以分为滑阀、锥阀、球阀、转阀、喷嘴挡板阀、射流管阀等。

（1）滑阀。滑阀就是利用阀芯在密封面上滑动，改变流体进出口通道位置以控制流体流向的分流阀。滑阀常用于蒸汽机、液压和气压等装置，使运动机构获得预定方向和行程的动作或者实现自动连续运转。

（2）锥阀。锥阀就是利用移动的锥形阀芯对流体流过的截面进行控制的阀。锥阀用于较大的输水管道上，作用类似旋塞阀，阀芯是空心锥体以减轻阀芯质量。因直径较大，需用辅助机构先将大阀芯提升，脱离出封面，然后旋转到开启（或关闭）位置，再将阀芯压下，保持密封面良好接触。此阀还可用于水锤减振。

（3）球阀。球阀就是利用带圆形通孔的球体作启闭件，球体随阀杆转动，以实现启闭动作的阀门。球阀是由旋塞阀演变而来的，又称球形旋塞阀。球阀的启闭件作为一个球体，利用球体绕阀杆的轴线旋转90°实现开启和封闭的目标。球阀在管道上主要用于切断、分配和转变介质运动方向。

（4）转阀。转阀就是通过操纵机构使阀芯在阀体内做相对转动从而改变各油口的通断状态的阀类。

（5）喷嘴挡板阀。喷嘴挡板阀有单喷嘴和双喷嘴两种，两者的工作原理基本相同。它主要由挡板、喷嘴、固定节流小孔等元件组成。挡板和两个喷嘴之间形成两个可变的节流缝隙，利用挡板两边的压力差带动液压缸运动。喷嘴挡板阀的优点是结构简单、加工方便、运动部件惯性小、反应快、精度和灵敏度高，喷嘴挡板阀常用作多级放大伺服控制元件中。

（6）射流管阀。射流管阀由射流管、接收板和液压缸等组成。射流管在输入信号的作用下可以摆动一个不大的角度；接收板上有两个并列的接收孔，分别与液压缸的两腔相通，压力油从通道进入射流管，并从端部的锥形喷嘴射出，经接收孔进入液压缸，从而推动液压缸工作。射流管阀的优点是结构简单、动作灵敏、工作可靠。这种阀只适用于低压小功率场合。

4. 按阀的连接方式分类

（1）螺纹式（管式）连接。这种连接方式的阀的连接口用螺纹管接头与管道及其他元件连接，它适用于简单系统。

（2）板式连接。这种连接方式使阀的各连接口均匀布置在同一安装面上，并用螺钉固定在与阀有对应连接口的连接板上，再用管接头和管道与其他元件连接。

（3）集成块式连接。这种连接方式把几个阀用螺钉固定在一个集成块的不同侧面上，在集成块上打孔，来沟通各阀的孔道组成回路，由于拆卸阀时不用拆卸与它们相连的其他元件，因此这种安装连接方式应用较广。

（4）叠加式连接。这种连接方式阀的上下面为连接接合面，各连接口分别在这两个面上，并且同规格阀的连接口的连接尺寸相同，每个阀除其自身功能外，还起到通道的作用，阀相互叠装构成回路，不用管道连接，因此结构紧凑，沿程损失很小。

（5）法兰式连接。这种连接方式的阀和螺纹式连接相似，只是用法兰代替螺纹管接头，通常用于通径 32 mm 以上的大流量系统，它的强度高，连接可靠。

（6）插装式连接。这种连接方式的阀没有单独的阀体，由阀芯、阀套等组成的单元体插装在插装块的预制孔中，用连接螺纹或盖板固定，并通过插装块内的通道把各插装式阀连通起来组成回路。插装块起到阀体和管路的作用，它是适应系统集成化而发展起来的一种新型的连接方式。

5.1.2 液压控制阀的性能参数

液压控制阀的性能参数是对阀进行评价和选用的依据。它反映了阀的规格大小和工作特性。在我国液压与气压传动技术的发展过程中，开发了若干个不同压力等级和不同连接方式的阀系列。它们不但性能各有差异，而且参数的表达方式也不相同。

液压控制阀的规格大小用通径 D_g（单位为 mm）表示。D_g 是阀连接口的名义尺寸，它和连接口的实际尺寸不一定相等，因后者还受流体流速等参数的影响。如通径同为 10 mm，某电磁换向阀连接口的实际直径为 11.2 mm，而直角单向阀却是 14.7 mm。有些系列阀的规格用额定流量来表示；也有的既用通径表示，又给出所对应的流量。即使是在同一压力级别，对于不同的阀，同一通径所对应的流量也不一定相同。

液压控制阀主要有两个参数，即额定压力和额定流量。还有一些与具体阀有关的量，如通过额定流量时的额定压力损失、最小稳定流量、开启压力等。只要工作压力和流量不超过额定值，阀即可正常工作。目前对不同的阀也给出一些不同的数据，如最大工作压力、开启压力、允许背压、最大流量等。同时给出若干条特性曲线，如压力一流量曲线、压力损失一流量曲线、进口压力一出口压力曲线等，供使用者确定不同状态下的参数数据。这既便于使用，又比较确切地反映了阀的性能。

5.2 方向控制阀

方向控制阀是控制液压系统中油液流动方向或液流的接通与断开，以实现执行元件的启动、停止，进行压力和速度变换的元件。方向控制阀有单向阀和换向阀等。

5.2.1 单向阀

单向阀有普通单向阀和液控单向阀两种。

1. 普通单向阀

普通单向阀简称单向阀，是一种只允许油液正向流动，不允许逆向倒流的阀。按进出油液流向的不同，单向阀分为直通式（见图 5-1(a)）和直角式（见图 5-1(b)）两种结构，它由阀体、阀芯和弹簧等组成。当液流从进油口 P_1 流入时,油液压力克服弹簧阻力和阀体 1 与阀芯 2 之间的摩擦力,顶开带有锥端的阀芯(在流量较小时,为简化制造,也可用钢球作为阀芯),从出油口 P_2 流出。当液流反向从 P_2 流入时,油液压力使阀芯紧密地压在阀座上,故不能逆流。图 5-1(c)所示为单向阀的图形符号。

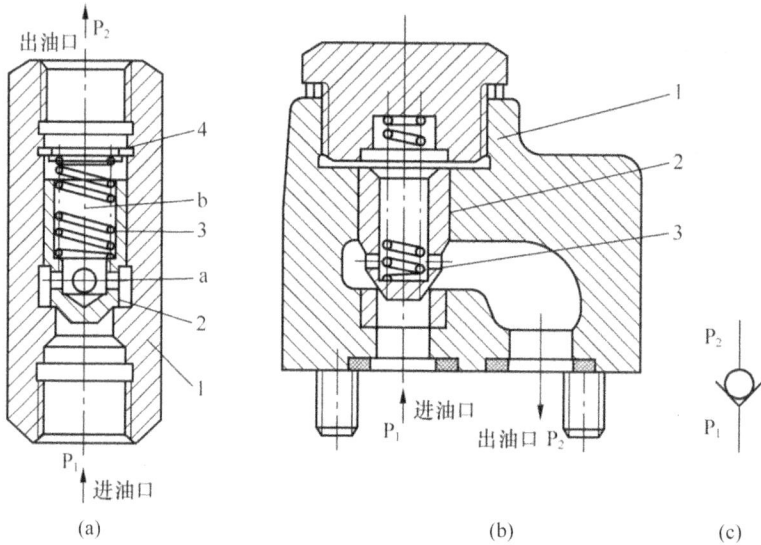

1—阀体;2—阀芯;3—弹簧;4—挡圈。

图 5-1　普通单向阀

　　单向阀的开启压力是指正向导通时进油口 P_1 和出油口 P_2 的压力差。为使单向阀灵敏可靠,压力损失较小,并具有可靠的密封性能,开启压力大小要合适,一般在 0.04 MPa 左右。当利用单向阀作背压阀时,应换刚度较大的弹簧,使其正向导通时,开启压力较大,造成一定的背压,一般背压为 0.2~0.6 MPa。单向阀产品技术参数如表 5-1 所示。

表 5-1　单向阀产品技术参数

型号	通径/mm	压力/MPa	流量/(L/min)	生产单位
DF、DIF	10　20　32 50　80	21~31.5	25~1200	榆次液压件厂 大连液压件厂 长江液压件厂二厂
S	6　8　10　15 20　25　30	31.5	10~260	德国力士乐公司 北京液压件厂

2. 液控单向阀

　　图 5-2 所示为液控单向阀。液控单向阀在结构上比普通单向阀多一个控制油口 K、控制活塞 1 和顶杆 2。

　　当控制油口 K 处无压力油作用时,液控单向阀与普通单向阀的工作原理相同,即压力油从 P_1 口进入时,可以从 P_2 口流出。反之,压力油从 P_2 口进入时不能从 P_1 口流出。当控

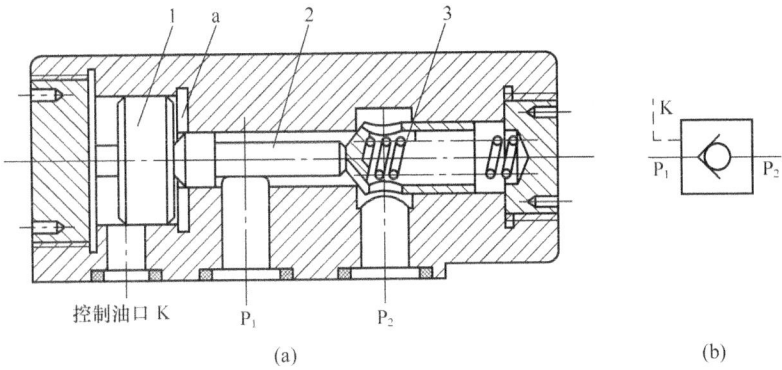

(a)　　　　　　　　　　　　　　　　(b)

1—控制活塞；2—顶杆；3—阀芯。

图 5-2　液控单向阀

制油口 K 处通入压力油时，控制活塞 1 的左侧受压力作用，右侧 a 腔和泄油口（图中未示出）相通，活塞右移，通过顶杆 2 将阀芯 3 顶开，使油口 P_2 与 P_1 相通，油液流动方向可以自由改变。由此可见，液控单向阀比普通单向阀多了一种功能，即反向可控开启。液控单向阀的图形符号如图 5-2(b) 所示。

液控单向阀产品技术参数如表 5-2 所示。

表 5-2　液控单向阀产品技术参数

型号	通径/mm	压力/MPa	流量/(L/min)	生产单位
DFY	10　20　32 50　80	21	25～1200	榆次液压件厂 大连液压件厂
SV/SL	10　15　20 25　30	31.5	80～400	德国力士乐公司 北京液压件厂 上海立新液压件厂

5.2.2　换向阀

换向阀利用阀芯和阀体间相对位置的改变来控制油液的流动方向，接通或关闭油路，从而控制执行元件的启动、停止及换向。

1. 换向阀的工作原理

图 5-3 所示为换向阀的工作原理。在图示状态下液压缸两腔均不通压力油，活塞处于停止状态。若使换向阀的阀芯左移，则阀体上的油口 P 和 A 相通，B 与 O 相通，压力油经 P、A 进入液压缸左腔，活塞右移，液压缸右腔油液经 B 回油箱。反之，若使阀芯右移，则 P 和 B 相通，A 与 O 相通，压力油经 P、B 进入液压缸右腔，液压缸左腔油

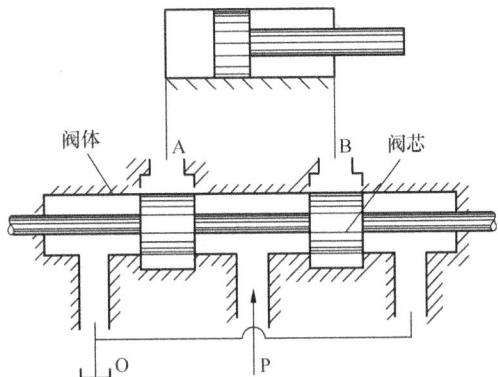

图 5-3　换向阀的工作原理

液回油箱,活塞左移。

2. 换向阀的分类

换向阀根据阀芯的运动形式、结构特点和控制方式不同可分成不同的类型,如表5-3所示。

表5-3 换向阀的分类

分 类 方 法	形 式
按阀芯运动方式	滑阀、转阀
按阀的工作位数和通路数	二位三通、二位四通、三位四通
按阀的操纵方式	手动、机动、电动、液动、电液动
按阀的安装方式	管式、板式、法兰式等
按阀的机能	O型、H型、Y型、M型等

3. 换向阀的工作位数、通数及机能

位数是指阀芯在阀体中可停留的位置数目。在图5-3中,阀芯在阀体中有左、中、右三个停留位置,即是"三位"阀。图形符号上以一个方框表示一个工作位置(见表5-4)。

通数是指换向阀上油口的数目。在图5-3中,有A、B、P、O(O是通油箱,只算一个油口)四个油口,即称四通阀,如表5-4中的图形符号。图形符号上一个方框内的箭头或堵塞符号"⊥"与方框的相交点数,即为油口的通数。箭头表示两油口连通,但不表示油液的流向,"⊥"表示该油口不通。

换向阀的机能是换向阀处于中间位置或原始位置时阀中各油口的连通方式。中位机能不同,阀对系统的控制性能也不同。常用三位换向阀的中位机能见表5-4所示。

表5-4 常用三位换向阀的中位机能

机能形式	中间位置符号		作用、机能特点
	三位四通	三位五通	
O	A B ⊏⊓ P O	A B ⊏⊓ O₁ P O₂	在中间位置时,油口全闭,油不流动。液压缸锁紧,液压泵不卸荷,并联的液压缸(或液压马达)运动不受影响。由于液压缸充满油,从静止到启动较平稳;在换向过程中,由于运动惯性引起的冲击较大,换向点重复位置较精确
H	A B P O	A B O₁ P O₂	在中间位置时,油口全开,液压泵卸荷,液压缸浮动。其他执行元件(液压缸或液压马达)不能并联使用。由于液压缸油液流回油箱,从静止到启动有冲击。在换向过程中,油口互通,故换向较O型平稳,但油出量较大
Y	A B P O	A B O₁ P O₂	在中间位置时,进油口关闭,液压缸浮动,液压泵不卸荷,可并联其他执行元件,其运动不受影响。由于液压缸油液流回油箱,从静止到启动有冲击。换向过程的性能处于O型与H型之间

续表

机能形式	中间位置符号		作用、机能特点
	三位四通	三位五通	
P	A B / P O	A B / O₁ P O₂	在中间位置时，回油口关闭，泵口和两液压缸口连通，液压泵不卸荷，可并联其他执行元件。从静止到启动较平稳。换向过程中液压缸两腔均通有压力油，换向时最平稳，冲出量比 H 型小，应用较广
K	A B / P O	A B / O₁ P O₂	在中间位置时，关闭一个液压缸口，用于液压泵卸荷，不能并联其他执行元件。从静止到启动较平稳。换向过程有冲击（比 O 型好），换向点重复精度高
J	A B / P O	A B / O₁ P O₂	在中间位置时，泵口与液压缸相应接口不通，液压缸的一个接口与回油口相通，液压泵不卸荷，可与其他执行元件并联使用。从静止到启动有冲击，换向过程也有冲击
M	A B / P O	A B / O₁ P O₂	在中间位置时，液压泵卸荷，不能并联其他执行元件，从静止到启动较平稳。换向时，与 O 型性能相同，可用于立式或锁紧的系统中

4. 常用的换向阀

1）机动换向阀

机动换向阀又称行程阀。它必须安装在液压缸附近，由运动部件上安装的挡块或凸轮压下阀芯使阀换位。图 5-4 所示为机动换向阀。机动换向阀通常是弹簧复位式的二位阀。其结构简单，动作可靠，换向位置精度高，通过改变挡块的迎角 α 和凸轮外形，可使阀芯获得合适的换位速度，以减少换向冲击。

2）电磁换向阀

电磁换向阀是利用电磁铁吸力操纵阀芯换位的换向阀。图 5-5 所示为电磁换向阀。阀的两端各有一个电磁铁和一个对中弹簧，阀芯在常态时处于中位。当右端电磁铁通电吸合时，衔铁通过推杆将阀芯推至左端，换向阀就在右位工作；反之，左端电磁铁通电吸合时，换向阀就在左位工作。

图 5-6 所示为二位四通电磁换向阀的图形符号。双电磁铁钢球定位式换向阀（见图 5-6(b)）在电磁铁断电时仍能保持通电时的状态，具有"记忆"功能，这样不但节约了能源，延长了电磁铁的使用寿命，而且不会因为失电引起系统失灵或出现事故，常用于自动化机械及自动线上。

电磁铁按使用电源的不同，可分为交流和直流两种。交流电磁铁使用方便，启动力大，但换向时间短，需 0.01～0.07 s，换向冲击大，噪声大，换向频率低（每分钟约 30 次），而且当阀芯被卡住或因电压低等原因吸合不上时，易烧坏线圈。直流电磁铁换向时间长，需 0.1～0.15 s，换向冲击小，换向频率高达每分钟 240 次，工作可靠性高，但需有直流电源，成本较高。此外，还有一种本整型（本机整流型）电磁铁，其上附有二极管整流线路和冲击

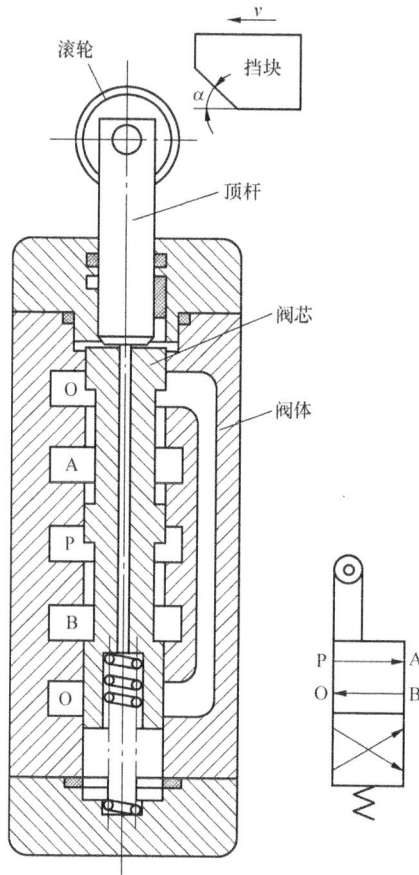

图 5-4 机动换向阀

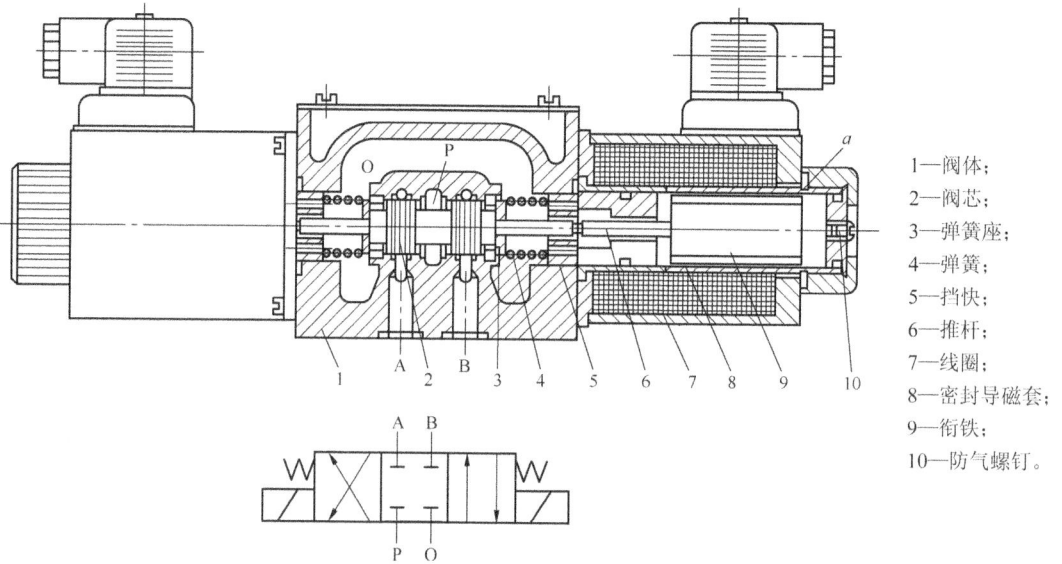

1—阀体;
2—阀芯;
3—弹簧座;
4—弹簧;
5—挡快;
6—推杆;
7—线圈;
8—密封导磁套;
9—衔铁;
10—防气螺钉。

图 5-5 电磁换向阀

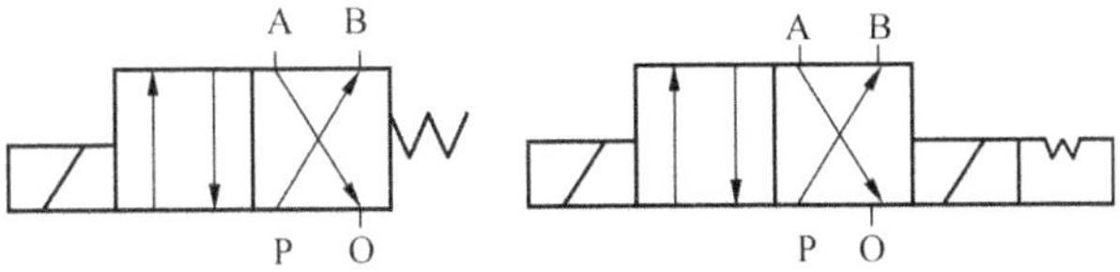

(a) 弹簧复位式　　　　　　　(b) 双电磁铁钢球定位式

图 5-6　二位四通电磁换向阀的图形符号

电压吸收装置，能把接入的交流电整流后自用，因而兼有前述两者的优点。

电磁换向阀产品技术参数如表 5-5 所示。

表 5-5　电磁换向阀产品技术参数

型号	通径/mm	压力/MPa	流量/(L/min)	生产单位
联合设计 H 系列	6　10	31.5	10～40	榆次液压件厂 大连液压件厂
联合设计 B、C 系列	6　10	21.4	7～30	上海液压件一厂 南通液压件厂
WE	5　6　10	21～31.5	16～100	德国力士乐公司 沈阳液压件厂

3）液动换向阀

液动换向阀是利用压力油来推动阀芯移动的换向阀。如图 5-7 所示，当控制压力油从控制口 K_1 或 K_2 输入后，阀芯在压力油的作用下压缩弹簧产生移动，使阀换位。其工作原理与电磁换向阀相似。

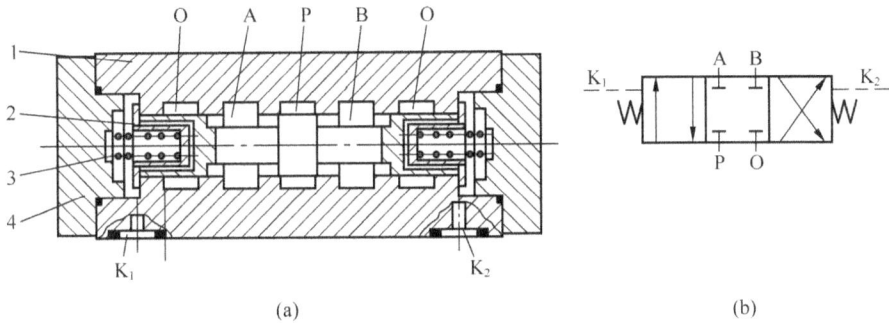

(a)　　　　　　　　　　　　　(b)

1—阀体；2—阀芯；3—弹簧；4—端盖。

图 5-7　液动换向阀

4）电液换向阀

电磁换向阀布置灵活，易于实现自动化，但电磁铁吸力有限，难以切换大的流量；而液动换向阀一般较少单独使用，需用一个小换向阀来改变控制油的流向，故标准元件通常将电磁换向阀与液动换向阀组合在一起组成电液换向阀。电磁换向阀（称先导阀）用于改变控制油的流动方向，从而使液动换向阀（称主阀）换向，改变主油路的通路状态。

图 5-8 所示为电液换向阀。其中，图 5-8(a) 所示为两端带主阀芯行程调节机构的结

构。工作原理可结合图 5-8(b)所示的带双点画线方框的组合阀图形符号加以说明。常态时，先导阀和主阀都处于中位，控制油路和主油路均不进油。当左端电磁铁通电时，先导阀处于左位工作，控制油自 P′经先导阀作用在主阀左腔 K_1，使主阀换向处于左位工作，主阀右端油腔 K_2 经先导阀回油至油箱，此时，主油路 P 与 B、A 与 O 相通。反之，当先导阀左电磁铁断电、右电磁铁通电时，主油路油口换接，此时，P 与 A、B 与 O 相通，实现了换向。图 5-8(d)所示为电液换向阀的简化图形符号(回路中常采用简化图形符号)。

下面介绍电液换向阀控制油的进油和回油方式及阀的附加装置。

(1) 控制油的进油和回油方式。

若进入先导阀的压力油(即控制油)来自主阀的 P 腔，则这种控制油的进油方式称为内部控制，即电磁阀的进油口与主阀的 P 腔是相通的。其优点是油路简单，但因泵的工作压力通常较高，故控制部分能耗大，只适用于电液换向阀较少的系统。若进入先导阀的压力油引自主阀 P 腔以外的油路，如专用的低压泵或系统的某一部分，则这种控制油的进油方式称为外部控制。若先导阀的回油口单独接油箱，则这种控制油的回油方式称为外部回油(外回式)。若先导阀的回油口与主阀的 O 腔相通，则这种控制油的回油方式称为内部回油(内回式)。内回式的优点是无须单设回油管路，但先导阀允许背压较小，主回油路的背压必须小于它才能采用，而外回式不受此限制。由此可见，先导阀的进油和回油可以有外控外回、外控内回、内控外回、内控内回四种方式。图 5-8 所示即为外控外回式电液换向阀。

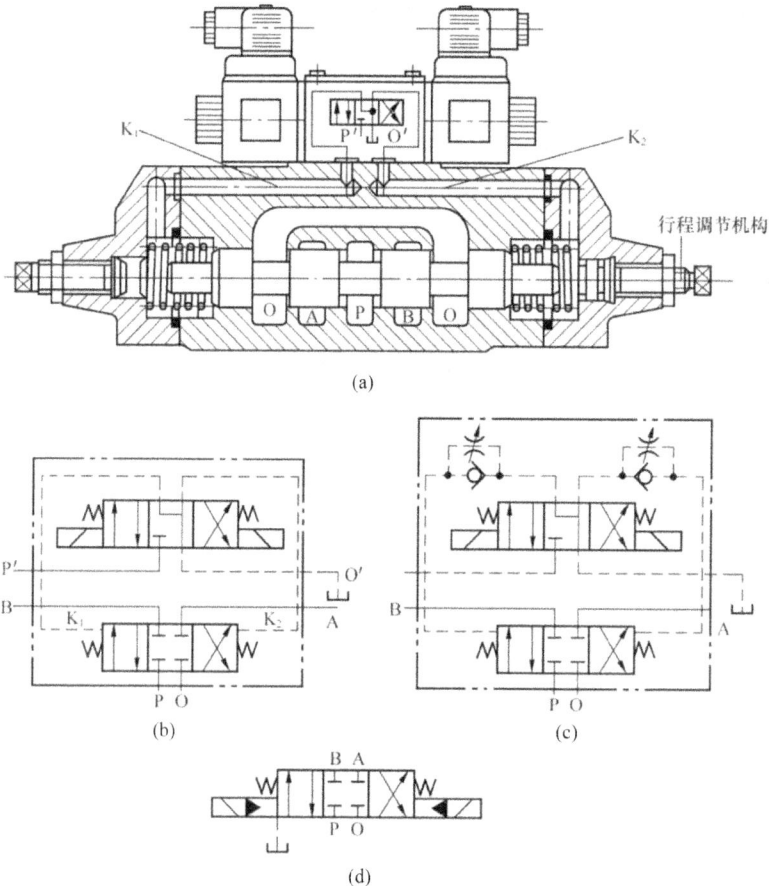

(a)

(b)　　　　　　　(c)

(d)

图 5-8　电液换向阀

（2）电液换向阀可供选用的附加装置主要如下。

① 换向时间调节器。换向时间调节器又称阻尼调节器，是一种叠加式单向节流阀，可叠放在先导阀与主阀之间。图 5-8（c）所示为装有双阻尼调节器的电液换向阀的图形符号。左电磁铁通电后，控制油经左单向阀抵主阀芯左控制腔，右控制腔回油需经右节流阀才能通过先导阀回油箱。调节节流阀开口，即可调节主阀的换向时间，从而消除执行元件的换向冲击。

② 主阀芯行程调节机构。在图 5-8（a）中，调节主阀阀盖两端的螺钉，则主阀芯换位移动的行程和各阀口的开度便可调节，通过主阀的流量也随之变化，因而对执行元件有粗略的速度调节作用。

③ 预压阀。以内控方式供油的电液换向阀，若在常态位使泵卸荷，为克服阀在通电后因无控制油压而使主阀不能动作的缺陷，在主阀进油口中插装一个预压阀（即具有较硬弹簧的单向阀），使其在卸荷状态下仍有一定的控制油压，足以使主阀芯换向。图 5-9 所示为一具有 M 型中位机能、装有预压阀 f 的内控外回式电液换向阀。

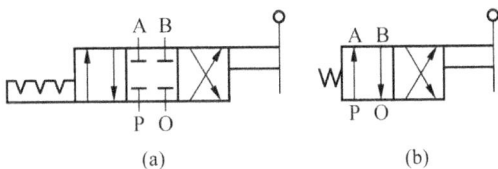

④ 插入式阻尼器。插入式阻尼器即一固定小孔节流器，必要时插入先导阀的进油口，以限制进入先导阀的流量，从而控制主阀的换向速度。

图 5-9 具有 M 型中位机能、装有预压阀 f 的内控外回式电液换向阀

电液换向技术参数如表 5-6 所示。

表 5-6 电液换向技术参数

型号	通径/mm	压力/MPa	流量/(L/min)	生产单位
联合设计 E Y D	16 20 32 50 65 80	21~31.5	75~1250	①②③
WEH	16 25 32	31.5	170~1100	④⑤⑥⑦

注：① 榆次液压件厂；② 邵阳液压件厂；③ 上海液压件一厂；④ 德国力士乐公司；⑤ 北京液压件厂；⑥ 上海立新液压件厂；⑦ 沈阳液压件厂。

5）手动换向阀

手动换向阀是用手动杠杆操纵阀芯换位的换向阀。图 5-10 所示为手动换向阀的图形符号。按换向定位方式的不同，手动换向阀可分为钢球定位式（见图 5-10（a））和弹簧复位式（见图 5-10（b））两种。当操纵

（a）   （b）

图 5-10 手动换向阀的图形符号

手柄的外力取消后，前者因钢球卡在定位沟槽中，可保持阀芯处于换向位置，后者则在弹簧力作用下使阀芯自动恢复到初始位置。

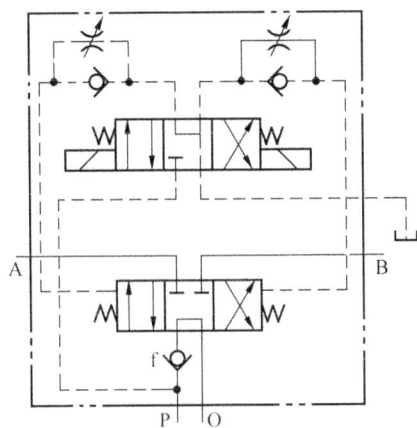

手动换向阀结构简单，动作可靠，有的还可以人为地控制阀口的大小，从而控制执行元件的运动速度。由于手动换向阀需要人工操纵，故只适用于间歇动作而且要求人工控制的场合。在使用手动换向阀时必须将定位装置或弹簧腔的泄漏油排出，否则由于泄漏油的积聚会产生阻力而影响阀的操纵，甚至不能实现换向动作。推土机、汽车起重机、叉车等油路的控制都是手动换向的。

6）转阀式换向阀

转阀式换向阀（简称转阀）是通过手动或机动使阀芯旋转换位，实现改变油路状态的换向阀。图5-11(a)所示三位四通O型转阀的结构。在图示位置时，P通过环槽c和阀芯上的轴向槽b与A相通，B通过阀芯上的轴向槽e和环槽a与O相通。若将手柄2顺时针转动90°，则P通过槽c和d与B相通，A通过槽e和a与O相通。如果将手柄顺时针转动45°至中位，则4个油口全部关闭。通过挡块拨杆3、4可使转阀机动换向。由于转阀密封性差、径向力不易平衡及结构尺寸受到限制，一般多用于压力较低、流量较小的场合。转阀式换向阀的图形符号如图5-11(b)和图5-11(c)所示。

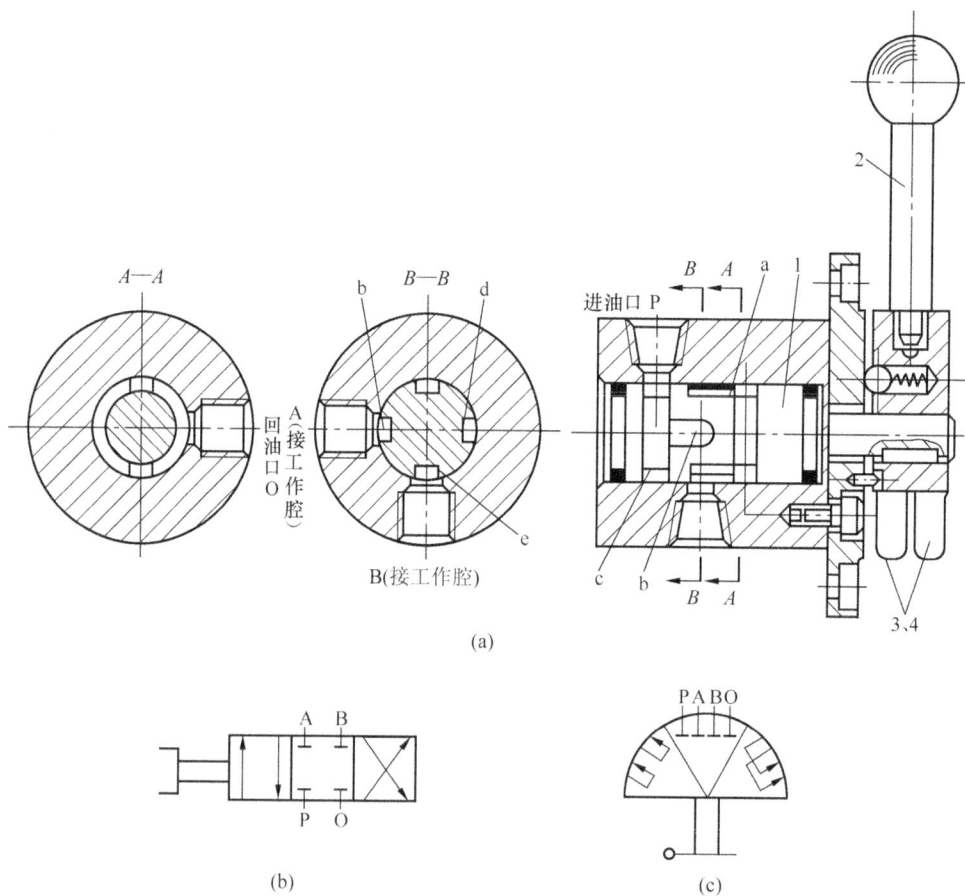

(a)

(b)　　　(c)

1—阀芯；2—手柄；3、4—挡块拨杆。

图5-11　转阀式换向阀

5.3　压力控制阀

在液压传动系统中,控制油液压力高低或利用压力实现某些动作的液压阀统称为压力控制阀,简称压力阀。

压力阀按其功能可分为溢流阀、减压阀、顺序阀和压力继电器等。这类阀的共同点都是利用作用在阀芯上的液压力和弹簧力相平衡的原理工作的。

5.3.1　溢流阀

溢流阀是通过阀口的溢流,使被控制系统或回路的压力维持恒定,从而实现稳压、调压或限压作用。溢流阀按其结构原理分为直动型和先导型。

对溢流阀的主要要求是:调压范围大,调压偏差小,压力振摆小,动作灵敏,过流能力大,噪声小。

1. 直动型溢流阀

图 5-12(a)所示为锥阀式直动型溢流阀的工作原理。当进油口 P 从系统接入的油液压力不高时,锥阀芯 2 被弹簧 3 紧压在阀体 1 的孔口上,阀口关闭。当进油口油压升高到能克服弹簧阻力时,便推开锥阀芯使阀口打开,油液就由进油口 P 流入,再从回油口 T 流回油箱(溢流),进油压力也就不会继续升高。当通过溢流阀的流量变化时,阀口开度即弹簧压缩量也随之改变。但在弹簧压缩量变化甚小的情况下,可以认为阀芯在液压力和弹簧力作用下保持平衡,溢流阀进口处的压力基本保持为定值。拧动调压螺钉 4 改变弹簧预压缩量,便可调整溢流阀的溢流压力。

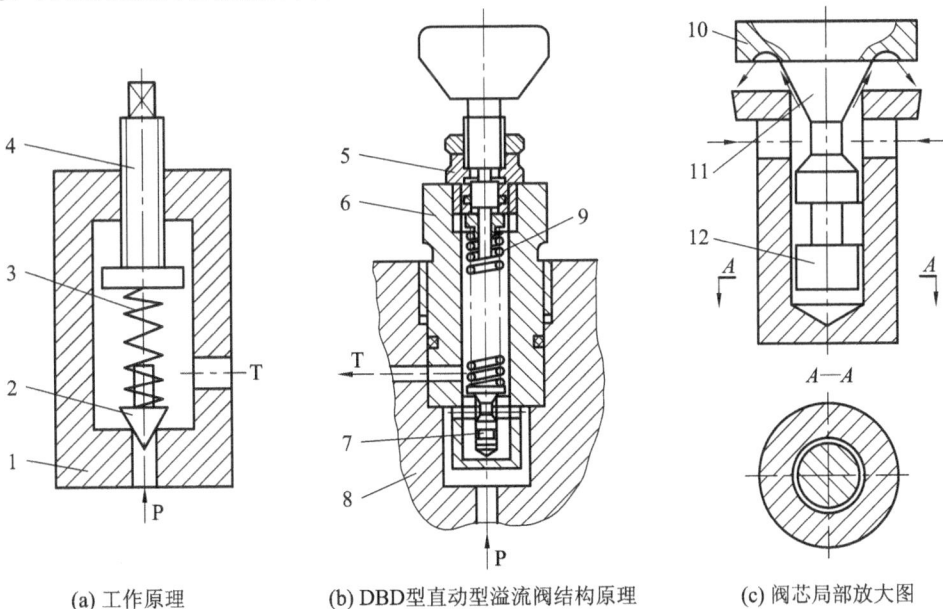

(a) 工作原理　　(b) DBD型直动型溢流阀结构原理　　(c) 阀芯局部放大图

1—阀体;2—锥阀芯;3、9—弹簧;4—调压螺钉;5—上盖;6—阀套;7—阀芯;8—插块阀体;
10—偏流盘;11—阀锥;12—阻尼活塞。

图 5-12　直动型溢流阀

　　这种溢流阀因压力油直接作用于阀芯，故称直动型溢流阀。直动型溢流阀一般只能用于低压小流量处，因控制较高压力或较大流量时，需要安装刚度较大的硬弹簧或阀芯开启的距离较大，不但手动调节困难，而且阀口开度（弹簧压缩量）略有变化便引起较大的压力波动，压力不能稳定。系统压力较高时宜采用先导型溢流阀。

　　若阀芯的面积为 A，则此时阀芯下端受到的液压力为 pA，调压弹簧的预紧力为 F_s，当 $F_s = pA$ 时，阀芯即将开启，这一状态下的压力称为直动型溢流阀的开启压力，用 p_k 表示，即

$$p_k A = F_s = KX_0$$

或

$$p_k = \frac{KX_0}{A} \qquad\qquad (5-1)$$

式中：K 为弹簧的刚度；X_0 为弹簧的预压缩量。

　　当 $p_k A > F_s$ 时，阀芯上移，弹簧进一步受到压缩，溢流阀开始溢流。直到阀芯达到某一新的平衡位置时停止移动，此时进油口的压力为 p，且有

$$p = K\frac{X + X_0}{A}$$

式中：X 为由于阀芯的移动使弹簧产生的附加压缩量。

　　因为阀芯移动量不大（即 X 变动很小），所以当阀芯处于平衡状态时，可认为阀的进油口压力 p 基本保持不变。

　　图 5-12(b)所示为 DBD 型直动型溢流阀的结构原理。图中锥阀下部为减振阻尼活塞，这种阀是一种性能优异的直动型溢流阀，其静态特性曲线较为理想，接近直线，其最大调节压力为 40 MPa。这种阀的溢流特性好，通流能力也较强，既可作为安全阀又可作为溢流稳压阀使用。该阀阀芯 7 由阻尼活塞 12、阀锥 11 和偏流盘 10 三部分组成（见图 5-12(c)所示的阀芯局部放大图）。在阻尼活塞的一侧铣有小平面，以便压力油进入并作用于底端。阻尼活塞的作用有两个：导向和阻尼。这样可以保证阀芯开始和关闭时既不歪斜又不偏摆振动，提高了稳定性。阻尼活塞与阀锥之间有一与阀锥对称的锥面，故阀芯开启时，流入和流出油液对两锥面的稳态液动力相互平衡，不会产生影响。此外，在偏流盘的上侧支承着弹簧，下侧表面开有一圈环形槽，用以改变阀口开启后回油射流的方向。对这股射流运用动量方程可知，射流对偏流盘轴向冲击力的方向正与弹簧力相反，当溢流量及阀口开度 X 增大时，弹簧力虽增大，但与之反向的冲击力亦增大，两者相互抵消，反之亦然。因此该阀能自行消除阀口开度 X 变化对压力的影响。故该阀所控制的压力基本不受溢流量变化的影响。锥阀和球阀式阀芯结构简单，密封性好，但阀芯和阀座的接触应力大。实际中滑阀式阀芯用得较多，但泄漏量较大。

2. 先导型溢流阀

　　先导型溢流阀由先导阀和主阀组成。先导阀用以控制主阀芯两端的压差，主阀芯用于控制主油路的溢流。图 5-13(a)所示为一种板式连接的先导型溢流阀。由图可见，先导型溢流阀由先导阀 1 和主阀 2 两部分组成。先导阀就是一个小规格的直动型溢流阀，而主阀阀芯是一个具有锥形端部、上面开有阻尼小孔的圆柱筒。

　　在图 5-13(a)中，油液从进油口 P 进入，经阻尼孔 R 到达主阀弹簧腔，并作用在先导

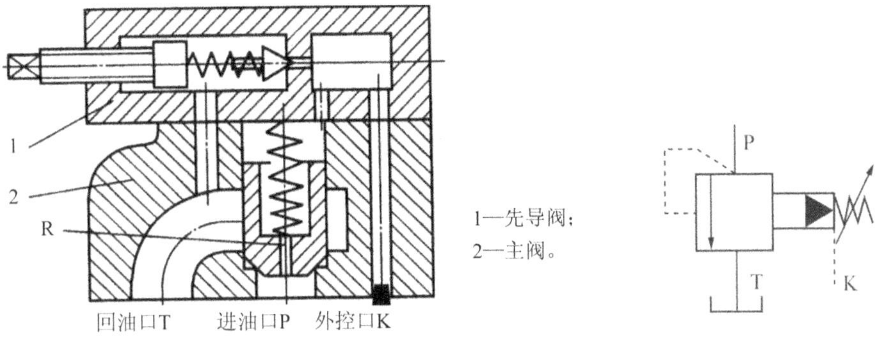

(a) 板式连接的先导型溢流阀　　　　　　(b) 图形符号

1—先导阀;
2—主阀。

图 5-13　先导型溢流阀

阀锥阀阀芯上(一般情况下,外控口 K 是堵塞的)。当进油压力不高时,液压力不能克服先导阀的弹簧阻力,先导阀阀口关闭,阀内无油液流动。这时,主阀阀芯因前后腔油压相同,被主阀弹簧压在阀座上,主阀阀口亦关闭。当进油压力升高到先导阀弹簧的预调压力时,先导阀阀口打开,主阀弹簧腔的油液流过先导阀阀口并经阀体上的通道和回油口 T 流回油箱。这时,油液流过阻尼小孔 R,产生压力损失,使主阀阀芯两端形成压力差,主阀阀芯在此压力差作用下克服弹簧阻力向上移动,使进、回油口连通,从而达到溢流稳压的目的。调节先导阀的调压螺钉,便能调整溢流压力。更换不同刚度的调压弹簧,便能得到不同的调压范围。

先导型溢流阀的阀体上有一个外控口 K,当将此口通过二位二通阀接通油箱时,主阀阀芯上端的弹簧腔压力接近零,主阀阀芯在很小的压力下便可移动到上端,阀口开至最大,这时系统的油液在很低的压力下通过阀口流回油箱,实现卸荷作用。如果将 K 接到另一个远程调压阀上(其结构和溢流阀的先导阀一样),并使打开远程调压阀的压力小于先导阀的调定压力,则主阀阀芯上端的压力就由远程调压阀来决定。使用远程调压阀后便可对系统的溢流压力实行远程调节。

图 5-14 所示为先导型溢流阀的典型结构。先导型溢流阀的稳压性能优于直动型溢流阀。但先导型溢流阀是二级阀,其灵敏度低于直动型溢流阀。

3. 溢流阀的性能

溢流阀的性能主要有静态特性和动态特性两种。

(1) 静态特性。

溢流阀的静态特性是指阀在系统压力没有突变的稳态情况下,所控制流体的压力、流量的变化情况。溢流阀的静态特性主要指压力-流量特性、启闭特性、压力稳定性、卸荷压力、压力调节范围、许用流量范围等。

① 溢流阀的压力-流量特性。溢流阀的压力-流量特性是指溢流阀入口压力与流量之间的变化关系。图 5-15 所示为溢流阀的静态特性曲线。其中 p_{k1} 为直动型溢流阀的开启压力,当阀入口压力小于 p_{k1} 时,溢流阀处于关闭状态,通过阀的流量为零;当阀入口压力大于 p_{k1} 时,溢流阀开始溢流。图 5-15 中 p_{k2} 为先导阀的开启压力,当阀进口压力小于 p_{k2} 时,先导阀关闭,溢流量为零;当阀进口压力大于 p_{k2} 时,先导阀开启,然后主阀芯打开,溢流阀开始溢流。在上述两种阀中,当阀入口压力达到调定压力 p_n 时,通过阀的流量达到

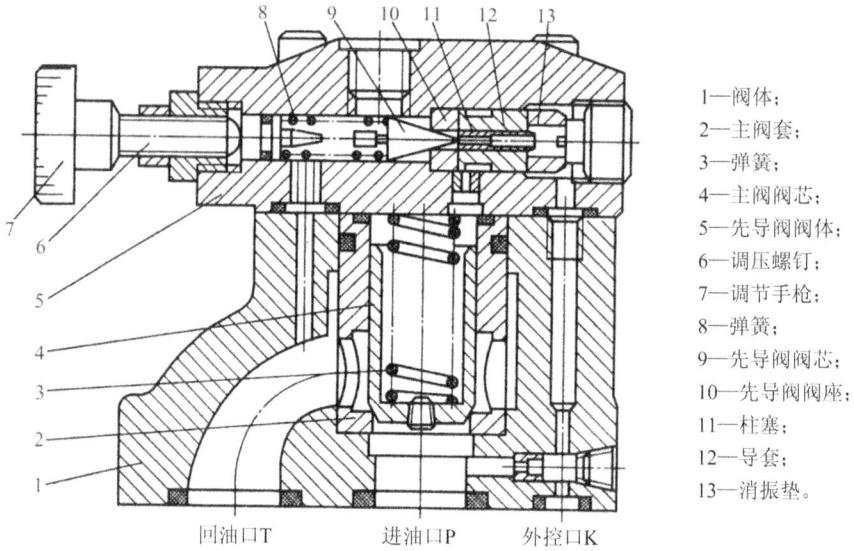

1—阀体；
2—主阀套；
3—弹簧；
4—主阀阀芯；
5—先导阀阀体；
6—调压螺钉；
7—调节手枪；
8—弹簧；
9—先导阀阀芯；
10—先导阀阀座；
11—柱塞；
12—导套；
13—消振垫。

回油口T   进油口P   外控口K

图 5-14   先导型溢流阀的典型结构

额定溢流量 q_n。

由溢流阀的特性分布可知，当阀的溢流量发生变化时，阀的进口压力波动越小，阀的性能越好。由图 5-15 可见，先导型溢流阀的性能优于直动型溢流阀的。

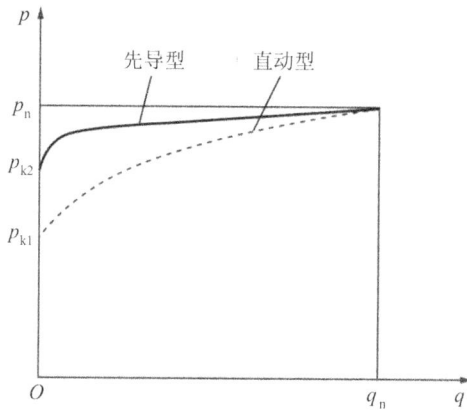

图 5-15   溢流阀的静态特性曲线

② 溢流阀的启闭特性。启闭特性是表征溢流阀性能好坏的重要指标，一般用开启压力比率和闭合压力比率表示。溢流阀从关闭状态逐渐开启，其溢流量达到额定流量的 1% 时所对应的压力定义为开启压力 p_k。p_k 与调定压力 p_s 之比的百分率称为开启压力比率。当溢流阀从全开启状态逐渐关闭，到其溢流量为其额定流量的 1% 时，所对应的压力定义为闭合压力 p_k'。p_k' 与调定压力 p_s 之比的百分率称为闭合压力比率。开启压力比率与闭合压力比率越高，阀的性能越好。一般开启压力比率应不小于 90%，闭合压力比率应不小于 85%。图 5-16 所示为溢流阀的启闭特性曲线。曲线 1 为先导型溢流阀的开启特性，曲线 2 为直动型溢流阀的闭合特性。

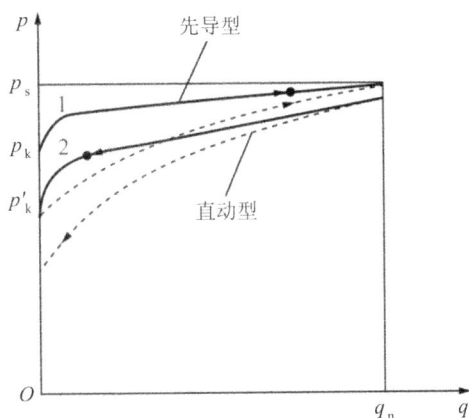

图 5-16　溢流阀的启闭特性曲线

③ 溢流阀的压力稳定性。稳定性系统在工作时，由于油泵的流量脉动及负载变化的影响，溢流阀的主阀芯一直处于振动状态，阀所控制的油压也因此产生波动。溢流阀的压力稳定性用两个指标度量：一是在整个调压范围内阀在额定流量状态下的压力波动值；二是在额定压力和额定流量状态下，3 min 内的压力偏移值。上述两个指标越小，溢流阀的压力稳定性就越好。

④ 溢流阀的卸荷压力。将溢流阀的遥控口与油箱连通后，油泵处于卸荷状态时，溢流阀进出油口压力之差称为卸荷压力。溢流阀的卸荷压力越小，系统发热越少。一般溢流阀的卸荷压力不大于 0.2 MPa，最大不应超过 0.45 MPa。

⑤ 压力调节范围。溢流阀的压力调节范围是指溢流阀能够保证性能的压力使用范围。溢流阀在此范围内调节压力时，进口压力能保持平稳变化，无突跳、迟滞等现象。在实际情况下，当需要溢流阀扩大调压范围时，可通过更换不同刚度的弹簧来实现。例如，国产调压范围为 12～31.5 MPa 的高压溢流阀，更换四种刚性不等的调压弹簧可实现 0.5～7 MPa、3.5～14 MPa、7～21 MPa 和 14～35 MPa 四种范围的压力调节。

⑥ 许用流量范围。溢流阀的许用流量范围一般是指阀额定流量的 15%～100%。阀应在此流量范围内工作，且其压力应当平衡，噪声小。

(2) 动态特性。

溢流阀的动态特性是指在系统压力突变时，阀的响应过程中所表现出的性能指标。图 5-17 所示为溢流阀的动态特性曲线。此曲线的测定过程是：将处于卸荷状态下的溢流阀突然关闭时(一般是由小流量电磁阀切断通油池的遥控口)，阀的进口压力迅速提升至最大峰值，然后振荡衰减至调定压力，再使溢流阀在稳态溢流时开始卸荷。经此压力变化循环过程后，可以得出以下动态特性指标。

① 压力超调量。最大峰值压力与调定压力之差称为压力超调量，用 Δp 表示。压力超调量越小，阀的稳定性越好。

② 过渡时间。过渡时间是指溢流阀从压力开始升高到稳定在调定压力所需的时间，用符号 t 表示。过渡时间越短，阀的灵敏性越高。

③ 压力稳定性。溢流阀在调压状态下工作时，泵的压力脉动会引起系统压力在调定压力附近有规律地波动，这种压力波动可以从压力表指针的振摆看到，此压力振摆的大小是

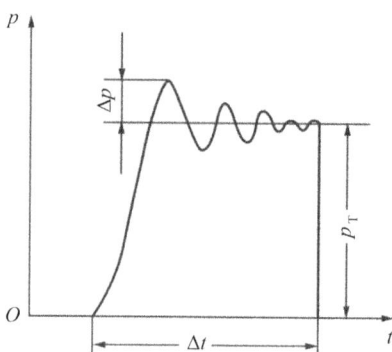

图 5-17　溢流阀的动态特性曲线

阀的压力稳定性的标志。阀的压力振摆越小，压力稳定性越好。一般溢流阀的压力振摆应小于 0.2 MPa。

4. 溢流阀的应用

溢流阀在每个液压系统中都有使用。其主要应用如下。

（1）起溢流定压的作用。

在图 5-18 所示的用定量泵供油的节流调速回路中，当泵的流量大于节流阀允许通过的流量时，溢流阀使多余的油液流回油箱，此时泵的出口压力保持恒定。

（2）作安全阀使用。

如图 5-19 所示，在由变量泵组成的液压系统中，用溢流阀限制系统的最高压力，防止系统过载。系统在正常工作状态下，溢流阀关闭；当系统过载时，溢流阀打开，使压力油经阀流回油箱。此时，溢流阀为安全阀。

图 5-18　溢流阀起溢流定压的作用

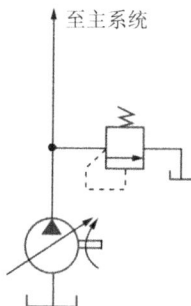

图 5-19　溢流阀作安全阀使用

（3）作背压阀使用。

在图 5-20 所示的液压回路中，溢流阀串联在回油路中，溢流产生背压，使运动部件的运动平稳性增加。

（4）作卸荷阀使用。

在图 5-21 所示的液压回路中，在溢流阀的遥控口串接一小流量的电磁阀，当电磁铁通电时，溢流阀的遥控口通油箱，此时液压泵卸荷。溢流阀此时作为卸荷阀使用。

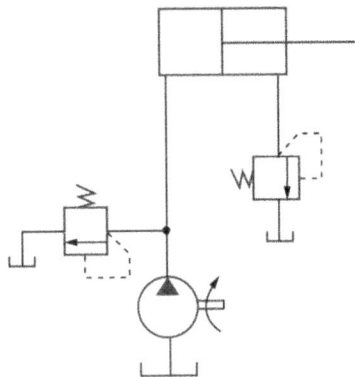

图 5-20 溢流阀作背压阀使用

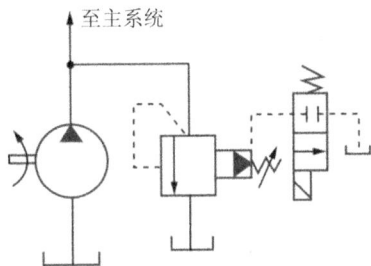

图 5-21 溢流阀作卸荷阀使用

5.3.2 减压阀

减压阀是使其出口压力低于进口压力,并使出口压力可以调节的压力控制阀。在液压系统中,减压阀用于降低或调节系统中某一支路的压力,以满足某些执行元件的需要。

对减压阀的主要要求是:出口压力维持恒定,不受入口压力、通过流量大小的影响。

减压阀按其工作原理也有直动型和先导型之分。按其调节性能又分为保证出口压力为定值的定值减压阀、保证进出口压力差不变的定差减压阀、保证进出口压力成比例的定比减压阀。其中定值减压阀应用最广,简称减压阀。这里只介绍定值减压阀。

1. 直动型减压阀

1) 直动型减压阀工作原理和结构

图 5-22(a)所示为直动型减压阀的工作原理,图 5-22(b)所示为直动型或一般减压阀图形符号。当阀芯处于原始位置时,阀口打开,阀的进、出口相通。这个阀的阀芯由出口处的压力控制,出口压力未达到调定压力时阀口全开,阀芯不工作。当出口压力达到调定压

(a) 工作原理   (b) 直动型或一般减压阀图形符号

图 5-22 直动型减压阀

力时,阀芯上移,阀口关小,整个阀处于工作状态。若忽略其他阻力,仅考虑阀芯上的液压力和弹簧力相平衡的条件,则可以认为出口压力基本上维持在某一固定的调定值上。这时若出口压力减小,阀芯下移,阀口开大,阀口处阻力减小,压降减小,则可使出口压力回升到调定值上。反之,若出口压力增大,阀芯上移,阀口关小,阀口处阻力加大,压降增大,则可使出口压力下降到调定值上。

2)直动型减压阀的性能

理想的减压阀在进口压力、流量发生变化或出口负载增大时,其出口压力 p_2 始终稳定不变。但实际上 p_2 是随 p_1、q 的变化,或负载的增大而有所变化的。故减压阀的静态特性主要有 p_1-p_2 特性和 p_2-q 特性。

以图 5-22 所示的直动型减压阀为例,若忽略减压阀阀芯的自重、摩擦力和稳态液压力,则阀芯上力的平衡方程为

$$p_2 A = K(X_c - X_r) \tag{5-2}$$

式中:X_c 为阀芯开口 $X_r = 0$ 时弹簧的预压缩量;A 为阀芯的工作面积。

由此得

$$p_2 = \frac{K(X_c - X_r)}{A} \tag{5-3}$$

当 $X_r \ll X_c$ 时,式(5-3)可写为

$$p_2 = \frac{K X_c}{A} = \text{const} \tag{5-4}$$

图 5-23 所示为减压阀的静态特性曲线。在图 5-23(a)中,各曲线的拐点(转折点)是阀芯开始动作的点,拐点所对应的压力 p_2 即该曲线的调定压力。当出口压力 p_2 小于其调定压力时,$p_2 = p_1$,当出口压力 p_2 大于其调定压力时,$p_2 = \text{const}$。在图 5-23(b)中,当 $p_1 = \text{const}$ 时,随着 q 的增加,p_2 略有下降,且 p_1 越大则 p_2 下降得越少,但总的来说下降得不多,且 p_2 是可调的。

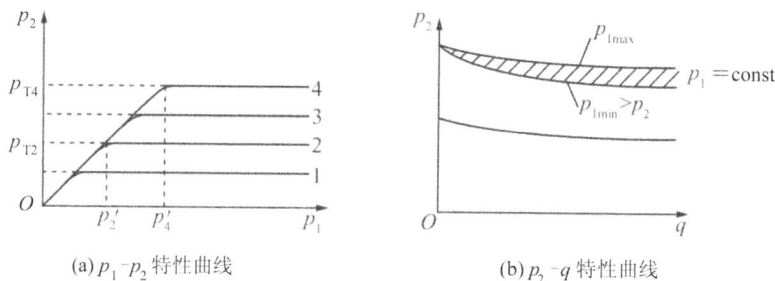

(a) p_1-p_2 特性曲线   (b) p_2-q 特性曲线

图 5-23 减压阀的静态特性曲线

当减压阀的出油口处不输出油液时,它的出口压力基本上仍能保持恒定,此时有少量的油液通过减压阀开口经先导阀和泄油管流回油箱,保持该阀处于工作状态。

3)减压阀的特点

减压阀和溢流阀有以下几点不同之处:

(1)减压阀保持出口处压力基本不变,而溢流阀保持进口处压力基本不变。

(2)在不工作时,减压阀进、出口互通,而溢流阀进、出口不通。

（3）为保证减压阀出口压力调定值恒定，它的控制腔需通过泄油口单独外接油箱；而溢流阀的出油口是通油箱的，所以它的控制腔和泄漏油可通过阀体上的通道和出油口接通，不必单独外接油箱。

2. 先导型减压阀

图 5-24(a)所示为传统型先导型减压阀的结构。它由先导阀和主阀两部分组成。图中 p_1 为进口压力，p_2 为出口压力，压力油通过主阀阀芯 4 下端通油槽 a、主阀阀芯内阻尼孔 b 进入主阀阀芯上腔 c 后，经孔 d 进入先导阀前腔。当减压阀出口压力 p_2 小于调定压力时，先导阀阀芯 2 在弹簧作用下关闭，主阀阀芯 4 上、下腔压力相等，在弹簧的作用下，主阀阀芯处于下端位置。此时，主阀阀芯 4 进、出油之间的通道间隙 e 最大，主阀阀芯全开，减压阀进、出口压力相等。当阀出口压力达到调定值时，先导阀阀芯 2 打开，压力油经阻尼孔 b 产生压力差，主阀阀芯上、下腔压力不等，下腔压力大于上腔压力，其差值克服主阀弹簧 3 的作用使阀芯抬起，此时通道间隙 e 减小，节流作用增强，使出口压力 p_2 低于进口压力 p_1，并保持在调定值上。

当调节手轮 1 时，先导阀弹簧的预压缩量受到调节，使先导阀所控制的主阀阀芯前腔的压力发生变化，从而调节了主阀阀芯的开口位置，调节了出口压力。由于减压阀出口为系统内的支油路，因此减压阀的先导阀上腔的泄漏口必须单独接油箱。

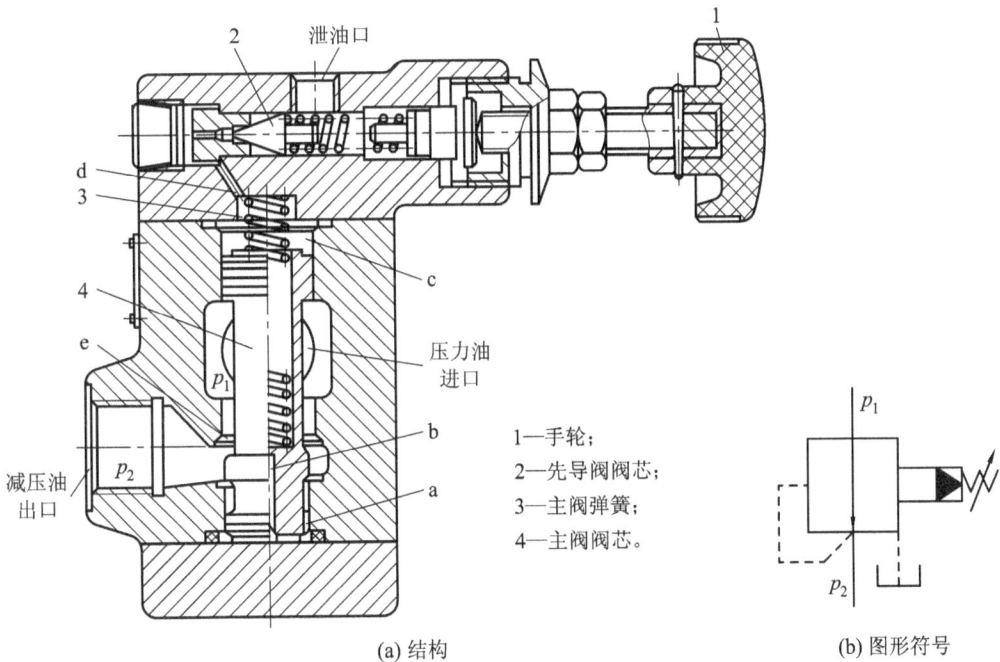

1—手轮；
2—先导阀阀芯；
3—主阀弹簧；
4—主阀阀芯。

(a) 结构　　　　　　(b) 图形符号

图 5-24　传统型先导型减压阀

3. 减压阀的应用

（1）减压回路。

图 5-25 所示为减压回路，在主系统的支路上串联减压阀，用以降低和调节支路液压缸的最大推力。

（2）稳压回路。

如图 5-26 所示，当系统压力波动较大，液压缸 2 需要有较稳定的输入压力时，在液压缸 2 进油路上串联减压阀，当减压阀处于工作状态时，可使液压缸 2 的压力不受溢流阀压力波动的影响。

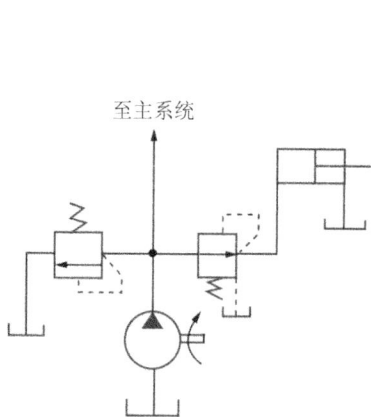

图 5-25　减压回路

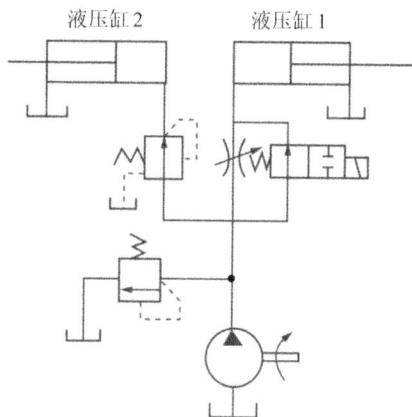

图 5-26　稳压回路

（3）单向减压回路。

当需要执行元件的正反向压力不同时，可采用如图 5-27 所示的单向减压回路。图中用双点画线框起的单向减压阀是具有单向阀功能的组合阀。

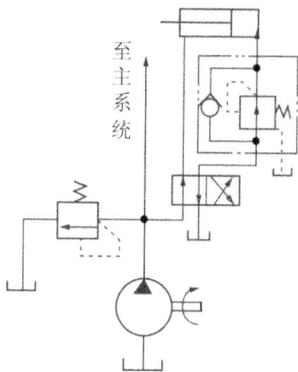

图 5-27　单向减压回路

5.3.3　顺序阀

顺序阀是以压力为控制信号，自动接通或断开某一支路的液压阀。由于顺序阀可以控制执行元件顺序动作，由此称之为顺序阀。

顺序阀按其控制方式不同，可分为内控式顺序阀和外控式顺序阀。内控式顺序阀直接利用阀的进口压力油控制阀的启闭，一般称为顺序阀；外控式顺序阀利用外来的压力油控制阀的启闭，称为液控顺序阀。顺序阀按结构不同，又可分为直动型顺序阀和先导型顺序阀。

1. 直动型顺序阀

1) 直动型顺序阀的工作原理和结构

图 5-28 所示为一种直动型内控式顺序阀的工作原理。压力油由进油口经阀体 4 和下盖 7 的小孔流到控制活塞 6 的下方，使阀芯 5 受到一个向上的推动作用。当进口油压较低时，阀芯在弹簧 2 的作用下处于下部位置，这时进、出油口不通。当进口油压力增大到预调的数值以后，阀芯底部受到的推力大于弹簧力，阀芯上移，进出油口连通，压力油就从顺序阀流过。顺序阀的开启压力可以用调压螺钉 1 来调节。在此阀中，控制活塞的直径很小，因而阀芯受到的向上推力不大，所用的平衡弹簧就不需太硬，这样可以使阀在较高的压力下工作。

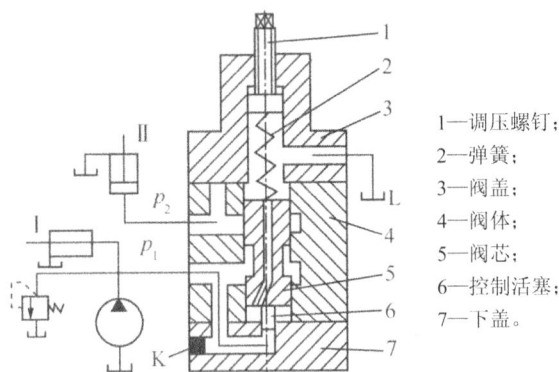

1—调压螺钉；
2—弹簧；
3—阀盖；
4—阀体；
5—阀芯；
6—控制活塞；
7—下盖。

(a) 工作原理

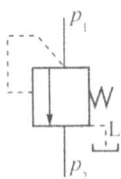

(b) 内控外泄式直动型顺序阀的图形符号　　　(c) 外控内泄式直动型顺序阀的图形符号

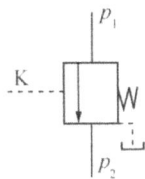

图 5-28　直动型内控式顺序阀的工作原理

2) 直动型顺序阀的性能

顺序阀在结构上与溢流阀十分相似，但在性能和功能上有很大区别，主要有：溢流阀出口接油箱，顺序阀出口接下一级液压元件；溢流阀一般为内泄漏，顺序阀一般为外泄漏；溢流阀主阀芯遮盖量小，顺序阀主阀芯遮盖量大；溢流阀打开时阀处于半打开状态，主阀阀芯开口处节流作用强，顺序阀打开时阀芯处于全打开状态，主通道节流作用弱。

2. 先导型顺序阀

图 5-29 所示为先导型顺序阀。该阀由主阀与先导阀组成。压力油从进油口进入，经通道进入先导阀下端，经阻尼孔和先导阀后由泄漏口流回油箱。当系统压力不高时，先导

阀关闭,主阀阀芯两端压力相等,复位弹簧将阀芯推向下端,顺序阀进出油口关闭;当压力达到调定值时,先导阀打开,压力油经阻尼孔时形成节流,在主阀阀芯两端形成压力差,此压力差克服弹簧力,使主阀阀芯抬起,进出油口打开。

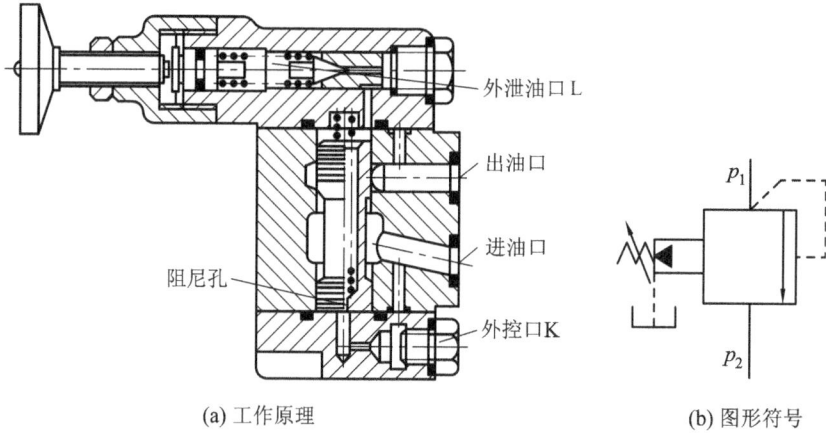

(a) 工作原理	(b) 图形符号

图 5-29 先导型顺序阀

3. 顺序阀的应用

(1) 实现执行元件的顺序动作。

图 5-30 所示为实现定位夹紧顺序动作的液压回路。要求进程时(活塞向下运动),定位缸先动作,夹紧缸后动作。夹紧缸进油路上串联一单向顺序阀,将顺序阀的压力值调定到高于定位缸活塞移动时的最高压力。当电磁阀的电磁铁通电时,定位缸活塞先动作,定位完成后,油路压力提高,打开单向顺序阀,夹紧缸活塞动作。回程时,两缸同时供油,夹紧缸的回油路经单向阀回油箱,缸定位、夹紧的活塞同时动作。

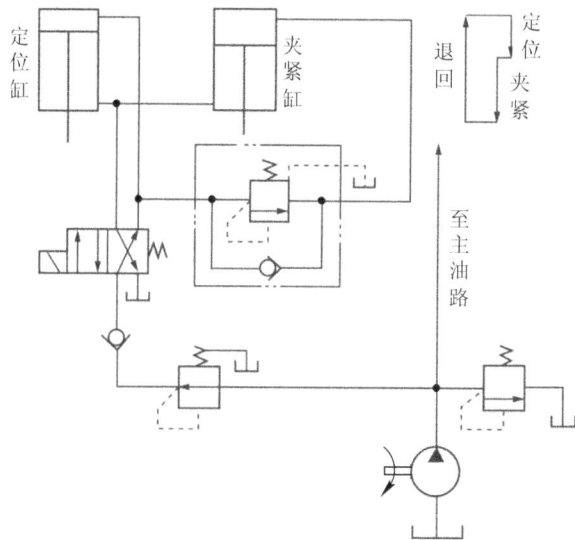

图 5-30 定位夹紧顺序动作液压回路

（2）与单向阀组合为单向顺序阀。

如图 5 - 31 所示，在平衡回路上，顺序阀与单向阀组合成单向顺序阀可以防止垂直或倾斜放置的执行元件和与之相连的工作部件因自重而自行下落。

（3）作为卸荷阀使用。

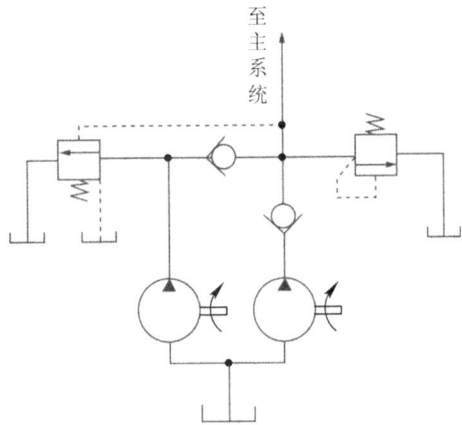

图 5 - 32 所示为实现双泵供油系统的大流量泵卸荷的回路。大量供油时，泵 1 和泵 2 同时供油，此时供油压力小于顺序阀的控制压力；少量供油时，供油压力大于顺序阀的控制压力，顺序阀打开，单向阀关闭，泵 2 卸荷，只有泵 1 继续供油。溢流阀起安全阀作用。

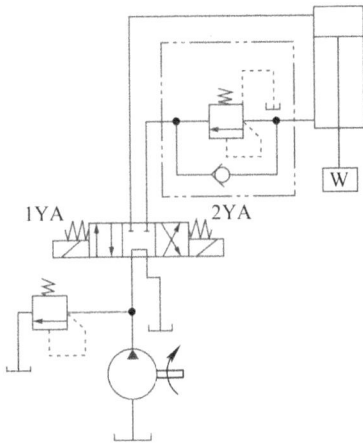

图 5 - 31 单向顺序阀平衡回路   图 5 - 32 双泵供油系统大流量泵卸荷回路

（4）作为背压阀使用。

顺序阀作为背压阀用于液压缸回油路上，可以增大背压，使活塞的运动速度稳定，如图 5 - 33 所示。

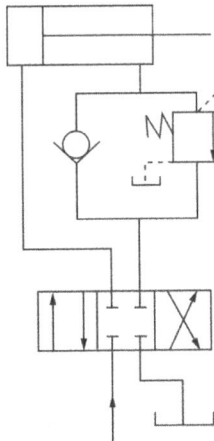

图 5 - 33 顺序阀作背压阀使用

5.3.4　压力继电器

1. 压力继电器的工作原理、结构及性能

压力继电器是利用液体压力来启闭电气触点的液压-电气转换元件,它在油液压力达到其设定压力时,发出电信号,控制电气元件动作,实现泵的加载或卸荷、执行元件的顺序动作或系统的安全保护和连锁等其他功能。任何压力继电器都由压力-位移转换装置和微动开关两部分组成。按前者的结构分,有柱塞式、弹簧管式、膜片式和波纹管式四类,其中以柱塞式最常用。

图 5-34 所示为柱塞式压力继电器。压力油从油口 P 通入,作用在柱塞 1 的底部,当其压力达到弹簧的调定值时,便克服弹簧阻力和柱塞表面摩擦力推动柱塞上升,通过顶杆 2 触动微动开关 4 发出电信号。

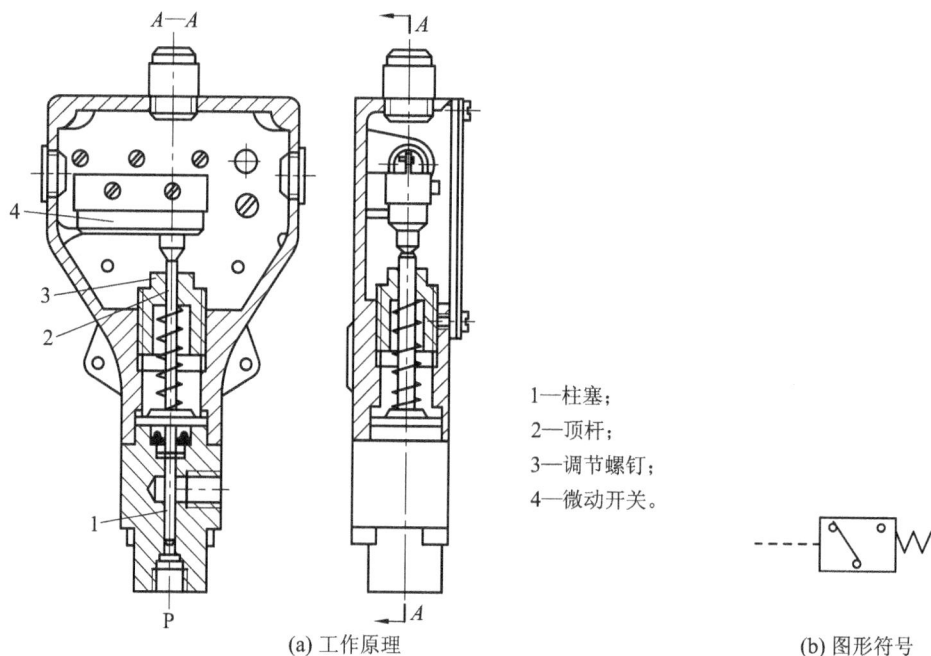

1—柱塞;
2—顶杆;
3—调节螺钉;
4—微动开关。

(a) 工作原理　　　　　　　　(b) 图形符号

图 5-34　柱塞式压力继电器

压力继电器的性能参数主要如下:

(1) 调压范围:能发出电信号的最低工作压力和最高工作压力的范围。

(2) 灵敏度:通断调节区间压力升高继电器接通电信号的压力(称开启压力)和压力下降继电器复位切断电信号的压力(称闭合压力)之差为压力继电器的灵敏度。为避免压力波动时继电器时通时断,要求开启压力和闭合压力间有一可调节的差值范围,称为通断调节区间。

(3) 重复精度:在一定的设定压力下,多次升压(或降压)过程中,开启压力和闭合压力本身的差值称为重复精度。

(4) 升压或降压动作时间:压力由卸荷压力升到设定压力,微动开关触点闭合发出电信号的时间称为升压动作时间,反之称为降压动作时间。

2. 压力继电器的应用

（1）安全控制回路。

图 5-35 所示为采用压力继电器的安全控制（保护）回路。当系统压力 $p(=p_p)$ 达到压力继电器事先调定的压力 p_{kp} 时，压力继电器即发出电信号，使由其控制的系统停止工作，对系统起安全保护作用。

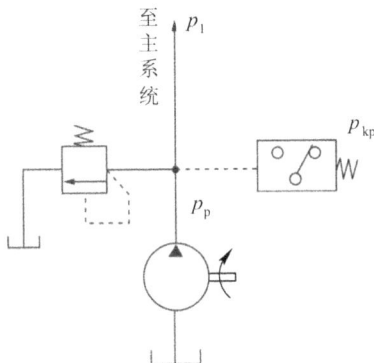

图 5-35　采用压力继电器的安全控制回路

（2）实现执行元件的顺序动作。

此应用具体可参见顺序动作回路中采用压力继电器的顺序动作回路。

5.4　流量控制阀

流量控制阀通过改变节流口通流面积的大小或通流通道的长短来改变局部阻力的大小实现对流量的控制，从而控制执行元件（液压缸或液压马达）的运动速度。

常用的流量控制阀有节流阀、调速阀和分流集流阀等。

5.4.1　节流阀的特性与形式

1. 节流控制特性

流量控制阀的控制量是节流口的通流面积，其大小是通过人工、机械或液控行程等形式来调节节流阀阀芯的开度而决定的。

节流阀节流口通常有三种基本形式：薄壁小孔、细长小孔和厚壁小孔。但无论节流口采用何种形式，通过节流口的流量 q 及其前后压力差 Δp 的关系均可用式 $q=KA(\Delta p^m)$ 来表示。节流阀的流量特性曲线如图 5-36 所示。由图可知，流量 q 不是唯一地取决于通流面积 A，节流口前后的压差也会影响流量 q 的大小，是实现准确控制流量的干扰

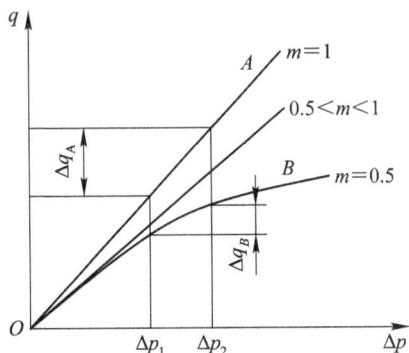

图 5-36　节流阀的流量特性曲线

因素。

　　为了抑制或消除负载干扰，可以采用"压力补偿"的措施。因此，流量阀有两类：一类没有压力补偿，即没有抗负载变化能力，如节流阀；另一类采取压力补偿措施，有很好的抗干扰能力，典型的如调速阀和溢流节流阀。

　　油温变化会影响到油液黏度，对于细长小孔，油温变化时，流量也会随之改变。但对于薄壁小孔，黏度对流量几乎没有影响，故油温变化时，流量基本不变。

　　2. 节流口的形式

　　图 5-30 所示为几种典型的节流口形式。图 5-37(a)所示为针阀式节流口，它通道长，湿周大，易堵塞，流量受油温影响较大，一般用于对性能要求不高的场合。图 5-37(b)所示为偏心槽式节流口，其性能与针阀式节流口相同，但容易制造，其缺点是阀芯上的径向力不平衡，旋转阀芯时较费力，一般用于压力较低、流量较大和流量稳定性要求不高的场合。图 5-37(c)所示为轴向三角槽式节流口，其结构简单，水力直径中等，可得到较小的稳定流量，且调节范围较大，但节流通道有一定的长度，油温变化对流量有一定的影响，目前被广泛应用。图 5-37(d)所示为周向缝隙式节流口，沿阀芯周向开有一条宽度不等的狭槽，转动阀芯就可改变开口大小。阀口做成薄刃形，通道短，水力直径大，不易堵塞，油温变化对流量影响小，因此其性能接近薄壁小孔，适用于低压小流量场合。图 5-37(e)所示为轴向缝隙式节流口，在阀孔的衬套上加工出图示薄壁阀口，阀芯做轴向移动即可改变开口大小，其性能与图 5-37(d)所示节流口相似。为保证流量稳定，节流口的形式以薄壁小孔较为理想。

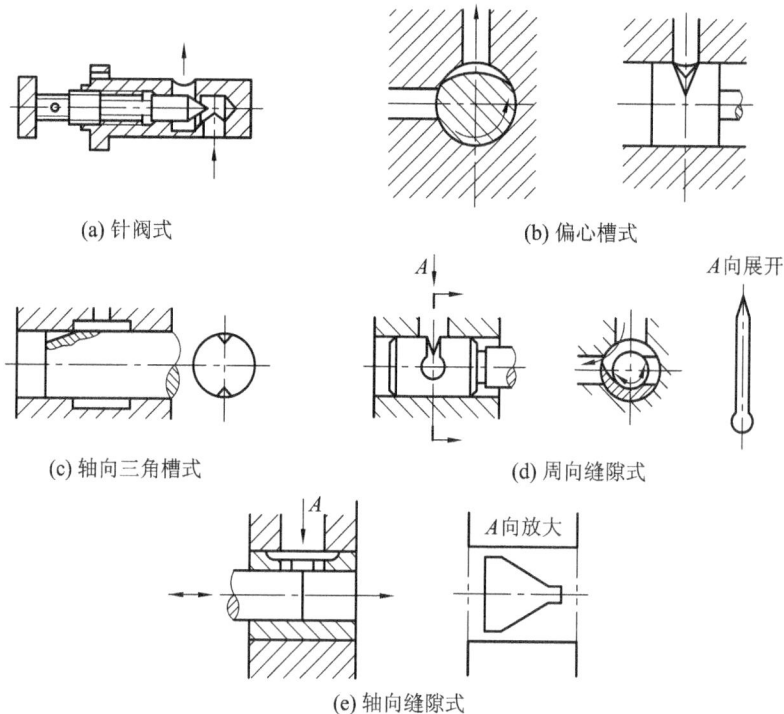

(a) 针阀式　　　　　　　　　　　　　　　　(b) 偏心槽式

(c) 轴向三角槽式　　　　　　　　　　　　(d) 周向缝隙式

(e) 轴向缝隙式

图 5-37　典型的节流口形式

5.4.2　节流阀的工作原理与特点

1. 节流阀的结构及工作原理

图 5-38 所示为一种普通节流阀。这种节流阀的节流通道呈轴向三角槽式。压力油从进油口 P_1 流入孔道 a 和阀芯 1 左端的三角槽进入孔道 b，再从出油口 P_2 流出。通过调节手柄 3，使推杆 2 顶出或缩回，实现阀芯 1 轴向移动，以改变节流口的通流截面积来调节流量。阀芯在弹簧的作用下始终紧贴在推杆上，这种节流阀的进出油口可互换。

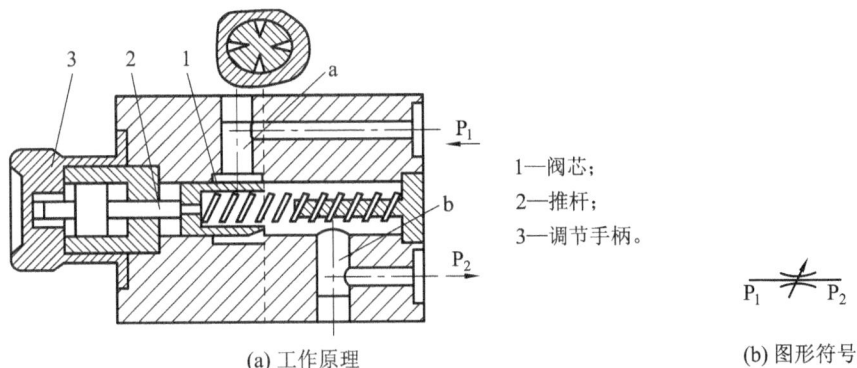

1—阀芯；
2—推杆；
3—调节手柄。

(a) 工作原理　　　　　　　　　　　　(b) 图形符号

图 5-38　普通节流阀

2. 节流阀的刚性

节流阀的刚性表示它抵抗负载变化的干扰，保持流量稳定的能力，即当节流阀开口量不变时，由于阀前后压力差 Δp 的变化，引起通过节流阀的流量发生变化的情况。流量变化越小，节流阀的刚性越大；反之，其刚性越小。如果以 T 表示节流阀的刚度，则有

$$T = \frac{\mathrm{d}\Delta p}{\mathrm{d}q} \qquad (5-5)$$

由 $q = KA(\Delta p^m)$，可得

$$T = (\Delta p^{m-1})KAm \qquad (5-6)$$

不同开口时节流阀的流量特性曲线如图5-39所示。从图中可以发现，节流阀的刚度 T 相当于流量曲线上某点的切线和横坐标夹角 β 的余切，即

$$T = \cot\beta \qquad (5-7)$$

图 5-39　不同开口时节流阀的流量特性曲线

由图 5-39 和式(5-6)可以得出如下结论：

(1) 同一节流阀，阀前后压力差 Δp 相同，节流开口小时，刚度大。

(2) 同一节流阀，在节流开口一定时，阀前后压力差 Δp 越小，刚度越小。为了保证节流阀具有足够的刚度，节流阀只能在某一最低压力差 Δp 的条件下才能正常工作，但提高 Δp 将引起压力损失的增加。

(3) 取小的指数 m 可以提高节流阀的刚度，因此在实际使用中多采用薄壁小孔式节流

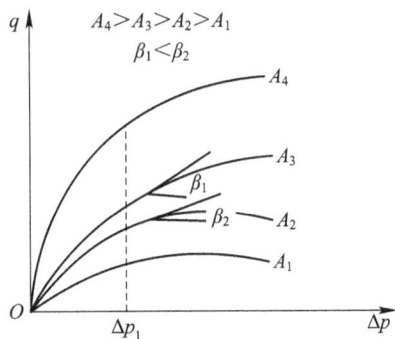

口，即 $m=0.5$ 的节流口。

3. 节流阀的特点

节流阀结构简单，制造容易，体积小，使用方便，造价低。但负载和温度的变化对流量稳定性的影响较大，因此只适用于负载和温度变化不大或速度稳定性要求不高的液压系统。

5.4.3 调速阀和溢流节流阀

调速阀和溢流节流阀利用流量的变化所引起的油路压力的变化，通过阀芯的负反馈动作来自动调节节流部分的压力差，使其保持不变。由 $q=KA(\Delta p)^m$ 可知，当 Δp 基本不变时，通过节流阀的流量只由其开口量的大小来决定。使 Δp 基本保持不变的方式有两种：一种是将定压差式减压阀与节流阀并联起来构成调速阀；另一种是将稳压溢流阀与节流阀并联起来构成溢流节流阀。

1. 调速阀

调速阀是在节流阀 2 前面串接一个定差减压阀 1 组合而成的，如图 5-40 所示。

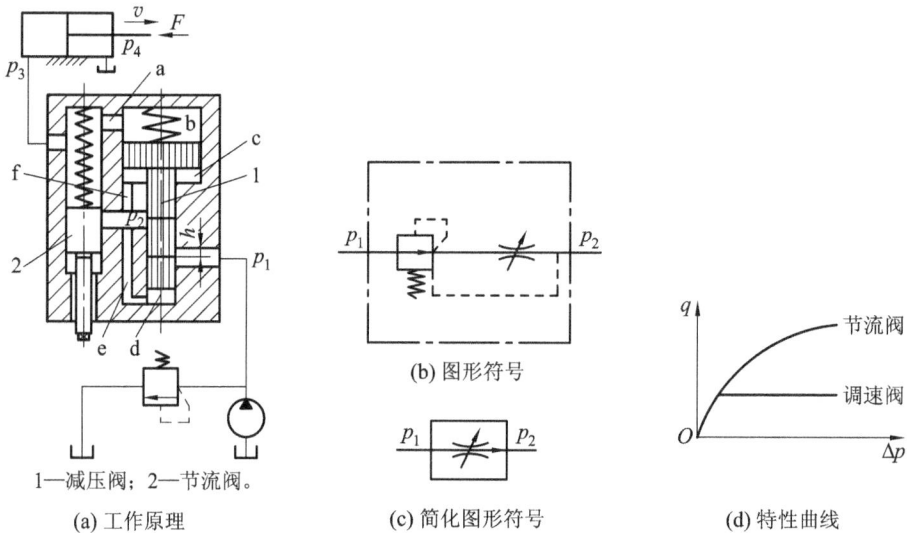

1—减压阀；2—节流阀。

(a) 工作原理 (b) 图形符号 (c) 简化图形符号 (d) 特性曲线

图 5-40 调速阀

液压泵的出口（即调速阀的进口）压力 p_1 由溢流阀调整基本不变，而调速阀的出口压力 p_3 则由液压缸负载 F 决定。油液先经减压阀产生一次压力降，将压力降到 p_2，p_2 经通道 e、f 作用到减压阀的 d 腔和 c 腔；调速阀的出口压力 p_3 又经反馈通道 a 作用到减压阀的上腔 b，当减压阀的阀芯在弹簧力 F_s、油液压力 p_2 和 p_3 作用下处于某一平衡位置时（忽略摩擦力和液动力等），则有

$$p_2 A_1 + p_2 A_2 = p_3 A + F_s \tag{5-8}$$

式中：A、A_1 和 A_2 分别为 b 腔、c 腔和 d 腔内压力油作用于阀芯的有效面积，且 $A=A_1+A_2$。
故

$$p_2 - p_3 = \Delta p = \frac{F_s}{A} \tag{5-9}$$

因为弹簧刚度较低，且工作过程中减压阀阀芯位移很小，可以认为 F_s 基本保持不变。故节流阀两端的压力差 $p_2 - p_3$ 也基本保持不变，这就保证了通过节流阀的流量稳定。

2. 溢流节流阀

溢流节流阀也是一种压力补偿型节流阀，如图 5-41 所示。

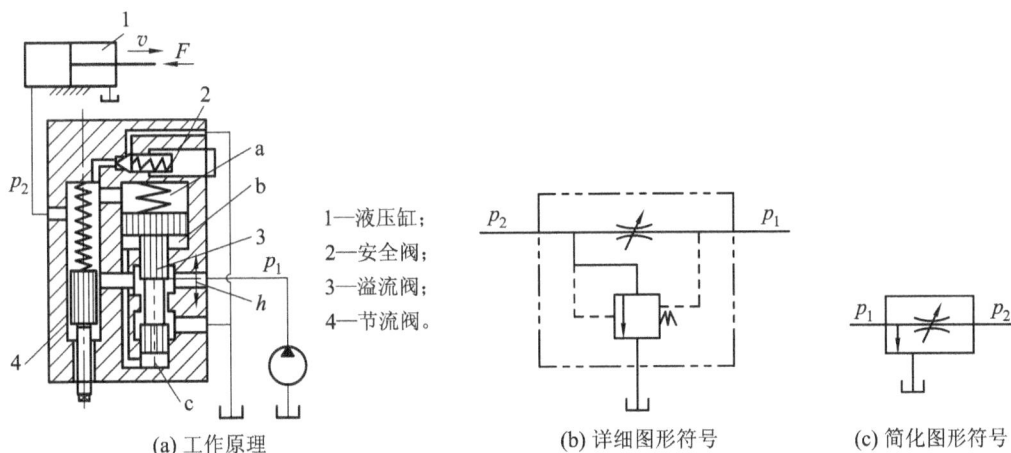

1—液压缸；
2—安全阀；
3—溢流阀；
4—节流阀。

(a) 工作原理　　　　　　(b) 详细图形符号　　　　(c) 简化图形符号

图 5-41　溢流节流阀

从液压泵输出的油液一部分从节流阀 4 进入液压缸左腔推动活塞向右运动，另一部分经溢流阀的溢流口流回油箱，溢流阀 3 阀芯的上端 a 腔同节流阀 4 的上腔相通，其压力为 p_2；腔 b 和下端腔 c 同溢流阀 3 阀芯前的油液相通，其压力即为泵的压力 p_1，当液压缸活塞上的负载力 F 增大时，压力 p_2 升高，a 腔的压力也升高，使溢流阀 3 的阀芯下移，关小溢流口，这样就使液压泵的供油压力 p_1 增加，从而使节流阀 4 的前、后压力差（$p_1 - p_2$）基本保持不变。这种溢流阀一般附带一个安全阀 2，以避免系统过载。

溢流节流阀与调速阀虽都具有压力补偿的作用，但其组成调速系统时是有区别的。调速阀无论在执行元件的进油路上或回油路上，当执行元件上的负载变化时，泵出口处的压力都由溢流阀保持不变；而溢流节流阀是通过 p_1 随 p_2（负载的压力）的变化来使流量基本上保持恒定的。因而溢流节流阀具有功率损耗低，发热量小的优点。但是，溢流节流阀中流过的流量比调速阀大（一般是系统的全部流量），阀芯运动时阻力较大，弹簧较硬，其结果使节流阀前后的压差 Δp 加大（需 0.3～0.5 MPa），因此它的稳定性稍差。

5.5　液压逻辑元件

逻辑阀是以锥阀式（又称单向阀式）为基本单元，以芯子插入式为基本连接形式，配以不同的先导阀来满足各种动作要求的阀类，又称锥阀集成阀或插装阀。液压插装阀是不带阀体的阀类，其过流量大，应用比较灵活。当插装阀装入具有标准阀孔的集成阀块时，阀块体既成为插装阀的公共阀体，又起连接管道的作用。而且当插装阀装入具有标准阀孔的阀体时，又可构成板式和管式等分立式液压阀。

插装阀有两类：一类是二通滑入式插装阀，国内通常称为二通插装阀，又称二通盖板式插装阀、锥阀或逻辑阀，在国内外均已广泛应用；另一类是二通、三通、四通螺纹插装阀。后者在国外小型工程机械、农业机械、汽车和其他车辆等领域已广泛使用,但国内生产螺纹式插装阀的厂家极少,其应用还有待发展。

由逻辑阀组成的液压系统称为液压逻辑系统。根据用途不同,逻辑阀又分为逻辑压力阀、逻辑流量阀和逻辑换向阀三种。

5.5.1 二通插装阀的工作原理

图 5-42 所示为逻辑换向阀的锥阀式基本单元。插装阀主要由阀芯、阀套及弹簧等零件组成,对外有两个管道接口 A、B 和一个控制连接口 C。锥阀的工作状态不仅取决于控制连接口 C 的压力,也取决于工作油口 A、B 的压力,取决于弹簧力和液动力。

当控制连接口 C 接油箱卸荷时,阀芯下部的液压力克服上部弹簧力将阀芯顶开,至于液流的方向,视 A、B 口的压力大小而定。当 $p_A > p_B$ 时,油液由 A 口流向 B 口;当 $p_A < p_B$ 时,油液由 B 口流向 A 口。当控制连接口 C 接压力油,且 $p_C \geqslant p_A$、$p_C \geqslant p_B$ 时,阀芯在上下端压力和弹簧力的作用下关闭,油口 A 和 B 不通。因此,逻辑换向阀的锥阀单元实际上相当于一个液控二位二通阀。

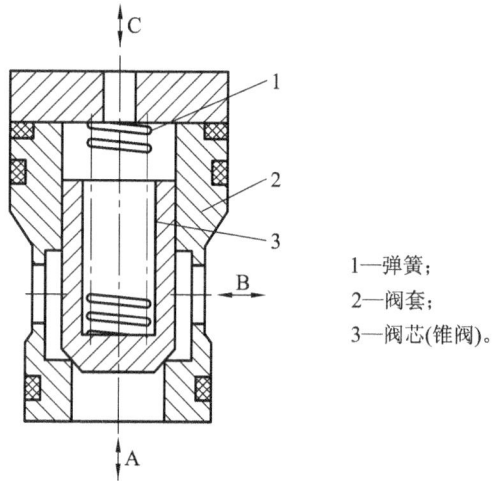

1—弹簧;
2—阀套;
3—阀芯(锥阀)。

图 5-42 逻辑换向阀的锥阀式基本单元

用小流量电磁阀控制锥阀基本单元控制口的通油情况,可以构成锥阀式换向阀(见图 5-43(a));与各种先导压力阀组合可以构成各种压力控制阀(如图 5-43(b)所示);通过法兰盖将锥阀上腔与油口 B 相通(如图 5-43(c)所示),则变成一般的单向阀,因此,一般的单向阀可视为逻辑换向阀锥阀单元的一种变形。

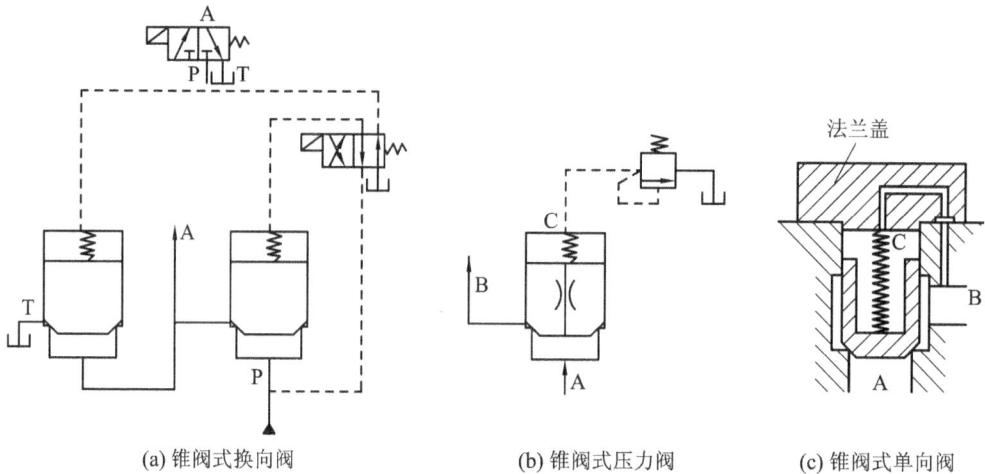

(a) 锥阀式换向阀   (b) 锥阀式压力阀   (c) 锥阀式单向阀

图 5-43 逻辑阀的工作原理

5.5.2 二通插装阀的应用举例

1. 四种不同的工作状态

如图 5-44(a)所示，将两个锥阀单元组合起来，通过先导阀控制锥阀 1 和 2 的启闭，可以得到四种不同的工作状态。

(1) 锥阀 1 开启，锥阀 2 关闭，油口 P、A 相通，油口 A 进油。

(2) 锥阀 1 关闭，锥阀 2 开启，油口 T、A 相通，油口 A 回油。

(3) 锥阀 1 和 2 都关闭，油口 P、T、A 都不通，油口 A 封闭起支承保压作用。

(4) 锥阀 1 和 2 都开启，油口 P、T、A 全通，系统卸荷。

由此可见图 5-44(a)所示的二通插装阀相当于一个四位三通换向阀。

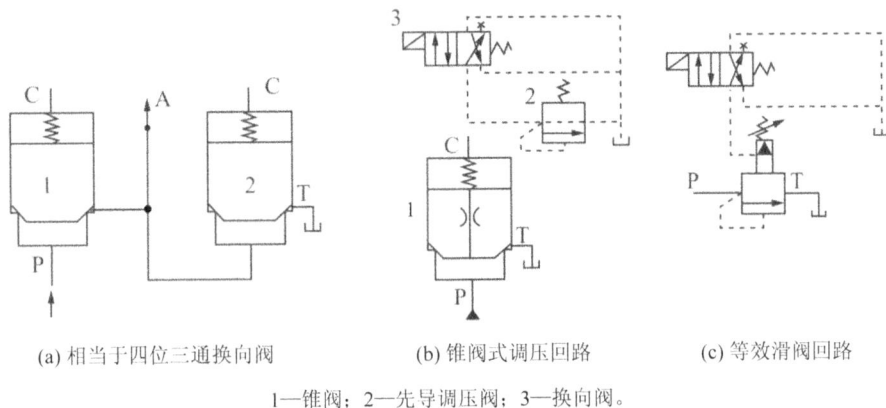

(a) 相当于四位三通换向阀   (b) 锥阀式调压回路   (c) 等效滑阀回路

1—锥阀；2—先导调压阀；3—换向阀。

图 5-44 二通插装阀的应用

2. 调压回路

将插装阀上的控制连接口 C 与不同的先导阀连接，或改变主阀阀芯的形状，则插装阀可作不同的压力阀使用，也可以作电磁溢流阀、减压阀使用，如果将油口 B 接另一油口(工作油口)，则插装阀起顺序阀的作用。如图 5-44(b)所示，先导调压阀 2 起调压作用，当电磁换向阀 3 的电磁铁不得电时，锥阀 1 关闭，油口 P 与 T 不通，电磁铁得电时，控制连接口 C 的油液通过换向阀的左位流到油箱，锥阀开启，油口 P 与 T 相通，实现卸荷，其等效回路如图 5-44(c)所示。此时插装阀起溢流阀的作用。

3. 调速回路

图 5-45(a)中由于锥阀 2 和 3 有调压螺钉，因此锥阀的开口量大小可调节。当先导阀 5 处于中位时，锥阀全部关闭，油口 P、A、B、T 互不相通。当先导阀 5 处于右位时，锥阀 1 和 3 关闭，锥阀 2 和 4 开启，油口 P 与 A 相通，油口 B 与 T 相通。由油口 P 流向油口 A 的流速由锥阀 2 上的调压螺钉调节。当先导阀 5 处于左位时，锥阀 2 和 4 关闭，锥阀 1 和 3 打开，油口 P 与 B 相通，其进油速度由锥阀 3 上的调压螺钉调节。

二通插装阀上的节流阀手调装置若用比例电磁铁取代，就可组成二通插装电液比例节流阀。若在二通插装阀节流阀前串联一个定差减压阀，就可组成二通插装调速阀。

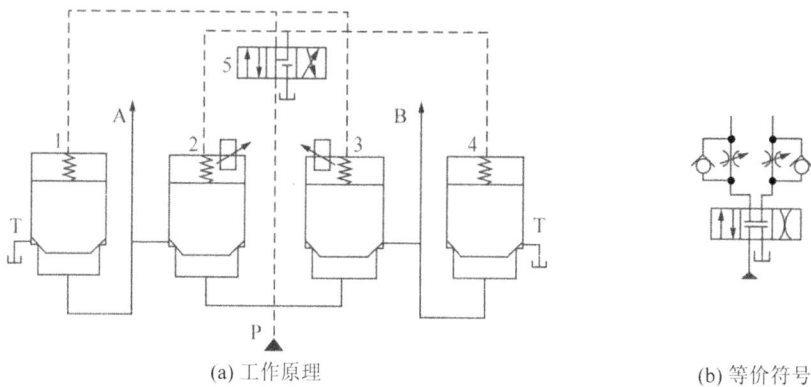

(a) 工作原理　　　　　　　　　(b) 等价符号

图 5-45　锥阀式调速回路

5.6　电液伺服阀、电液比例阀和叠加阀

比例阀、叠加阀、伺服阀都是近年来发展迅速的液压控制阀。第二次世界大战后期，喷气式飞行技术取得了突破性进展；1940 年，首次在飞机上应用了电液伺服系统，其滑阀由伺服电动机拖动。20 世纪 50 年代末期，出现了以喷嘴挡板阀作为先导级的电液伺服阀，使电液伺服系统成为当时响应最快、控制精度最高的伺服系统。

传统的电液伺服阀对介质的清洁度要求高，使用成本高，系统能耗比较大。而电液比例阀是在对普通的开关阀进行改造的基础上发展起来的。叠加阀是为了减少管路泄漏，提高液压系统的工作效率，实现液压系统集成化的一种液压阀。

5.6.1　电液伺服阀

1. 电液伺服阀的结构组成

典型的电液伺服阀结构组成如图 5-46 所示，主要由电-机械转换器、先导阀、主阀及反馈元件等组成。电液伺服阀分为单级及多级（二级、三级）电液伺服阀，其中以二级伺服阀应用最为广泛，它有一个先导控制级，将电-机械转换器的输出信号转换为功率较大的液压信号，再利用先导控制级（先导阀）液压力，控制主阀芯的动作。电液伺服阀的先导级大多采用喷嘴挡板式或射流管式。图 5-46 中的电-机械转换器将电信号转换为力、力矩、产生位移或角位移等机械量驱动先导阀；先导阀再将机械量转换为液压力驱动主阀，主阀将先导阀的液压机械量转换为流量或压力输出，反馈元件将主阀控制口的压力或阀芯位移反馈到先导阀的输入处，实现输入输出的平衡。目前趋向于采用各种电反馈替代机械反馈。

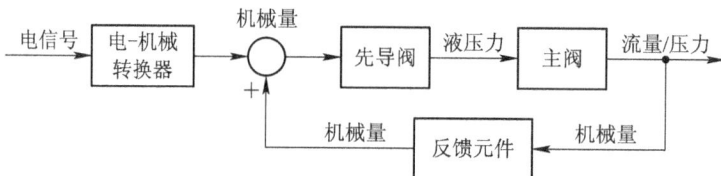

图 5-46　典型的电液伺服阀结构组成

2. 电液伺服阀的功能

电液伺服阀常用于自动控制系统中的位置控制、压力控制、速度控制和同步控制等。

(1) 位置控制。如图 5-47(a)所示，这种回路用来实现执行元件的准确位置的控制，指令信号 1 使电液伺服阀的力矩马达动作，通过能量的转换和放大，驱动执行元件达到某一预定位置。再利用位置传感器 2 产生反馈信号，与输入指令相比较，然后消除输入和输出信号的误差，使执行元件准确地停止在预定位置上。

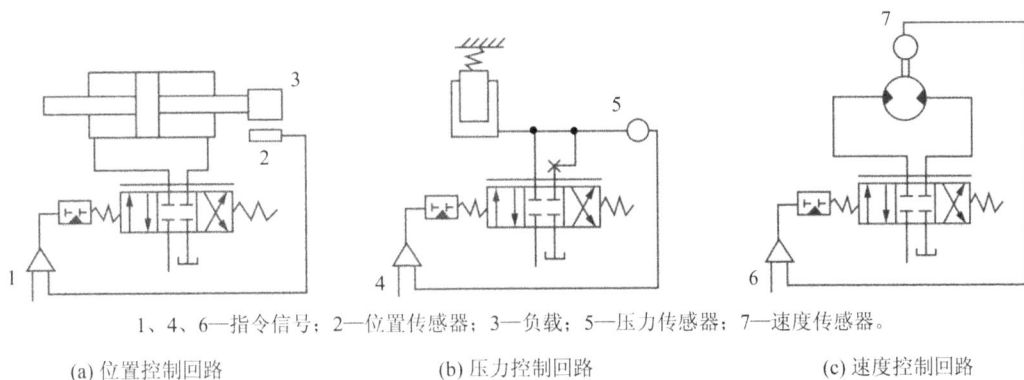

1、4、6—指令信号；2—位置传感器；3—负载；5—压力传感器；7—速度传感器。

(a) 位置控制回路　　　　　(b) 压力控制回路　　　　　(c) 速度控制回路

图 5-47　电液伺服阀的应用

(2) 压力控制。这种回路能维持液压缸中的压力恒定，如图 5-47(b)所示。给电液伺服阀输入一定的指令信号 1，通过能量的转换和放大，使液压缸中的油液达到某一预定压力。当油压变化时，由压力传感器 2 产生反馈信号，与输入的指令相比较，然后消除指令信号与反馈信号的误差，使液压缸保持恒定压力。

(3) 速度控制。它是使执行元件(如液压马达)的速度保持一定值的控制回路，如图 5-47(c)所示。输入指令信号 1，它经能量的转换和放大后，使液压马达具有一定的转速。当速度有变化时，速度传感器 2 发出的反馈信号与指令信号相比较，然后消除指令信号与反馈信号的误差，使液压马达保持一定的速度。

(4) 同步控制。这种回路是使两个液压缸的位移和速度同步，并且具有高的同步精度。当指令信号输入时，两液压缸同步运动。当出现同步误差时，信号误差反馈给电气系统并与指令信号相比较，使电液伺服阀产生适当位移，修正流量，消除同步误差，实现严格的同步运动。

3. 电液伺服阀的发展趋势

(1) 机电一体化。随着微电子技术的发展，电控元件小型化，位移传感器、压力传感器及其放大器都可以放入阀体内部，采用位移电反馈或压力电反馈，既提高了阀的性能，简化了结构，又方便了使用，得到了普遍的应用。

(2) 工业化。虽然电液伺服阀响应快，精度高，但它的加工精度要求高、抗干扰和抗污染能力较差、价格高，难以在一般工业上推广应用，因而相继开发了廉价伺服阀或工业伺服阀，它们的加工精度要求和价格相对较低，抗污染能力较好，而精度和快速性能能够满足工业要求。

（3）集成化。根据实际的使用要求，伺服阀可以与电控器、执行元件和其他阀组组成电液集成系统，使其结构紧凑、性能提高，如电液伺服缸等。

5.6.2　电液比例阀

电液比例阀简称比例阀，是在对普通的开关阀进行改造的基础上，应用比例电磁铁把输入的电信号按比例转换成力或位移，从而对压力、流量等参数进行连续控制的一种液压阀。

比例阀由直流比例电磁铁与液压阀两部分组成，其液压阀部分与一般液压阀差别不大，而直流比例电磁铁和一般电磁阀所用的电磁铁不同，采用比例电磁铁可得到给定电流成比例的位移输出和吸力输出。比例阀按其控制的参量可分为比例压力阀、比例流量阀、比例方向阀三大类。

1. 电液比例阀的结构及工作原理

图 5-48 所示为先导式比例溢流阀。当输入电信号（通过线圈 2）时，比例电磁铁 1 便产生一个相应的电磁力，它通过推杆 3 和弹簧作用于先导阀阀芯 4，从而使先导阀的控制压力与电磁力成比例，即与输入信号电流成比例。由溢流阀主阀阀芯 6 上的受力分析可知，进油口压力和控制压力、弹簧力等相平衡（其受力情况与普通溢流阀相似），因此比例溢流阀进油口压力的升降与输入信号电流的大小成比例。若输入信号电流是连续地按比例或按一定程序变化的，则比例溢流阀所调节的系统压力也连续地按比例或按一定程序进行变化。

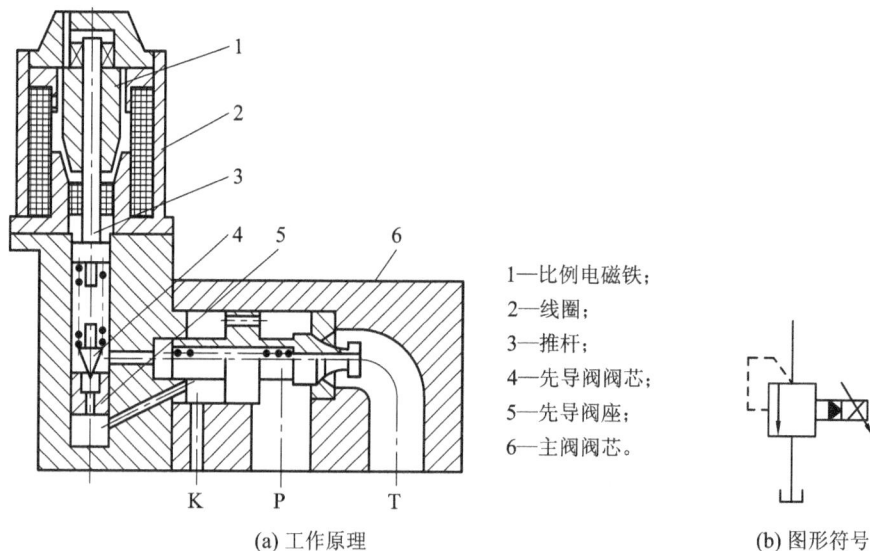

1—比例电磁铁；
2—线圈；
3—推杆；
4—先导阀阀芯；
5—先导阀座；
6—主阀阀芯。

(a) 工作原理　　　　　　　　　(b) 图形符号

图 5-48　先导式比例溢流阀

2. 电液比例阀的应用举例

图 5-49(a) 所示为利用比例溢流阀调压的多级调压回路。改变输入电流，即可控制系统获得多级工作压力。它比利用普通溢流阀的多级调压回路所用液压元件数量少，回路简

单，且能对系统压力进行连续控制。

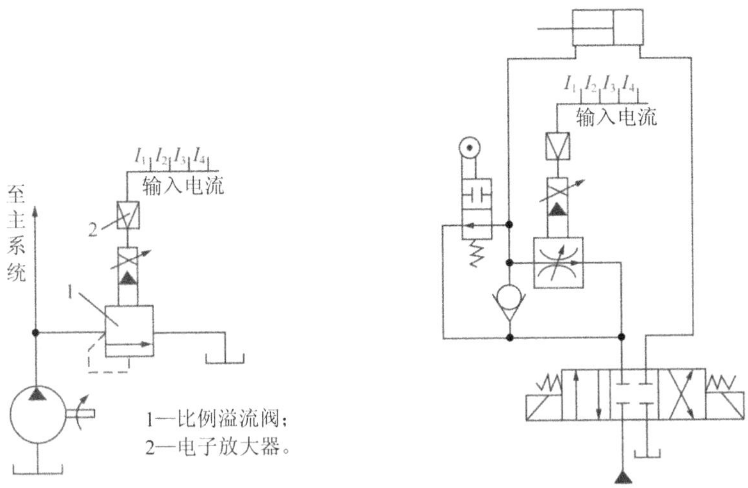

(a) 应用比例溢流阀实现多级调压回路　　(b) 应用比例调速阀的调速回路

图 5-49　比例阀的应用

图 5-49(b)所示为采用比例调速阀的调速回路。改变比例调速阀输入电流即可使液压缸获得所需要的运动速度。比例调速阀可在多级调速回路中代替多个调速阀，也可用于远距离速度控制。

总之，采用比例阀能使液压系统简化，所用液压元件数大为减少，既能提高液压系统性能参数及控制的适应性，又能明显提高其控制的自动化程度，它是一种很有发展前途的液压控制元件。

5.6.3　叠加阀

叠加式液压阀简称叠加阀，其阀体本身既是元件又是具有油路通道的连接体，阀体的上、下两面制成连接面。选择同一通径系列的叠加阀，将其叠合在一起用螺栓紧固，即可组成所需的液压传动系统。

叠加阀现有五个通径系列：$\phi6$ mm、$\phi10$ mm、$\phi16$ mm、$\phi20$ mm、$\phi32$ mm，额定压力为 20 MPa，额定流量为 10～200 L/min。叠加阀按功用的不同分为压力控制阀、流量控制阀和方向控制阀三类，其中方向控制阀仅有单向阀类，主换向阀不属于叠加阀。

1. 叠加阀的结构及工作原理

叠加阀的工作原理与一般液压阀相同，只是具体结构有所不同。现以叠加式溢流阀为例，说明其结构和工作原理。

图 5-50(a)所示为 Y_1 - F10D - P/T 先导型叠加式溢流阀，其型号意义是：Y_1 表示溢流阀，F 表示压力等级(20 MPa)，10 表示 $\phi10$ mm 通径系列，D 表示叠加，P/T 表示进油口为 P、回油口为 T。它由先导阀和主阀两部分组成，先导阀为锥阀，主阀相当于锥阀式的单向阀。按使用情况不同，还有 Y_1-F10D-P_1/T 型，这种阀主要用于双泵供油系统的高压泵的调压和溢流。

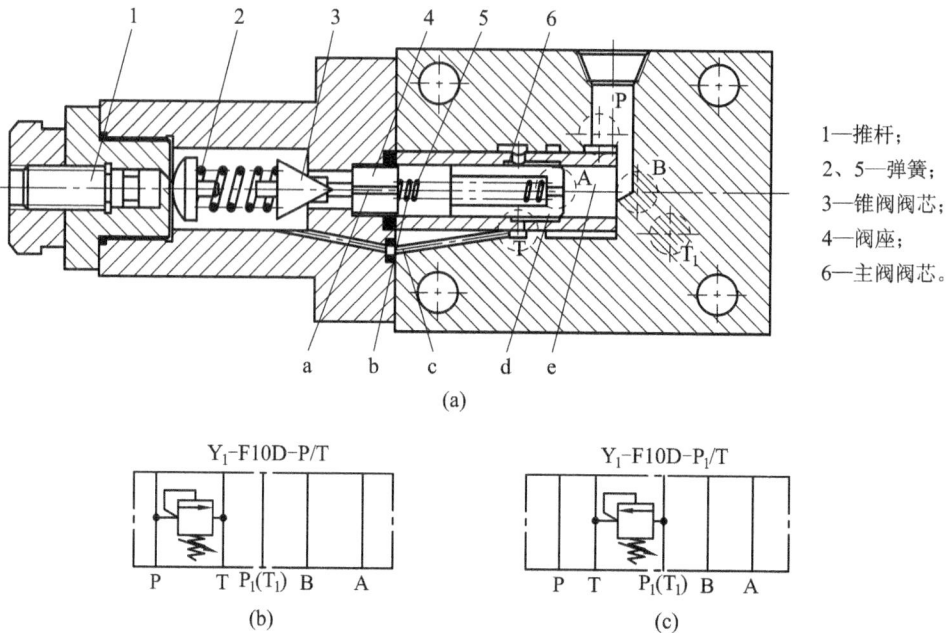

1—推杆；
2、5—弹簧；
3—锥阀阀芯；
4—阀座；
6—主阀阀芯。

(a)

Y₁-F10D-P/T

P　T　P₁(T₁)　B　A

(b)

Y₁-F10D-P₁/T

P　T　P₁(T₁)　B　A

(c)

图 5-50　叠加式溢流阀

　　叠加式溢流阀的工作原理同一般的先导式溢流阀，它也是利用主阀阀芯两端的压力差来移动主阀阀芯，改变阀口的开度，油腔 e 与进油口 P 相通，孔 c 与回油口 T 相通，压力油由进油口 P 进入主阀阀芯 6 右端的 e 腔，并经阀芯上的阻尼孔 d 流至主阀阀芯 6 左端的 b 腔，再经小孔 a 作用于锥阀阀芯 3 上。当系统压力低于溢流阀的调定压力时，锥阀阀芯 3 关闭，阻尼孔 d 没有液流流过，主阀阀芯两端的液压力相等，主阀阀芯 6 在弹簧 5 的作用下处于关闭位置；当系统压力升高并达到溢流阀的调定压力时，锥阀在液压力的作用下压缩先导阀弹簧 2 并使阀口打开。于是主阀腔油液经锥阀阀口和孔 c 流入 T 口流回油箱，当油液通过主阀阀芯上的阻尼孔 d 时，便产生压力差，于是使主阀阀芯的两端油液产生压力差，此压力差使主阀阀芯克服弹簧 5 而左移，主阀阀口打开，实现了向油口 T 的溢流。调节弹簧 2 的预压缩量便可调节溢流阀的调整压力，即溢流压力。图 5-50(b)所示为 Y₁-F10D-P/T 先导型叠加式溢流阀的图形符号，图 5-50(c)所示为 Y₁-F10D-P₁/T 先导型叠加式溢流阀的图形符号。

2. 叠加式液压阀系统的组装

　　叠加阀自成体系，每一种通径系列的叠加阀，其主油路通道和螺钉孔的大小、位置、数量都与相应通径的板式换向阀相同。因此，将同一通径系列的叠加阀互相叠加，可直接连接而组成集成化液压系统。

　　图 5-51 所示为叠加式液压阀装置示意图。最下面的是底板，底板上有进油孔、回油孔和通向液压执行元件的油孔，底板上的第一个元件一般是压力表开关，然后依次向上叠加各种压力控制阀和流量控制阀，最上层为换向阀，用螺栓将它们紧固成一个叠加阀组。一般一个叠加阀组控制一个执行元件。如果液压系统有几个需要集中控制的液压元件，则用多联底板，并排在上面组成相应的几个叠加阀组。元件之间可实现无管连接，不仅可省

掉大量管件，减少产生压力损失、泄漏和振动的环节，而且外观整齐，便于维护保养。

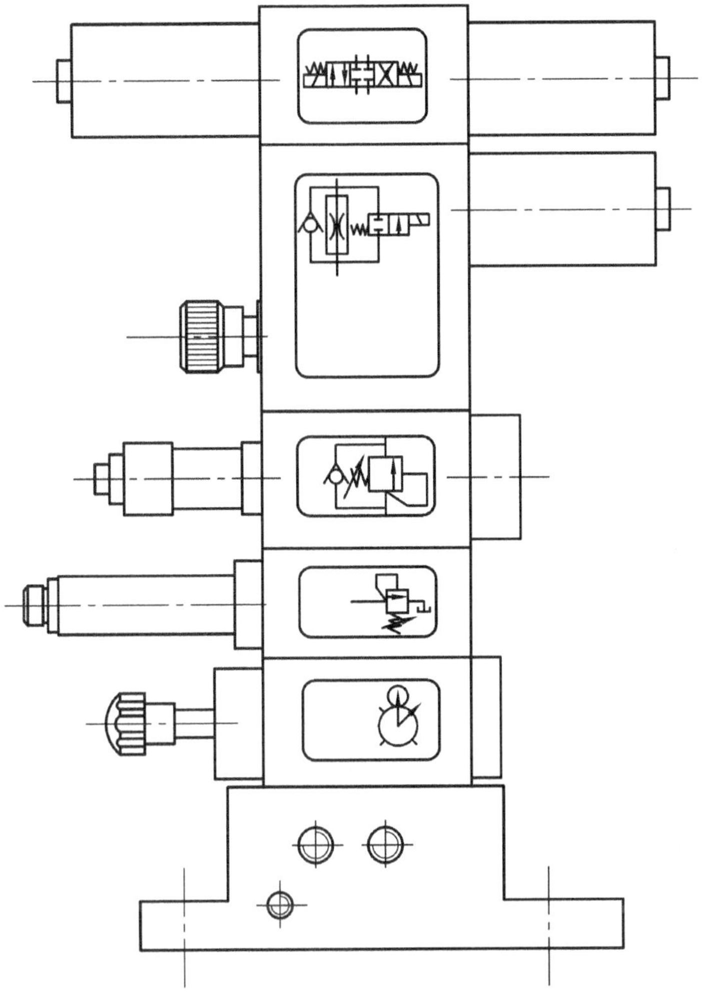

图 5-51　叠加式液压阀装置示意图

3. 叠加式液压阀系统的特点

（1）用叠加阀组装液压系统，元件之间的连接不使用管子，也不使用其他形式的连接体，不需要另外的连接块，因而结构紧凑，体积小，质量轻。

（2）液压系统的更改较为方便，且叠加阀为标准化元件，设计中仅需按工艺要求完成装配即可，可广泛应用于冶金、机械制造、工程机械等领域。

（3）系统的设计工作量小，绘制出叠加阀式液压系统原理图即可进行组装，且组装简便，组装周期短。

（4）调整、改换或增减液压系统的液压元件方便简单。

5.6.4　液压阀的连接

一个能完成一定功能的液压系统是由若干液压阀有机地组合在一起的，各液压阀间的连接方式有管式连接、板式连接、集成块式等。集成式中又可分为集成块式、叠加阀式和插装阀式。插装阀式在前面已经介绍，在此重点介绍其他几种连接方式。

1. 管式连接

管式连接即将各管式液压阀用管道互相连接起来，管道与阀一般用螺纹管接头连接起来，流量大的则用法兰连接。管式连接不需要其他专门的连接元件，系统中各阀间油液的运行路线一目了然，但是结构较分散，特别是对于较复杂的液压系统，所占空间较大，管路交错，接头繁多，既不便于装卸维修，在管接头处也容易造成漏油和渗入空气，而且有时会产生振动和噪声，因此目前使用的场合不多。

2. 板式连接

为了不断创新各种液压阀的连接方式，发明创造了板式液压元件。板式连接就是将系统中所需要的板式标准液压元件统一安装在连接板上。采用的连接板有以下几种形式。

（1）单层连接板。阀装在竖立的连接板的前面，阀间油路在板后用油管连接，这种连接板较简单，检查油路较方便，但板上油管多，装配极为麻烦，所占空间也大。

（2）双层连接板。在两块板间加工出油槽，以连接阀间油路，两块板再用黏结剂或螺钉固定在一起，这种方法工艺较简单、结构紧凑，但当系统中压力过高或产生液压冲击时，容易在两块板间形成缝隙，出现漏油串腔问题，以致液压系统无法正常工作，而且不易检查故障。

（3）整体连接板。在整体板中间钻孔或铸孔以连接阀间油路，这样工作可靠，但钻孔工作量大，工艺较复杂，如用铸孔则清砂又较困难。此外整体连接板和双层连接板都是根据一定的液压回路和系统设计的，不能随意更改系统，若系统有所改变，则需重新设计和制造。

3. 集成块式

为了不断改进液压系统中液压阀的装配与设计，在生产中将液压装置集成化，集成块式是集成化中的一种方式，即借助于集成块把标准化的板式液压元件连接在一起，组成液压系统。集成块式液压装置如图5-52所示。集成块2是一种代替管路把元件连接起来的六面连接体，在连接体内根据各控制油路，设计加工出所需的油路通道，阀3等装在集成块的周围，通常三面各装一个阀，有时在阀与集成块间还可以用垫板安装一个简单的阀，如单向阀、节流阀等，另一面则安装油管连接到液压执行元件。集成块的上、下面是块与块的接合面，在接合面上加工有相同位置的压力油孔、回油孔、泄漏油孔及安装螺栓孔，有时还有测压油路孔，集成块与装在其周围的阀类元件构成一个集成块组，可以完成一定典型回路的功能，将所需的几种集成块组叠加在一起，就可构成整个集成块式的液压传动系统。底板1上有进油口、回油口、泄漏油口等；在盖板4上可以装压力表开关，以便测量系统的压力。这种集成方式的优点是结构紧凑，占地面积小，便于装卸和维修，且具有标准化、系列化产品，可以选用组合，因而被广泛应用于各种中高压和中低压的液压系统中；但它存在设计工作量大，加工工艺复杂，不能随意快速更换系统等缺点。

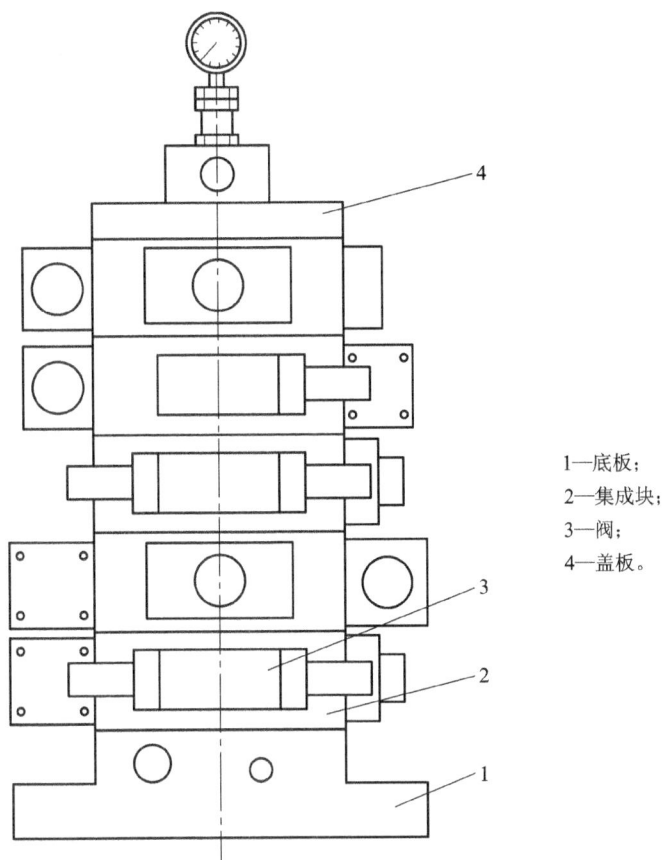

1—底板；
2—集成块；
3—阀；
4—盖板。

图 5-52　集成块式液压装置示意图

5.7　液压阀实验

5.7.1　顺序动作回路实验

1. 实训目的

（1）理解顺序动作回路的组成和不同的结构方式及工作原理。

（2）通过对压力控制、行程控制和时间控制三类顺序动作回路的实验，分析比较它们的特性。

（3）了解并掌握顺序动作回路的工作过程。

2. 实训条件

（1）液压实训台。

（2）液压元件：液压泵、溢流阀、三位（或二位）四通电磁换向阀、顺序阀、压力继电器、行程开关、液压缸等。

3. 实验原理

在多缸工作的液压系统中，往往要求各执行元件严格地按照预先给定的顺序动作。例如，自动车床中刀架的纵横向运动，夹紧机构的定位和夹紧等。

顺序动作回路按其控制方式不同，分为压力控制、行程控制和时间控制三类，其中前两类用得较多。

1）压力控制顺序动作回路

压力控制顺序动作回路就是利用油路本身的压力变化来控制液压缸的先后动作顺序，它主要利用压力继电器和顺序阀来控制顺序动作。用顺序阀控制的顺序动作回路如图5-53所示。

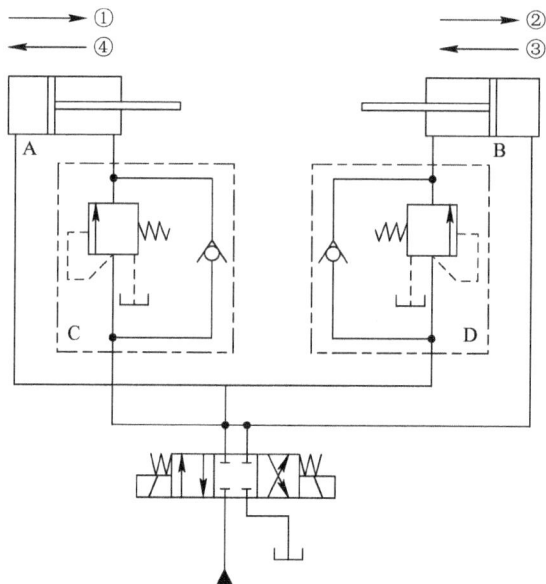

图5-53　用顺序阀控制的顺序动作回路

2）行程控制顺序动作回路

行程控制顺序动作回路是利用工作部件到达一定位置时，发出信号来控制液压缸的先后动作顺序，它可以利用行程开关、行程阀或顺序缸来实现。用行程开关控制的顺序动作回路如图5-54所示，用行程阀控制的顺序动作回路如图5-55所示。

图5-54　用行程开关控制的顺序动作回路

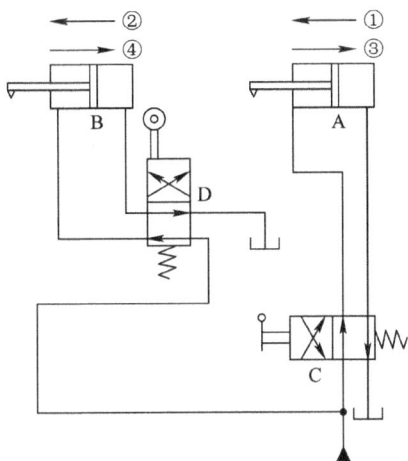

图 5-55 用行程阀控制的顺序动作回路

4. 实验步骤

(1) 按照实验回路图的要求,选取所需的液压元件并检查性能是否完好。

(2) 将检验后的液压元件安装在插件板的适当位置,通过快速接头和软管按回路要求连接。然后把相应的电磁换向阀插头插到输出孔内。

(3) 依照回路图,确认安装和连接正确。

(4) 放松溢流阀、启动泵,调节溢流阀的开口,使系统压力不超过 5 MPa;调节顺序阀的压力大小。

(5) 电磁换向阀通电换向,通过对电磁换向阀的控制就可以实现活塞的伸出和缩回。

(6) 通过调节溢流阀的压力大小就能控制整个回路的整体压力大小,同时也控制了活塞运动的速度。

(7) 实验完毕后,首先旋松回路中的溢流阀手柄,然后将泵关闭。

(8) 确认回路中的压力接近零后方可将胶管和元件取下,清理元件放入规定的抽屉内。

5.7.2 节能回路实验

节能回路的目的是提高能量的利用率,因而节能回路的功用就是要用最小的输入能量来完成一定的输出。

1. 实验器材

多个液压缸、多个溢流阀、管道、管接头、液压泵、液压马达、三位(或二位)四通电磁换向阀、顺序阀、压力继电器、行程开关、液压缸等。

2. 实验原理

1) 负载串联节能回路

图 5-56 所示为两负载串联节能回路。在该回路中,当各执行元件单独工作时,工作压力由各自的溢流阀调定。若同时工作,由于前一个回路的溢流阀受后一个回路的压力信号控制,泵转入叠加负载下工作,这时泵的流量只要满足流量大的那个执行元件即可,工作压力提高到接近泵的额定压力,提高了泵的运行效率。这种节能回路结构简单,且采用

定量泵供油，因而比较经济。由于负载叠加的缘故，两个执行元件的负载不能太大。

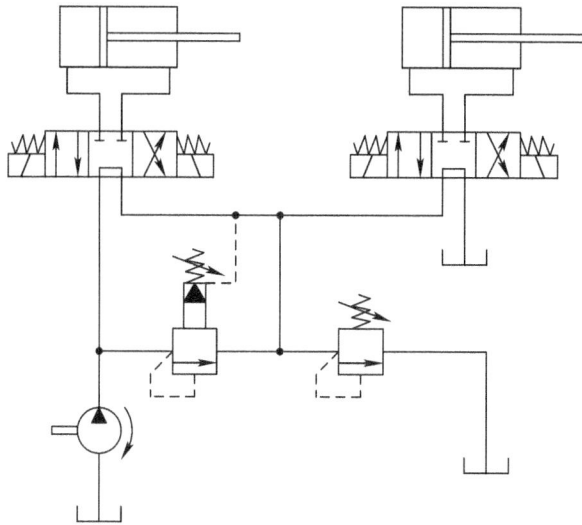

图 5-56   两负载串联节能回路

2）二次调节节能回路

二次调节（亦称次级调节）节能回路创新了常规的液压驱动系统——通过流量连接，即马达的输出转速、输出转矩、回转方向等性能参数取决于泵的能量供给、阀类的控制等状态，也就是通过直接或间接调节一次能量转换元件——液压泵来实现变换和控制的形式，使一次和二次能量转换器件之间通过压力来联通，液动机从集中液压能源系统中获取运转需要的相应能量。其输出性能的改变，主要是通过二次元件的调节来实现的。

如图 5-57 所示，带蓄能器的管路表示集中式液压源，附有变量调节缸 3 的变量液压马达 2 就是被驱动的二次能量转换元件。与液压马达同轴安装的双向计量泵 1 和变量调节缸 3 并联构成闭路，以便向变量机构反馈转速信号。液压马达的旋转方向由换向阀 4 切换变量机构来实现，进口节流阀 6 和背压阀 5 配合来实现液压马达速度的预选。当换向阀接通时，通过节流阀的液流同时进入双向计量泵和变量调节缸，当进入的流量与双向计量泵吸入和排出的流量不相适应时，这一流量差值使液压缸产生变量调节运动，直到节流阀设定的流量完全与双向计量泵需要相适应，变量动作才会终止，使液压马达保持在与节流阀调定流量相适应的转速下工作。

一旦有某种原因使液压马达的转速产生偏离，同轴驱动的双向计量泵就会感受到此速差，并将其转换成流量信号馈入液压缸，使二次元件液压马达的排量增大或减小，直到使实际输出的转速恢复到正常值。如果把二次元件的摆角偏转到负方向，还可借助能源系统的阻抗起制动作用，外载动能或位能就可回馈到能源系统中去，并储存在蓄能器中。

二次调节节能回路是按照需要从能源系统中获取能量的原则进行工作的，动力源无须通过控制环节而直接作用在二次调节元件上，在不需要输出转矩时，二次元件的变量摆角及所吸收的流量都会被自动地调节到近似零的值，故能获得最大限度的节能效果。采用这种调节回路时，多个彼此并联的执行元件能够在同一供压的回路中互不干扰地按自己需要的速度和转矩运行。

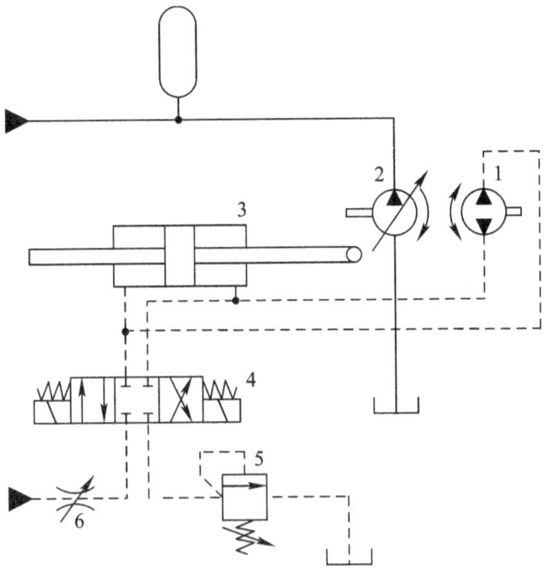

1—双向计量泵;
2—液压马达;
3—变量调节缸;
4—三位四通电磁换向阀;
5—背压阀;
6—节流阀。

图 5-57 二次调节节能回路

3. 实验报告

(1) 画出实验原理图。

(2) 写出负载串联节能回路实验结果。

(3) 写出二次调节节能回路实验结果。

4. 思考问题

(1) 节能回路是如何实现节能的?

(2) 如何创新设计其他节能回路?

习 题 5

5-1 液压控制阀的主要性能参数有哪些?液压系统对其有何基本要求?

5-2 什么是换向阀的"位"和"通"?换向阀有几种控制方式?

5-3 液压控制阀是如何进行分类的?

5-4 什么是换向阀的中位机能?说明"O""H""M""Y"型换向阀的功能和特点。

5-5 说明溢流阀、顺序阀和减压阀的异同点和各自的特点,并画出它们的符号图。

5-6 选择三位换向阀的中位机能时应考虑哪些问题?

5-7 节流口的形式有哪几种?各有什么特点?什么是节流口的阻塞现象?如何提高节流口的抗阻塞能力?为什么一般都采用薄壁小孔,而不用细长孔?

5-8 电液换向阀的结构特点有哪些?如何调节它的换向时间?

5-9 何谓节流阀的刚度?刚度与流量特性曲线有什么关系?如何提高节流阀的刚度?

5-10 按下列要求画出换向回路:

(1) 实现液压缸的左、右换向;

（2）实现单出杆液压缸的换向和差动连接；

（3）实现液压缸的左、右换向，并要求缸体在运动中能随时停止；

（4）实现液压缸的左、右换向，并要求液压缸在停止运动时，泵能够卸荷。

5-11 说明分流（集流）阀的工作原理和用途。

5-12 能否用两个二位三通换向阀替代一个二位四通换向阀实现液压缸左、右换向，绘图予以说明。

5-13 若将先导式溢流阀的远程控制口误当成泄漏口接回油箱，系统会出现什么问题？

5-14 当液压系统的压力低于溢流阀的调定压力时，系统压力取决于什么？

5-15 试述插装阀的工作原理及其用途。

5-16 什么是溢流阀的开启压力和调整压力？

5-17 如习题图5-1所示，简述电液数字控制阀的工作原理与结构组成。

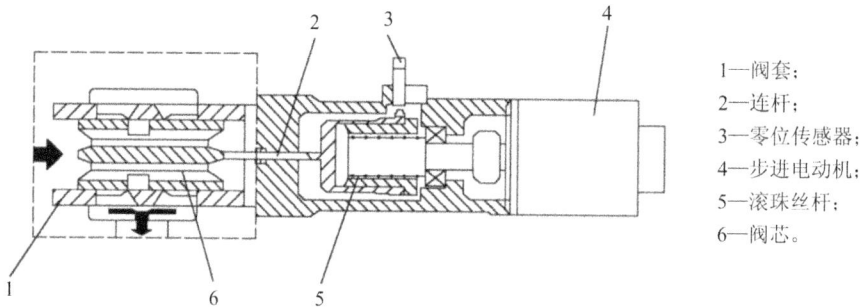

1—阀套；
2—连杆；
3—零位传感器；
4—步进电动机；
5—滚珠丝杆；
6—阀芯。

习题图5-1

5-18 溢流阀在液压系统中有何功用？

5-19 电液比例控制阀的性能参数有哪些？

5-20 减压阀的出口压力取决于什么？其出口压力为定值的条件是什么？

5-21 如习题图5-2所示的回路中，减压阀调定压力为 p_J，溢流阀调定压力为 p_Y，负载压力为 p_L，试分析下述各种情况下，减压阀进、出口压力的关系及减压阀口的开启状况：

（1）$p_Y < p_J$，$p_J > p_L$；（2）$p_Y > p_J$，$p_J > p_L$；（3）$p_Y < p_J$，$p_J = p_L$；（4）$p_Y < p_J$，$p_L = \infty$。

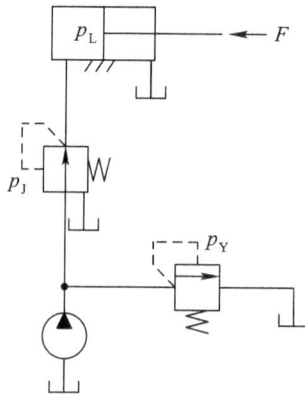

习题图5-2

5-22　减压阀的出口被堵上后,减压阀处于何种状态?

5-23　如习题图 5-3 所示的系统中,已知两溢流阀的调定压力分别为 $p_{Y1}=5$ MPa, $p_{Y2}=2$ MPa,试确定当活塞分别向左和向右运动时,液压泵可能达到的最大工作压力各是多少?

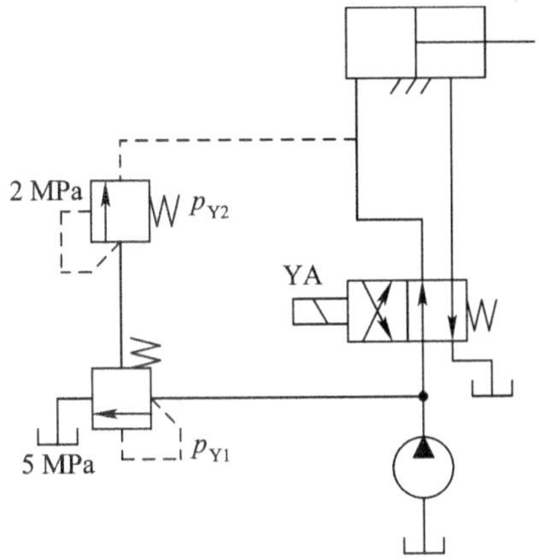

习题图 5-3

5-24　当减压阀的进、出口接反了会出现什么问题?

5-25　顺序阀的调定压力与进出口压力之间有何关系?

5-26　如习题图 5-4 所示的两个减压阀串联,它们的调定压力分别为 $p_{J1}=3.5$ MPa, $p_{J2}=2$ MPa,溢流阀调定压力 $p_Y=4.5$ MPa。活塞运动时,负载力 $F=1200$ N,活塞面积 $A_1=15$ cm²,不计减压阀全开时的局部损失及管路损失。试确定:

(1) 活塞在运动时和到达终端位置时,A、B、C 各点处的压力;

(2) 若负载力增加到 $F=4200$ N,所有阀门的调定压力仍为原来数值,这时 A、B、C 各点处的压力。

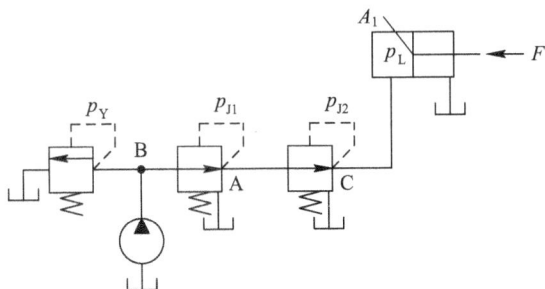

习题图 5-4

5-27　压力继电器的功用是什么?压力继电器在液压系统中应安装在什么位置处?

5-28　如习题图 5-5 所示的液压系统中,液压缸活塞直径 $D=100$ mm,活塞杆直径 $d=70$ mm,活塞重量及负载 $F_G=10\ 000$ N。提升时要求在 0.15 s 内均匀地达到稳定上升速度 $v=6$ m/min,停止时活塞不能下落。如不计损失,试确定溢流阀及顺序阀的调定压力。

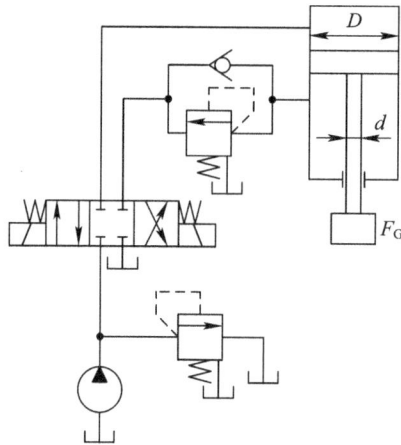

习题图 5-5

5-29 如习题图 5-6 所示的液压回路中,已知溢流阀的调定压力为 5 MPa,顺序阀的调定压力为 3.0 MPa,液压缸 1 的有效面积 $A_1=50\ cm^2$,负载 $F=10\ 000\ N$。若管路压力损失忽略不计,当两换向阀处于图示位置时,试求:(1)液压缸 1 活塞运动时 A、B 两处的压力;(2)液压缸 1 活塞运动到终端后,A、B 两处的压力;(3)当负载 $F=20\ 000\ N$ 时,A、B 两处的压力。

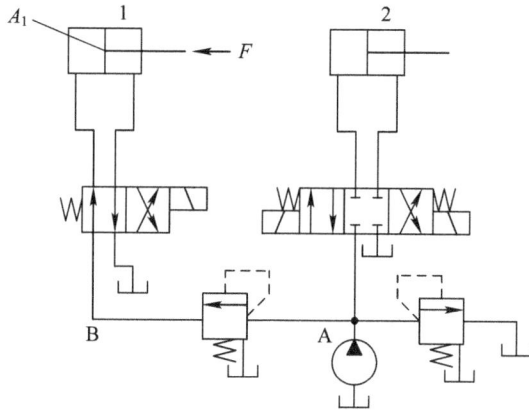

习题图 5-6

5-30 如习题图 5-7 所示的液压系统中,液压缸的有效面积 $A_1=A_2=100\ cm^2$,缸 I 负载 $F=35\ 000\ N$,缸 II 运动时负载为零。溢流阀、顺序阀和减压阀的调定压力分别为 4 MPa、3 MPa 和 2 MPa。如不计摩擦阻力、惯性力和管路损失,求在如下 3 种工况下 A、B、C 点的压力:

(1)液压泵启动后,两换向阀处于中位;

(2)1YA 通电,液压缸 I 活塞运动时及活塞运动到终端后;

(3)1YA 断电,2YA 通电,液压缸 II 活塞运动时及活塞碰到固定挡块时。

5-31 当节流阀中的弹簧失效后,对调节输出流量有何影响?

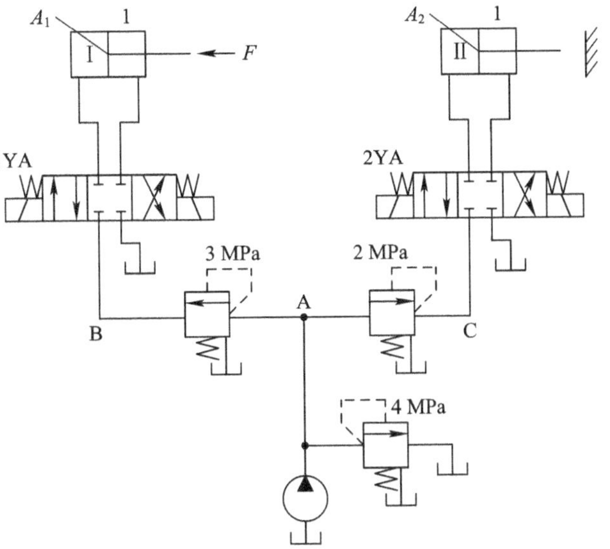

习题图 5-7

5-32　试根据调速阀的工作原理进行分析，调速阀进、出油口能否反接？进、出油口反接后将会出现怎样的情况？

第6章 液压辅助元件

液压辅助元件有过滤器、蓄能器、管件、密封件、油箱和热交换器等,除油箱通常需要自行设计外,其余皆为标准件。液压辅助元件和液压元件一样,都是液压系统中不可缺少的组成部分。它们对系统的性能、效率、温升、噪声和寿命的影响不亚于液压元件本身,必须加以重视。

6.1 过 滤 器

1. 过滤器的功用

液压系统使用前因清洗不好,残留的切屑、焊渣、型砂、涂料、尘埃、棉丝,加油时混入的及油箱和系统密封不良进入的杂质等外部污染和油液氧化变质的析出物混入油液中,会引起系统中相对运动零件表面磨损、划伤甚至卡死,还会堵塞控制阀的节流口和管路小口,使系统不能正常工作。因此,清除油液中的杂质,使油液保持清洁是确保液压系统能正常工作的必要条件。

通常,油液利用油箱结构先沉淀,再采用过滤器进行过滤。

2. 过滤器的安装

过滤器又称滤油器,一般安装在液压泵的吸油口、压油口及重要元件的前面。通常,液压泵吸油口安装粗过滤器,压油口与重要元件前安装精过滤器,安装在系统不同位置的过滤器其要求也不同。

(1) 安装在液压泵的吸油管路上(如图 6-1 中的粗过滤器 1),可保护泵和整个系统。要求有较大的通流能力(不得小于泵额定流量的两倍)和较小的压力损失(不超过 0.02 MPa),以免影响液压泵的吸入性能。为此,一般多采用过滤精度较低的网式过滤器。

(2) 安装在液压泵的压油管路上(如图 6-1 中的精过滤器 2),用以保护除泵和溢流阀以外的其他液压元件。要求过滤器具有足够的耐压性能,同时压力损失应不超过 0.36 MPa。为防止过滤器堵塞时引起液压泵过载或滤芯损坏,应将过滤器安装在与溢流阀并联的分支油路上,或与过滤器并联一个开启压力略低于过滤器最大允许压力的安全阀。

(3) 安装在系统的回油管路上(如图 6-1 中的精过滤器 3),不能直接防止杂质进入液压系统,但能循环地滤除油液中的部分杂质。这种方式过滤器不承受系统工作压力,可以使用耐压性能低的过滤器。为防止过滤器堵塞引起事故,也需并联安全阀。

(4) 安装在系统旁油路上(如图 6-1 中的精过滤器 4),通常装在溢流阀的回油路,并与一安全阀相并联。这种方式下滤油器不承受系统工作压力,又不会给主油路造成压力损失,一般只通过泵的部分流量(20%~30%),可采用强度低、规格小的过滤器。但过滤效

1—粗过滤器；2、3、4、5—精过滤器。

图 6-1　过滤器安装

果较差，不宜用在要求较高的液压系统中。

（5）安装在单独过滤系统中（如图 6-1 中的精过滤器 5），它是用一个专用液压泵和过滤器单独组成一个独立于主液压系统之外的过滤回路。这种方式可以经常清除系统中的杂质，但需要增加设备，适用于大型机械的液压系统。

3. 过滤器的类型

常用的过滤器有网式、线隙式、烧结式、纸芯式和磁性过滤器等多种类型。

1）网式过滤器

网式过滤器为周围开有很大窗口的金属或塑料圆筒，外面包着一层或两层方格孔眼的铜丝网。如图 6-2 所示，这种过滤器没有外壳，结构简单，通油能力大，但过滤效果差，通常用于液压泵的吸油口。

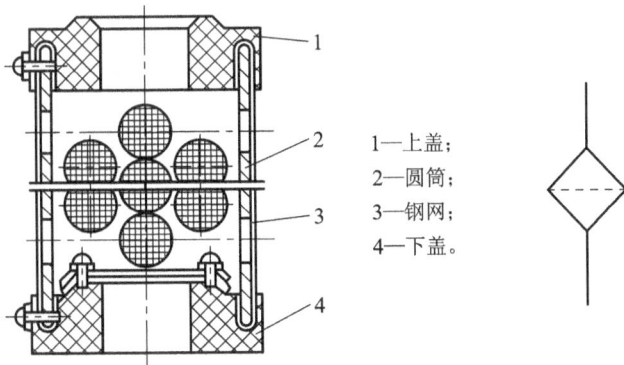

1—上盖；

2—圆筒；

3—钢网；

4—下盖。

图 6-2　网式过滤器

2）线隙式过滤器

线隙式过滤器是用金属线（铜线或铝线）绕在筒形芯架外部，利用线间的缝隙过滤油液。如图6-3所示，芯架2上开有许多纵向槽a和径向孔b，油液从金属线3的缝隙中进入槽a，再经孔b进入过滤器内部，然后从端盖1中间的孔进入吸油管路。这种过滤器结构简单，通油能力强，过滤效果好，但不易清洗，一般用于低压系统液压泵的吸油口。

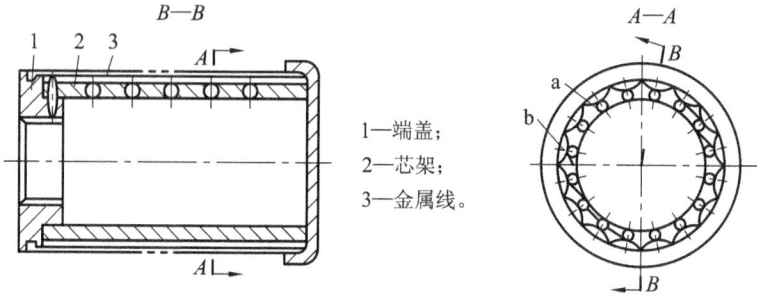

1—端盖；
2—芯架；
3—金属线。

图6-3　线隙式过滤器

图6-4所示为带有壳体的线隙式过滤器，可用于压力油路。

3）烧结式过滤器

烧结式过滤器的滤芯一般由金属粉末（颗粒状的锡青铜粉末）压制后烧结而成，通过金属粉末颗粒间的孔隙过滤油液中的杂质。滤芯可制成板状、管状、杯状、碟状等。图6-5所示为管状烧结式过滤器，油液从壳体2左侧的a孔进入，经滤芯3过滤后，从底部b孔流出。烧结式过滤器强度高，耐高温，抗腐蚀性强，过滤效果好，可在压力较大的条件下工作，是一种使用广泛的精过滤器。其缺点是通油能力低，压力损失较大，堵塞后清洗比较困难，烧结颗粒容易脱落等。

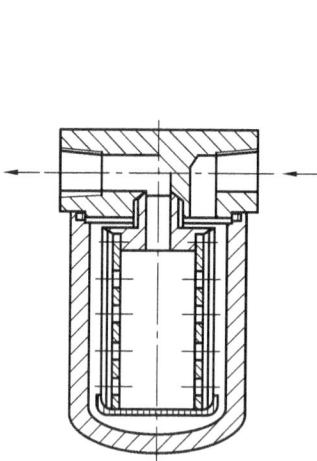

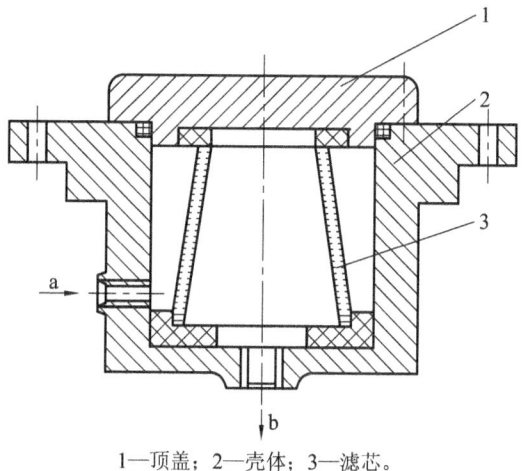

1—顶盖；2—壳体；3—滤芯。

图6-4　带有壳体的线隙式过滤器

图6-5　烧结式过滤器

4）纸芯式过滤器

纸芯式过滤器是利用微孔过滤纸滤除油液中的杂质的。如图6-6所示，纸芯1一般做成折叠形，以增大过滤面积，在纸芯内部有带孔的芯架2，用来增加强度，以免纸芯被压力油压破。油液从滤芯外部进入滤芯内部，被过滤后从孔a流出。

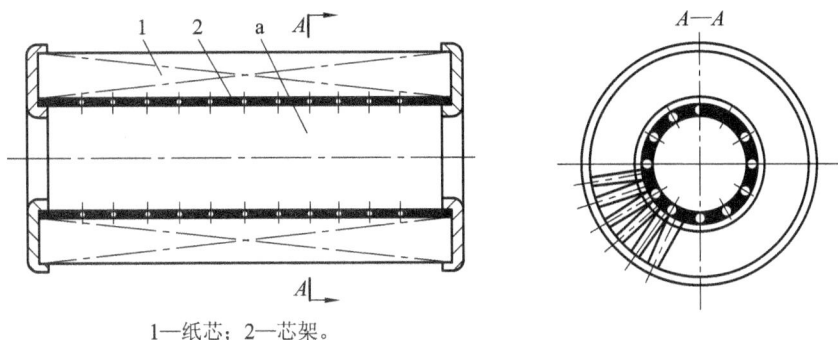

1—纸芯；2—芯架。

图 6-6　纸芯式过滤器

纸芯式过滤器过滤精度高，但通油能力低，易堵塞，不能清洗，纸芯需要经常更换，主要用于低压小流量的精过滤。

5) 磁性过滤器

磁性过滤器用于过滤油液中的铁屑。简单的磁性过滤器可以用几块磁铁组成。

4. 过滤器故障分析与排除

不干净的污物进入液压系统会造成许多故障，因此控制油的污染极为重要，而过滤器就承担着净化油液的重要任务。

1) 滤芯变形破坏

滤芯变形破坏包括滤芯的变形、弯曲、凹陷、压扁与冲破等。

原因分析：一是滤芯在工作中被污染严重阻塞而未得到及时清洗，流进与流出滤芯的压差增大，使滤芯的强度不够而导致滤芯变形破坏；二是过滤器选用不当，超过了其允许的最高工作压力。

例如同为纸质过滤器，型号为 ZU-100×202 的额定压力为 6.3 MPa，而型号为 ZU-H100×202(H 表示高压)额定压力可达 32 MPa。如果将前者用于压力为 20 MPa 的液压系统中，滤芯必定被击穿而破坏。在装有高压蓄能器的液压系统中使用纸芯过滤器，由于蓄能器发生故障，而使油液反灌到纸芯过滤器中，从而冲坏过滤器滤芯。

排除方法：及时定期检查清洗过滤器，正确选用过滤器；选用纸芯过波器时，其强度、耐压能力一定要与所用过滤器的种类和符号相符。

2) 过滤器脱焊

对金属网状过滤器，当环境温度高或过滤器处的局部油温过高，超过或接近焊料熔点温度时，再加上原来焊接不牢和油液的冲击，就会造成脱焊。对于此种情况，可将金属网的焊料由锡铅焊料(熔点为 183℃)改为银焊料或银镉焊料，它们的熔点大为提高(235～300℃)。

3) 过滤器掉粒

过滤器掉粒多发生在金属粉末烧结式过滤器中，脱落颗粒进入系统后，堵塞节流孔，卡死阀芯。其原因是烧结粉末滤芯质量不佳。所以要选用检验合格的烧结式过滤器。

4) 过滤器堵塞

滤芯表面会逐渐纳垢，造成堵塞是正常现象。此处所说的堵塞是指导致液压系统产生故障的严重堵塞。过滤器堵塞后，至少会造成泵吸油不良、泵产生噪声、系统无法吸进足够的油液而处于低压等。

过滤器堵塞后清洗方法如下：

（1）用各种溶剂清洗。用三氯化乙烯、油漆稀释剂、甲苯、汽油和四氯化碳清洗。清洗完后，要及时用清水冲洗干净，以便及时清除溶剂。

（2）用物理方法清洗。

① 用毛刷清洗。用柔软毛刷除去滤芯的污垢，有时要与溶剂清洗相结合。

② 超声波清洗。超声波作用在清洗液中可将滤芯上的污垢除去，但滤芯是多孔物质，有吸收超声波的性质，可能会影响清洗效果。

③ 加热挥发法。过滤器上的积垢也可用加热的方法除去，在加热时不能使滤芯内部残存有炭灰及固体附着物。

④ 用压缩空气吹出。在滤垢积层反面用压缩空气吹出积垢。

5）带堵塞指示发信装置过滤器堵塞后不发信号

如果过滤器装在吸油管上，则泵不进油；如果过滤器装在压油管上，则可能造成管路破损、元件损坏，甚至使液压系统不能正常工作，失去液压系统的保护功能。

6）带旁通阀过滤器故障

这类故障主要有密封圈破损、弹簧拆断、旁通阀阀芯锥面不密合、卡死在关阀位置等。当出现此类问题时，必须拆开过滤器更换零件。

6.2 蓄 能 器

蓄能器是液压系统中的储能元件，它能储存多余的压力油液，并在系统需要时释放。

6.2.1 蓄能器的作用、类型及其结构

1. 蓄能器的作用

蓄能器的主要作用表现在以下几个方面。

1）辅助动力源

在间歇工作或实现周期性动作循环的液压系统中，蓄能器可以把液压泵输出的多余压力油储存起来。当系统需要时，由蓄能器释放出来。这样可以减少液压泵的额定流量，从而减少电动机功率消耗，降低液压系统温升。

2）系统保压或作紧急动力源

对于执行元件长时间不动作，而要保持恒定压力的系统，可用蓄能器来补偿泄漏，从而使压力恒定。对某些系统要求当泵发生故障或停电，执行元件应继续完成必要的动作时，需要有适当容量的蓄能器作紧急动力源。

3）吸收系统脉动，缓和液压冲击

蓄能器能吸收系统压力突变时的冲击，如液压泵突然启动或停止，液压阀突然关闭或开启，液压缸突然运动或停止。蓄能器也能吸收液压泵工作时的流量脉动所引起的压力脉动，相当于油路中的平滑滤波，这时需在泵的出口处并联一个反应灵敏而惯性小的蓄能器。

2. 蓄能器的结构形式

图 6-7 所示为蓄能器的结构形式，通常有重力式、弹簧式和充气式等几种。目前常用的是利用气体压缩和膨胀来储存、释放液压能的充气式蓄能器。

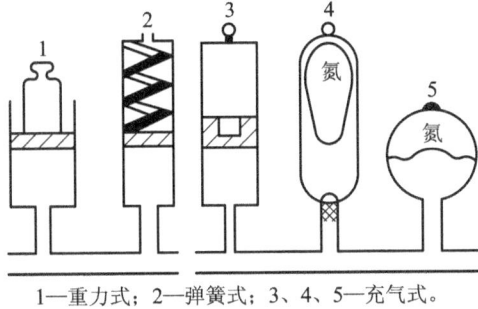

1—重力式；2—弹簧式；3、4、5—充气式。

图 6-7　蓄能器的结构形式

1）活塞式蓄能器

活塞式蓄能器中的气体和油液由活塞隔开，如图 6-8 所示。活塞 2 的上部为气体 1，气体由液压瓶 3 的下口充入，活塞 2 随下部压力油的储存和释放而在缸筒内来回滑动。这种蓄能器结构简单、寿命长，主要用于大体积和大流量的情况。但因活塞有一定的惯性和 O 形密封圈存在较大的摩擦力，所以反应不够灵敏。

2）气囊式蓄能器

气囊式蓄能器中气体和油液用气囊隔开，如图 6-9 所示。气囊用耐油橡胶制成，固定在耐高压的壳体的上部，气囊内充入惰性气体，壳体下端的进油阀是由弹簧加载的菌形阀，压力油由此通入，并能在油液全部排出时，防止气囊膨胀挤出油口。这种结构使气液密封可靠，并且因气囊惯性小而克服了活塞式蓄能器响应慢的弱点。因此，它的应用范围非常广泛，但是工艺性较差。

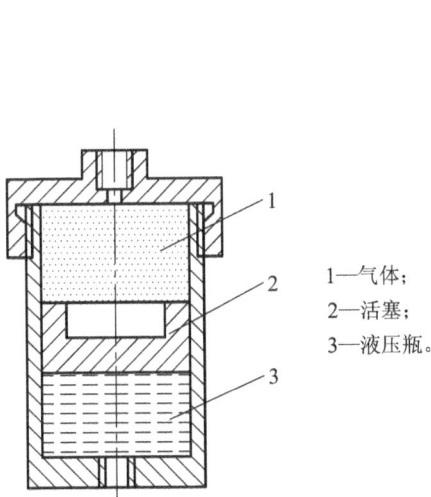

1—气体；
2—活塞；
3—液压瓶。

图 6-8　活塞式蓄能器

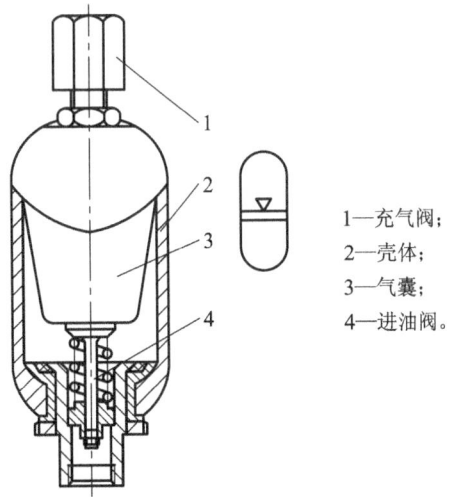

1—充气阀；
2—壳体；
3—气囊；
4—进油阀。

图 6-9　气囊式蓄能器

3）薄膜式蓄能器

薄膜式蓄能器利用薄膜的弹性来储存、释放压力能，主要用于体积和流量较小的情况，如用作减振器、缓冲器等。

4）弹簧式蓄能器

弹簧式蓄能器利用弹簧的压缩和伸长来储存、释放压力能，它的结构简单，反应灵敏，但容量小，可用于小容量、低压回路起缓冲作用，不适用于高压或高频的工作场合。

5）重力式蓄能器

重力式蓄能器主要用于冶金等大型液压系统的恒压供油，其缺点是反应慢，结构庞大，现在已很少使用。

6.2.2 蓄能器的参数计算

容量是选用蓄能器的依据，其大小视用途而异，现以气囊式蓄能器为例加以说明。

1. 作辅助动力源时的容量计算

当蓄能器作辅助动力源时，蓄能器储存和释放的压力油容量和气囊中气体体积的变化量相等，而气体状态的变化遵守玻义耳定律，即

$$p_0 V_0^n = p_1 V_1^n = p_2 V_2^n \qquad (6-1)$$

式中：p_0 为气囊的充气压力；V_0 为气囊充气的体积，由于此时气囊充满壳体内腔，故 V_0 亦即蓄能器容量；p_1 为系统最高工作压力，即泵对蓄能器充油结束时的压力；V_1 为气囊被压缩后相应于 p_1 时的气体体积；p_2 为系统最低工作压力，即蓄能器向系统供油结束时的压力；V_2 为气体膨胀后相应于 p_2 时的气体体积。

体积差 $\Delta V = V_2 - V_1$ 为供给系统油液的有效体积，将它代入式（6-1），便可求得蓄能器容量 V_0，即

$$V_0 = \left(\frac{p_2}{p_0} \right)^{\frac{1}{n}} V_2 = \left(\frac{p_2}{p_0} \right)^{\frac{1}{n}} (V_1 + \Delta V) = \left(\frac{p_2}{p_0} \right)^{\frac{1}{n}} \left[\left(\frac{p_0}{p_1} \right)^{\frac{1}{n}} V_0 + \Delta V \right]$$

由上式得

$$V_0 = \frac{\Delta V \left(\dfrac{p_2}{p_0} \right)^{\frac{1}{n}}}{1 - \left(\dfrac{p_2}{p_1} \right)^{\frac{1}{n}}} \qquad (6-2)$$

充气压力 p_0 在理论上可与 p_2 相等，但是为保证在 p_2 时蓄能器仍有能力补偿系统泄漏，则应使 $p_0 < p_2$，一般取 $p_0 = (0.8 \sim 0.85) p_2$，如已知 V_0，也可反过来求出储能时的供油体积，即

$$\Delta V = V_0 p_0^{\frac{1}{n}} \left[\left(\frac{1}{p_2} \right)^{\frac{1}{n}} - \left(\frac{1}{p_1} \right)^{\frac{1}{n}} \right] \qquad (6-3)$$

在以上各式中，n 是与气体变化过程有关的指数。当蓄能器用于保压和补充泄漏时，气体压缩过程缓慢，与外界热交换得以充分进行，可认为是等温变化过程，取 $n=1$；当蓄能器作辅助或应急动力源时，释放液体的时间短，气体快速膨胀，热交换不充分，这时可视为绝热过程，取 $n=1.4$。在实际工作中，气体状态的变化在绝热过程和等温过程之间，因此，$n=1 \sim 1.4$。

2．用于吸收冲击时的容量计算

当蓄能器用于吸收冲击时，其容量的计算与管路布置、液体流态、阻尼及泄漏大小等因素有关，准确计算比较困难。一般按经验公式计算缓冲最大冲击力时所需要的蓄能器最小容量，即

$$V_0 = \frac{0.004qp_1(0.0164L-t)}{p_1-p_2} \qquad (6-4)$$

式中：p_1 为允许的最大冲击（kgf/cm^2）；p_2 为阀口关闭前管内压力（kgf/cm^2）；V_0 为用于缓冲冲击的蓄能器的最小容量（L）；L 为发生冲击的管道长度，即压力油源到阀口的管道长度（m）；t 为阀口关闭的时间（s），突然关闭时取 $t=0$。

6.2.3 蓄能器的安装、使用与维护

蓄能器的安装、使用与维护应注意的事项如下：

（1）蓄能器作为一种压力容器，选用时必须采用有完善质量体系保证并取得有关部门认可的产品。

（2）选择蓄能器时必须考虑与液压系统工作介质的相容性。

（3）气囊式蓄能器应垂直安装，油口向下，否则会影响气囊的正常收缩。

（4）蓄能器用于吸收液压冲击和压力脉动时，应尽可能安装在振动源附近；用于补充泄漏，使执行元件保压时，应尽量靠近该执行元件。

（5）安装在管路中的蓄能器必须用支架或支承板加以固定。

（6）蓄能器与管路之间应安装截止阀，以便于充气检修；蓄能器与液压泵之间应安装单向阀，以防止液压泵停车或卸载时，蓄能器内的液压油倒流回液压泵。

6.3 油　箱

1．油箱的功用和结构

1）油箱的功用

油箱的功用主要是储存油液，此外还有散发油液中的热量（在周围环境温度较低的情况下则是保持油液中热量）、沉淀油液中的杂质、释出混在油液中的气体等作用。油箱有开式、隔离式和压力式三种。开式油箱液面直接和大气相通。

2）油箱的结构

油箱的容积决定了散热面积和储热量的大小，故对工作的温度影响很大。开式油箱如图 6-10 所示。油箱内部用隔板 7、9 将吸油管 1 与回油管 4 隔开。顶部、侧部和底部分别装有滤油网 2、油位计 6 和排放污油的放油阀 8。安装液压泵及其驱动电动机的安装板 5 则固定在油箱顶面上。

此外，近年来又出现了充气式的闭式油箱，它不同于开式油箱之处，在于油箱是整个封闭的，顶部有一充气管，可送入 0.05～0.07 MPa 过滤纯净的压缩空气。空气或者直接与油液接触，或者被输入到蓄能器式的气囊内不与油液接触。这种油箱的优点是改善了液压泵的吸油条件，但它要求系统中的回油管、泄油管承受背压。油箱本身还需配置安全阀、

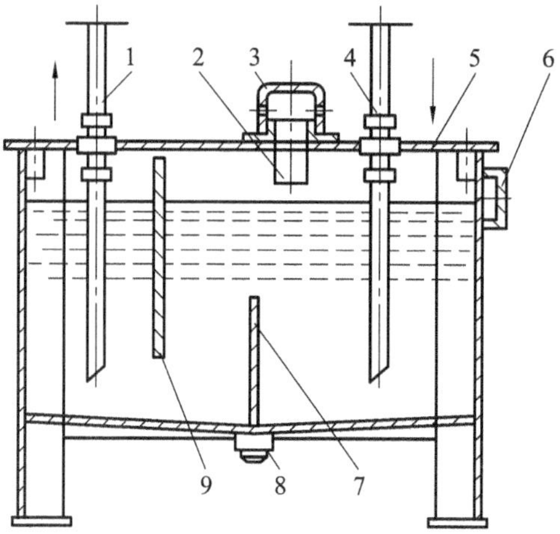

1—吸油管；
2—滤油网；
3—盖；
4—回油管；
5—安装板；
6—油位计；
7、9—隔板；
8—放油阀。

图 6-10 开式油箱

电接点压力表等元件以稳定充气压力，因此它只在特殊场合下使用。

2. 注意事项

（1）油箱的容积必须保证在设备停止运转时，系统中的油液在自重作用下能全部返回油箱。为了能很好地沉淀杂质和分离空气，油箱的有效容积（油面高度为油箱高度 80% 时的容积）应根据液压系统发热、散热平衡的原则来计算，这项计算在系统负载较大、长期连续工作时是必不可少的。但对于一般情况来说，油箱的有效容积可以按液压泵的额定流量估计出来。

在系统充满油液时，油箱要保证吸油管不吸入空气，即液面不要太低。

（2）吸油管和回油管应尽量相距远些，两管之间要用隔板隔开，以增加油液循环距离，使油箱中的油液有足够的时间分离气泡、沉淀杂质、消散热量。隔板高度最好为箱内油面高度的 3/4。吸油管入口处要装粗滤油器。精滤油器与回油管管端在油面最低时仍应没在油中，防止吸油时卷吸空气或回油冲入油箱时搅动油面而混入气泡。回油管管端宜斜切45°，以增大出油口截面积，减慢出油口处的油流速度，此外，应使回油管斜切口面对箱壁，以利于油液散热。当回油管排回的油量很大时，宜使出油口处高出油面，向一个带孔或不带孔的斜槽（倾角为 5°～15°）排油，一方面减慢流速，另一方面排出油液中的空气。减慢回油流速、减少回油的冲击搅拌作用。泄油管管端亦可斜切并面壁，但不可没入油中。

管端与箱底、箱壁间的距离均不宜小于管径的 3 倍。粗滤油器距箱底不应小于 20 mm。

（3）为了防止油液污染，油箱上各盖板、管口处都要妥善密封。注油器上要加滤油网。防止油箱出现负压，通气孔上需装空气滤清器。空气滤清器的容量至少应为液压泵额定流量的 2 倍。油箱内回油集中部分及清污口附近宜装设一些磁性块，以去除油液中的铁屑和带磁性颗粒。

（4）为了易于散热和便于对油箱进行搬移及维护保养，按 GB/T 3766—2015《液压-传动系统及其元件的通用规则和安全要求》规定，箱底离地至少应在 150 mm 以上。箱底应适当倾斜，在最低部位处设置放油阀，以便排放污油。按照 GB/T 3766—2015 规定，箱体上注油口的近旁必须设置液位计。滤油器的安装位置应便于装拆。箱内各处应便于清洗。

（5）油箱中如要安装热交换器，必须考虑好它的安装位置，以及测温、控制等措施。

（6）分离式油箱一般用 2.5～4 mm 钢板焊成。箱壁越薄，散热越快。有资料建议 100 L 容量的油箱箱壁厚度取 1.5 mm，400 L 以下的取 3mm，400 L 以上的取 6 mm，箱底厚度应大于箱壁，箱盖厚度应为箱壁的 4 倍。大尺寸油箱要加焊角板、筋条，以增加刚性。当液压泵及其驱动电动机和其他液压件都要装在油箱上时，油箱顶盖要相应加厚。

（7）油箱内壁应涂上耐油防锈的涂料。外壁如涂上一层极薄的黑漆（厚度不超过 0.025 mm）会有很好的辐射冷却效果。铸造的油箱内壁一般只进行喷砂处理，不涂漆。

6.4　热交换器

液压系统的工作温度一般希望保持在 30～50℃ 的范围之内，最高不超过 65℃，最低不低于 15℃。液压系统如依靠自然冷却仍不能使油温控制在上述范围内时，就需要安装冷却器；反之，如环境温度太低无法使液压泵启动或正常运转时，就需要安装加热器。

1. 冷却器

在液压系统中，最简单的冷却器是蛇形管冷却器（见图 6-11），它直接装在油箱内，冷却水从蛇形管内部通过，带走油液中的热量。这种冷却器结构简单，但冷却效率低，耗水量大。

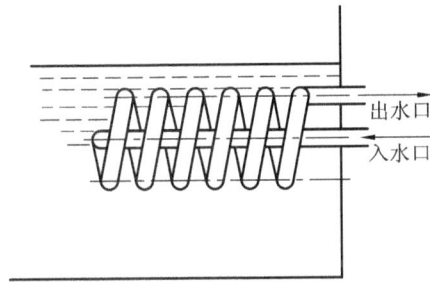

图 6-11　蛇形管冷却器

液压系统中用得较多的冷却器是强制对流式多管式冷却器（见图 6-12）。油液从进油口 5 流入，从出油口 3 流出；冷却水从进水口 7 流入，通过多根水管后由出水口 1 流出。油液在水管外部流动时，它的行进路线因冷却器内设置了隔板而加长，因而增强了热交换效果。近年来出现了一种翅片管式冷却器，水管外面增加了许多横向或纵向的散热翅片，大大扩大了散热面积，增强了热交换效果。图 6-13 所示为翅片管式冷却器的一种形式，它是在圆管或椭圆管外嵌套上许多径向翅片，其散热面积可达光滑管的 8～10 倍。椭圆管的散热效果一般比圆管更好。

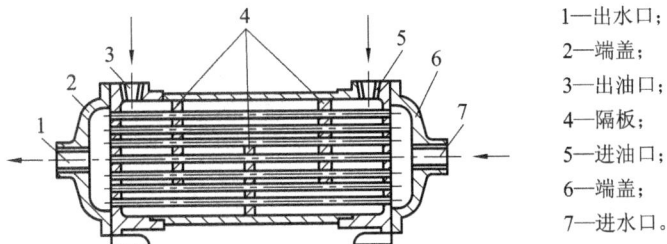

1—出水口；
2—端盖；
3—出油口；
4—隔板；
5—进油口；
6—端盖；
7—进水口。

图 6-12　强制对流式多管式冷却器

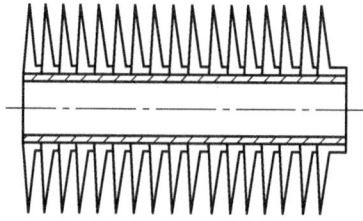

图 6－13　翅片管式冷却器

液压系统也可以用汽车上的风冷式散热器来进行冷却。这种用风扇鼓风带走流入散热器内油液热量的装置不需要另设通水管路，结构简单，价格低廉，但冷却效果较水冷式差。

冷却器一般应安装在回油管或低压管路上。如溢流阀的出口、系统的主回流路上或单独的冷却系统。冷却器所造成的压力损失一般为 0.01～0.1 MPa。

2. 加热器

液压系统的加热常采用结构简单、能按需要自动调节最高和最低温度的电加热器。这种加热器的安装方式是用法兰盘横装在箱壁上，发热部分全部浸在油液内。加热器应安装在箱内油液流动处，以有利于热量的交换。由于油液是热的不良导体，单个加热器的功率容量不能太大，以免其周围油液过度受热后发生变质现象。

6.5　管　件

1. 油管

液压系统中使用的油管种类很多，有钢管、铜管、尼龙管、塑料管、橡胶管等，须按照安装位置、工作环境和工作压力来正确选用。油管的特点及其适用范围如表 6－1 所示。

表 6－1　液压系统中使用的油管

种类		特点和适用范围
硬管	钢管	能承受高压，价格低廉，耐油，抗腐蚀，刚性好，但装配时不能任意弯曲；常在装拆方便处用作压力管道，中、高压用无缝管，低压用焊接管
	紫铜管	易弯曲成各种形状，但承压能力一般为 6.5～10 MPa，抗振能力较弱，又易使油液氧化；通常用在液压装置内配接不便之处
软管	尼龙管	乳白色半透明，加热后可以随着弯曲成形或扩口，冷却后又能定形不变，承压能力因材质而异，2.5～8 MPa 不等
	塑料管	质轻耐油，价格便宜，装配方便，但承压能力低，长期使用会变质老化，只宜用作压力低于 0.5 MPa 的回油管、泄油管等
	橡胶管	高压管由耐油橡胶加几层钢丝纺织网制成，钢丝网层数越多，耐压越高，价昂，用作中、高压系统中两个相对运动件之间的压力管道，低压管由耐油橡胶夹帆布制成，可用作回油管道

油管的规格尺寸(管道内径和壁厚)可由式(6-5)、式(6-6)算出 d、δ 后,查阅有关的标准选定。

$$d = 2\sqrt{\frac{q}{\pi v}} \qquad (6-5)$$

$$\delta = \frac{pdn}{2\sigma_b} \qquad (6-6)$$

式中,d 为油管内径;q 为管内流量;v 为管中油液的流速,吸油管取 $0.5\sim1.5$ m/s,高压管取 $2.5\sim5$ m/s(压力高的取大值,压力低的取小值,例如,压力在 6 MPa 以上的取 5 m/s,在 $3\sim6$ MPa 的取 4 m/s,在 3 MPa 以下的取 $2.5\sim3$ m/s;管道较长的取小值,较短的取大值;油液黏度大时取小值),回油管取 $1.5\sim2.5$ m/s,短管及局部收缩处取 $5\sim7$ m/s;δ 为油管壁厚;p 为管内工作压力;n 为安全系数,对钢管来说,$p<7$ MPa 时取 $n=8$,7 MPa$<p<17.5$ MPa 时取 $n=6$,$p>17.5$ MPa 时取 $n=4$;σ_b 为管道材料的抗拉强度。

油管的管径不宜选得过大,以免使液压装置的结构庞大;但也不能选得小,以免使管内液体流速加大,系统压力损失增加或产生振动和噪声,影响正常工作。

在保证强度的情况下,管壁尽量选得薄些。薄壁易于弯曲,规格较多,装接较易,采用它可减少管系接头数目,有助于解决系统泄漏问题。

2. 接头

管接头是油管与油管、油管与液压件之间的可拆式连接件,它必须具有装拆方便、连接牢固、密封可靠、外形尺寸小、通流能力大、压降小、工艺性好等各项条件。

管接头的种类很多,其规格品种可查阅有关手册。液压系统中常用的管接头如表 6-2 所示。管路旋入端用的连接螺纹采用国家标准米制锥螺纹(ZM)和普通细牙螺纹(M)。锥螺纹依靠自身的锥体旋紧和采用聚四氟乙烯等进行密封,广泛用于中、低压液压系统;细牙螺纹密封性好,常用于高压系统,但要采用组合垫圈或 O 形密封圈进行端面密封,有时也可用紫铜垫圈。

表 6-2　液压系统中常用的管接头

名称	结构简图	特点和说明
焊接式管接头	 球形头	(1) 连接牢固,利用球面进行密封,简单可靠; (2) 焊接工艺必须保证质量,必须采用厚壁钢管,装拆不便
卡套式管接头	 油管　卡套	(1) 用卡套卡住油管进行密封,轴向尺寸要求不严,装拆简便; (2) 对油管径向尺寸精度要求较高,为此要采用冷拔无缝钢管

名称	结构简图	特点和说明
扩口式管接头	油管　管套	（1）用油管管端的扩口在管套的压紧下进行密封，结构简单； （2）适用于钢管、薄壁钢管、尼龙管和塑料管等低压管道的连接
扣压式管接头		（1）用来连接高压软管； （2）在中、低压系统中应用
固定铰接管接头	螺钉 组合垫圈 接头体 组合垫圈	（1）是直角接头，优点是可以随意调整布管方向，安装方便，所占空间小； （2）接头与管子的连接方法，除本图卡套式外，还可用焊接式； （3）中间有通油孔的固定螺钉把两个组合垫圈压紧在接头体上进行密封

　　液压系统中的泄漏问题大部分都出现在管系中的接头上，为此对管材的选用、接头形式的确定（包括接头设计、垫圈、密封、箍套、防漏涂料的选用等）、管系的设计（包括弯管设计、管道支承点和支承形式的选取等）及管道的安装（包括正确的运输、储存、清洗、组装等）都要审慎从事，以免影响整个液压系统的使用质量。

　　国外对管子材质、接头形式和连接方法的研究工作从未间断。最近出现一种用特殊的镍钛合金制造的管接头，它能使低温下受力后发生的变形在升温时消除，即把管接头放入液氮中用芯棒扩大其内径，然后取出来迅速套装在管端上，便可使它在常温下得到牢固、紧密的结合。这种"热缩"式连接已在航空和其他一些加工行业中得到了应用，它能保证在40～55 MPa的工作压力下不出现泄漏。这是一个十分值得注意的研究动向。

6.6　密封装置

　　密封是解决液压系统泄漏问题最重要、最有效的手段。液压系统如果密封不良，可能出现不允许的外泄漏，外漏的油液将会污染环境；还可能使空气进入吸油腔，影响液压泵的工作性能和液压执行元件运动的平稳性（爬行）；泄漏严重时，系统容积效率过低，甚至工作压力达不到要求值。若密封过度，虽可防止泄漏，但会造成密封部分的剧烈磨损，缩短密封件的使用寿命，增大液压元件内的运动摩擦阻力，降低系统的机械效率。因此，合理地选用和设计密封装置在液压系统的设计中十分重要。

1. 对密封装置的要求

　　（1）在工作压力和一定的温度范围内，应具有良好的密封性能，并随着压力的增加能自动提高密封性能。

（2）密封装置和运动件之间的摩擦力要小，摩擦系数要稳定。

（3）抗腐蚀能力强，不易老化，工作寿命长，耐磨性好，磨损后在一定程度上能自动补偿。

（4）结构简单，使用、维护方便，价格低廉。

2. 密封装置的类型和特点

密封按其工作原理来分可分为非接触式密封和接触式密封。前者主要指间隙密封，后者指密封件密封。

1）间隙密封

间隙密封是靠相对运动件配合面之间的微小间隙来进行密封的，常用于柱塞、活塞或阀的圆柱配合副中，一般在阀芯的外表面开有几条等距离的均压槽，它的主要作用是使径向压力分布均匀，减小液压卡紧力，同时使阀芯在孔中对中性好，以减小间隙的方法来减少泄漏。同时槽所形成的阻力对减少泄漏也有一定的作用。均压槽一般宽 0.3~0.5 mm，深为 0.5~1.0 mm。圆柱面配合间隙与直径大小有关，阀芯与阀孔一般取 0.005~0.017 mm。

间隙密封的优点是摩擦力小，缺点是磨损后不能自动补偿，主要用于直径较小的圆柱面之间，如液压泵内的柱塞与缸体之间，滑阀的阀芯与阀孔之间的配合。

2）O 形密封圈

O 形密封圈一般用耐油橡胶制成，其横截面呈圆形，具有良好的密封性能，内外侧和端面都能起密封作用，结构紧凑，运动件的摩擦阻力小，制造容易，装拆方便，成本低，且高低压均可以用，所以在液压系统中得到了广泛的应用。

图 6-14(a) 所示为 O 形密封圈的外形圈；图 6-14(b) 所示为装入密封沟槽的情况，δ_1、δ_2 为 O 形密封圈装配后的预压缩量，通常用压缩率 W 表示，即 $W = (d_0 - h)/d_0 \times 100\%$，对于固定密封、往复运动密封和回转运动密封，应分别达到 15%~20%、10%~20% 和 5%~10%，才能取得满意的密封效果。当油液工作压力超过 10 MPa 时，O 形密封

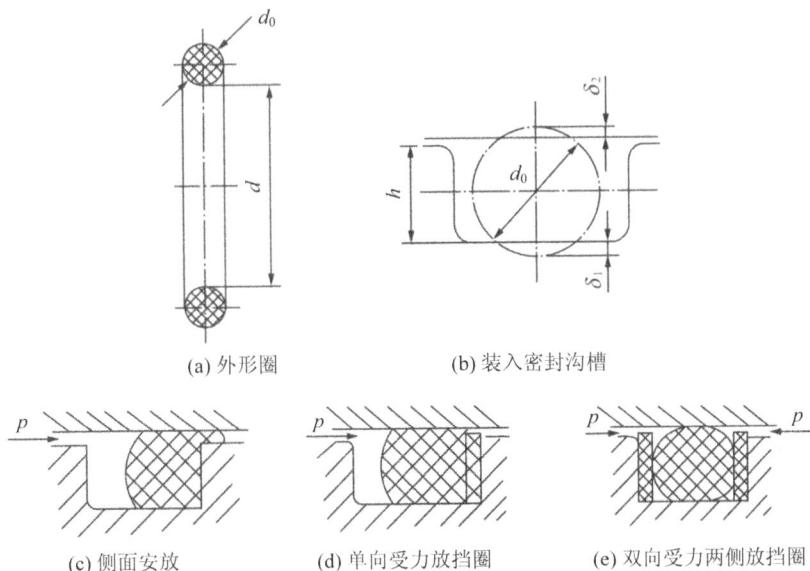

(a) 外形圈　　　　(b) 装入密封沟槽

(c) 侧面安放　　　(d) 单向受力放挡圈　　　(e) 双向受力两侧放挡圈

图 6-14　O 形密封圈

圈在往复运动中容易被油液压力挤入间隙而提早损坏(如图 6-14(c)所示),为此要在它的侧面安放 1.2~1.5 mm 厚的聚四氟乙烯挡圈,单向受力时在受力侧的对面安放一个挡圈(见图 6-14(d));双向受力时则在两侧各放一个(见图 6-14(e))。

O 形密封圈的安装沟槽,除矩形外,也有 V 形、燕尾形、半圆形、三角形等,实际应用中可查阅有关手册及国家标准。

3) 唇形密封圈

唇形密封圈根据截面的形状可分为 Y 形、V 形、U 形、L 形等。其工作原理如图 6-15 所示。液压力将密封圈的两唇边压向形成间隙的两个零件的表面。这种密封的特点是能随着工作压力的变化自动调整密封性能,压力越高则唇边被压得越紧,密封性越好;当压力降低时唇边压紧程度也随之降低,从而减小了摩擦阻力和功率消耗,除此之外,还能自动补偿唇边的磨损,保持密封性能不降低。

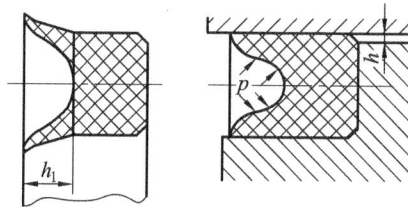

图 6-15　唇形密封圈的工作原理

目前,液压缸中普遍使用如图 6-16 所示的所谓小 Y 形密封圈作为活塞和活塞杆的密封。其中图 6-16(a)所示为轴用密封圈,图 6-16(b)所示为孔用密封圈。这种小 Y 形密封圈的特点是断面宽度和高度的比值大,增加了底部支承宽度,可以避免摩擦力造成的密封圈的翻转和扭曲。

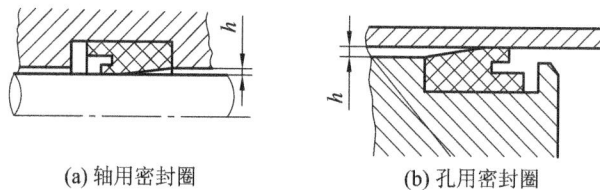

(a)轴用密封圈　　(b)孔用密封圈

图 6-16　小 Y 形密封圈

在高压和超高压情况下(压力大于 25 MPa),V 形密封圈也有应用。V 形密封圈如图 6-17 所示。它由多层涂胶织物压制而成,通常由图 6-17(a)所示的支承环、图 6-17(b)所示的密封环、图 6-17(c)所示的压环三个圈叠在一起使用,这样才能保证良好的密封性。当压力更高时,可以增加中间密封环的数量。这种密封圈在安装时要预压紧,所以摩擦阻力较大。

4) 组合式密封装置

随着液压技术的应用日益广泛,系统对密封的要求越来越高,普通的密封圈单独使用已不能很好地满足密封性能,特别是使用寿命和可靠性方面的要求,因此,研究和开发了由包括密封圈在内的由两个以上元件组成的组合式密封装置。

图 6-18(a)所示的为 O 形密封圈与截面为矩形的聚四氟乙烯塑料滑环组成的组合式

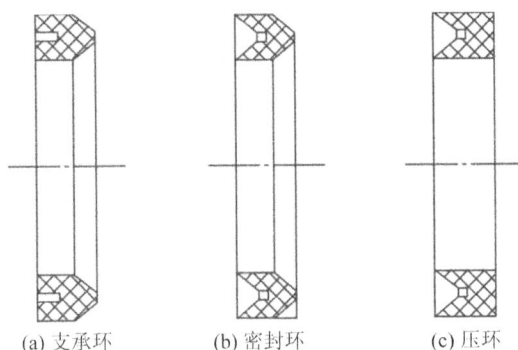

(a) 支承环　　(b) 密封环　　(c) 压环

图 6-17　V 形密封圈

密封装置。其中，滑环 2 紧贴密封面，O 形密封圈 1 为滑环提供弹性预压力，在介质压力为零时构成密封，由于密封间隙依赖于滑环，而不是 O 形密封圈，因此摩擦阻力小而且稳定，可以用于 40 MPa 的高压；往复运动密封时，速度可达 15 m/s；往复摆动与螺旋运动密封时，速度可达 5 m/s。矩形滑环组合密封的缺点是抗侧倾能力稍差，在高低压交变的场合下工作容易漏油。图 6-18(b) 所示为由支持环 3 和 O 形密封圈 1 组成的轴用组合密封，由于支持环与被密封件 3 之间为线密封，其工作原理类似唇边密封。支持环采用一种经特别处理的化合物，具有极佳的耐磨性、低摩擦和保形性，不存在橡胶密封低速时易产生的"爬行"现象，工作压力可达 80 MPa。

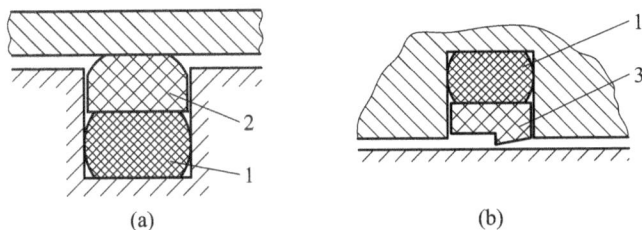

1—O 形密封圈；2—滑环；3—支持环。

图 6-18　组合式密封装置

　　组合式密封装置由于充分发挥了橡胶密封圈和滑环（支持环）的长处，因此不仅工作可靠，摩擦力低而稳定，而且使用寿命比普通橡胶密封提高近百倍，在工程上的应用日益广泛。

　　5）回转轴的密封装置

　　回转轴用密封装置形式很多，图 6-19 所示为是一种耐油橡胶制成的回转轴用密封圈，它的内部由直角形圆环铁骨架支撑着，密封圈的内边围着一条螺旋弹簧，把内边收紧在轴上来进行密封。这种密封圈主要用作液压泵、液压马达和回转式液压缸的伸出轴的密封，以防止油液漏到壳体外部，它的工作压力一般不超过 0.1 MPa，最大允许线速度为 4～8 m/s，须在有良好润滑的情况下工作。

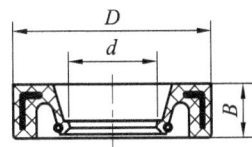

图 6-19　回转轴用密封圈

习 题 6

6-1 液压系统中常见的辅助装置有哪些？各起什么作用？

6-2 蓄能器有哪些用途？

6-3 常用的油管有哪几种？各有何特点？它们的适用范围有何不同？

6-4 简述蓄能器的类型及其各自的特点。

6-5 常用的管接头有哪几种？它们各适用于什么场合？

6-6 蓄能器的主要参数有哪些？如何选择？

6-7 密封件应满足哪些基本要求？

6-8 简述过滤器的类型及其各自的特点。

6-9 安装 O 形密封圈时应注意什么问题？

6-10 安装 O 形密封圈时，为什么要在其侧面安放一个或两个挡圈？

6-11 选择过滤器时应考虑哪些方面的问题？

6-12 过滤器分为哪些种类？绘图说明过滤器一般安装在液压系统中的位置。

6-13 设计油箱时，应注意哪些问题？

6-14 常用的密封装置有哪几种类型？各有什么特点？

6-15 如何计算油管的通径和壁厚？

6-16 油箱的正常温度是多少？

6-17 怎样确定油箱的有效容积？

6-18 液压管路安装的基本要求有哪些？

6-19 冷却器有哪几种类型？各有何特点？

第 7 章　液压系统基本回路

液压系统基本回路是指能实现某种规定功能的液压元件的组合。按其在液压系统中的功用，基本回路可分为速度控制回路、压力控制回路、方向控制回路等。

7.1　速度控制回路

速度控制回路研究的是液压系统的速度调节和变换问题，常用的速度控制回路有调速回路、快速运动回路、速度换接回路等，本节分别对上述三种回路进行介绍。

7.1.1　调速回路

从液压马达的工作原理可知，液压马达的转速 n_m 由输入流量 q_m 和液压马达的排量 V_m 决定，即 $n_m = q/V_m$；液压缸的运动速度 v 由输入流量 q 和液压缸的有效作用面积 A 决定，即 $v = q/A$。

要想调节液压马达的转速 n_m 或液压缸的运动速度 v，可通过改变输入流量、改变液压马达的排量 V_m 和改变液压缸的有效作用面积 A 等方法来实现。由于液压缸的有效作用面积 A 是定值，只有改变输入流量的大小来调速；而改变输入流量，可以通过采用流量阀或变量泵来实现；改变液压马达的排量 V_m，可通过采用变量液压马达来实现。因此，调速回路主要有三种方式：节流调速回路、容积调速回路、容积节流调速回路。

1. 节流调速回路

节流调速回路通过调节流量阀的通流截面积大小来改变进入执行机构的流量，从而实现运动速度的调节。

如图 7-1 所示，如果调节回路里只有节流阀，则液压泵输出的油液全部经节流阀流进液压缸。改变节流阀节流口的大小，只能改变油液流经节流阀速度的大小，而总的流量不会改变，在这种情况下节流阀不能起调节流量的作用，液压缸的速度不会改变。

1）进油节流调速回路

进油节流调速回路是将节流阀装在执行机构的进油路上。进油节流调速回路如图 7-2 所示。

（1）速度负载特性。

因为是定量泵供油，流量恒定，溢流阀调定压力为 p_t，泵的供油压力为 p_b，进入液压缸的流量 q_1 由节流阀的调节开口面积 A 确定，压力作用在活塞 A_1 上，克服负载 F，推动活塞以速度 $v = q_1/A_1$ 向右运动。因为定量泵供油，q_1 小于 q_b，所以 p_0 为溢流阀调定供油

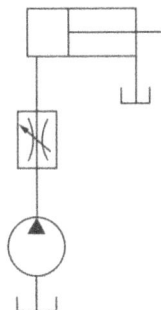
图 7-1　节流阀调速回路

压力，且 $p_t=\text{const}$。

活塞受力平衡方程为

$$p_1 A_1 = F + p_2 A_2$$

进入油缸的流量为

$$q_1 = KA(\Delta p)^m$$

$$\Delta p = p_b - \frac{F}{A_1}$$

$$q_1 = KA\left(p_b - \frac{F}{A_1}\right)^m$$

进油节流调速回路的速度-负载特性方程为

$$v = \frac{q_1}{A_1} = \frac{KA}{A_1}\left(p_b - \frac{F}{A_1}\right)^m \qquad (7-1)$$

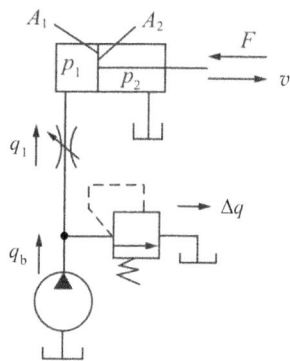

图 7-2　进油节流调速回路

式中：K 为与节流口形式、液流状态、油液性质等有关的节流阀的系数；A 为节流口的通流面积；m 为节流阀口指数（薄壁小孔，$m=0.5$）。由式（7-1）可知，当 F 增大，A 一定时，速度 v 减小。

（2）进油节流调速回路的优点。

液压缸回油腔和回油管中的压力较低，当采用单杆活塞杆液压缸时，油液进入无杆腔中，其有效工作面积较大，可以得到较大的推力和较低的运动速度，这种回路多用于要求冲击小、负载变动小的液压系统中。

2）回油节流调速回路

回油节流调速回路将节流阀安装在液压缸的回油路上。回油节流调速回路如图 7-3 所示。

（1）速度负载特性。

因为是定量泵供油，流量恒定，溢流阀调定压力为 p_t，泵的供油压力为 p_b，进入液压缸的流量为 q_1，液压缸输出的流量为 q_2，q_2 由节流阀的调节开口面积 A 确定，压力 p_1 作用在活塞 A_1 上，压力 p_2 作用在活塞 A_2 上，推动活塞以速度 v 向右运动，克服负载 F 做功。

因为

$$v = \frac{q_1}{A_1} = \frac{q_2}{A_2}$$

则

$$q_1 = \frac{q_2 A_1}{A_2}$$

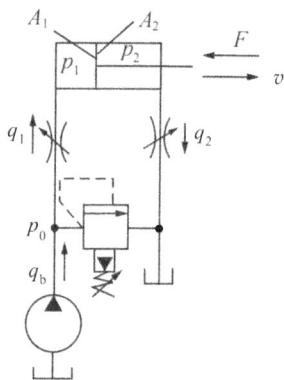

图 7-3　回油节流调速回路

又因 $q_1 < q_b$，所以 $p_0=$ 溢流阀调定供油压力，且 $p_t=\text{const}=p_1$。

活塞受力平衡方程为

$$p_1 A_1 = F + p_2 A_2$$

$$p_2 = \frac{p_1 A_1 - F}{A_2}$$

当 $F=0$ 时，有

$$p_2 = \frac{p_1 A_1}{A_2} > p_1$$

$$q_2 = KA\Delta p^m$$

$$\Delta p = p_2 = \frac{p_1 A_1 - F}{A_2}$$

$$q_2 = KA\left(\frac{p_1 A_1 - F}{A_2}\right)^m$$

说明：Δp 为回油节流阀前后压力差，此时 $\Delta p = p_2 - 0 = p_2$。

回油节流调速回路的速度-负载特性方程为

$$v = \frac{q_2}{A_2} = \frac{KA}{A_2}\left(\frac{p_1 A_1 - F}{A_2}\right)^m \tag{7-2}$$

式中：K 为与节流口形式、液流状态、油液性质等有关的节流阀的系数；A 为节流口的通流面积；m 为节流阀口指数(薄壁小孔，$m=0.5$)。由式(7-2)可知，当 F 增大，A 一定时，速度 v 减小。

（2）回油节流调速回路的优点。

节流阀在回油路上可以产生背压，相对进油调速而言，运动比较平稳，常用于负载变化较大，要求运动平稳的液压系统中。而且当 A 一定时，速度 v 随负载 F 增加而减小。

如图 7-2、图 7-3 所示，将节流阀串联在回路中，节流阀和溢流阀相当于并联的两个液阻，定量泵输出的流量 q_b 不变，经节流阀流入液压缸的流量 q_1 和经溢流阀流回油箱的流量 Δq 的大小，由节流阀和溢流阀液阻的相对大小决定。节流阀通过改变节流口的通流截面，可以在较大范围内改变其液阻，从而改变进入液压缸的流量，调节液压缸的速度。

3）旁路节流调速回路

旁路节流调速回路由定量泵、安全阀、液压缸和节流阀组成，节流阀安装在与液压缸并联的旁油路上。旁路节流调速回路如图 7-4 所示。

定量泵输出的流量 q_b，一部分(q_1)进入液压缸，另一部分(q_2)通过节流阀流回油箱。溢流阀在这里起安全阀的作用，回路正常工作时，溢流阀不打开，当供油压力超过正常工作压力时，溢流阀才打开，以防过载。溢流阀的调节压力应大于回路正常工作压力，在这种回路中，液压缸的进油压力 p_1 等于泵的供油压力 p_b，溢流阀的调节压力一般为液压缸克服最大负载所需的工作压力 p_{1max} 的 $1.1 \sim 1.3$ 倍。

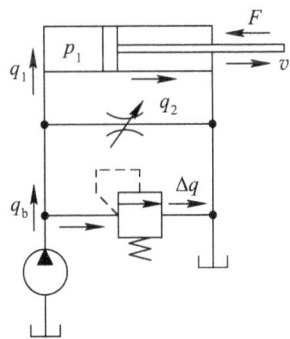

图 7-4　旁路节流调速回路

4）采用调速阀的节流调速回路

前面介绍的三种基本回路的速度的稳定性均随负载的变化而变化，对于一些负载变化较大，对速度稳定性要求较高的液压系统，可采用调速阀来改善速度-负载特性。

采用调速阀也可按其安装位置不同，分为进油节流、回油节流、旁路节流三种基本调速回路。图 7-5 所示为采用调速阀的进油节流调速回路。

采用调速阀的进油节流调速回路的工作原理与采用节流阀的进油节流调速回路相似。在这里当负载 F 变化而使 p_1 变化时，调速阀中定差输出减压阀的调节作用，使调速阀中

节流阀的前后压差 Δp 保持不变,从而使流经调速阀的流量 q_1 不变,因此活塞的运动速度 v 也不变。

在此回路中,调速阀上的压差 Δp 包括两部分:节流口的压差和定差输出减压口上的压差。所以调速阀的调节压差比采用节流阀时要大,一般 $\Delta p \geqslant 5 \times 10^5$ Pa,高压调速阀则达 10×10^5 Pa。这样液压泵的供油压力 p_b 相应地比采用节流阀时也要调得高些,故其功率损失也要大些。这种回路其他调速性能的分析方法与采用节流阀时基本相同。

综上所述,采用调速阀的节流调速回路的低速稳定性、回路刚度、调速范围等,都要比采用节流阀的节流调速回路好,所以它在机床液压系统中获得了广泛的应用。

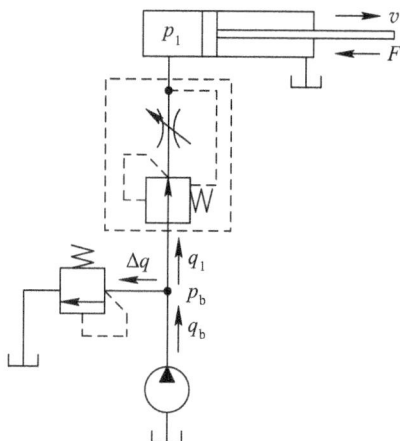

图 7-5 采用调速阀的进油节流调速回路

2. 容积调速回路

容积调速回路是通过改变回路中液压泵或液压马达的排量来实现调速的。其主要优点是功率损失小(没有溢流损失和节流损失)且其工作压力随负载变化,所以效率高、油的温度低,适用于高速、大功率系统。

容积调速回路通常有三种基本形式:变量泵和定量液动机的容积调速回路,定量泵和变量马达的容积调速回路,变量泵和变量马达的容积调速回路。

1) 变量泵和定量液动机的容积调速回路

这种调速回路可由变量泵与液压缸或变量泵与定量液压马达组成。图 7-6(a)所示为变量泵与液压缸所组成的开式容积调速回路;图 7-6(b)所示为变量泵与定量液压马达组成的闭式容积调速回路。

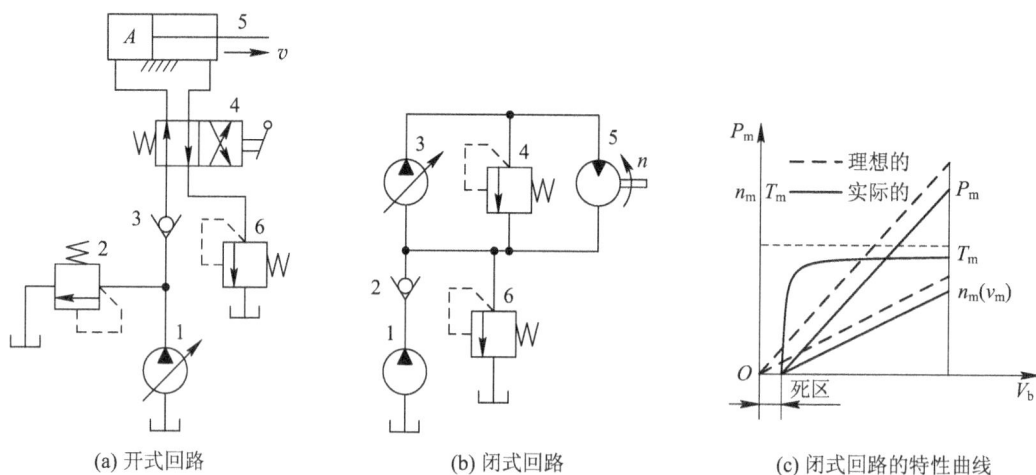

(a) 开式回路　　　　　(b) 闭式回路　　　　　(c) 闭式回路的特性曲线

图 7-6　变量泵和定量液动机的容积调速回路

图 7-6(a)中活塞 5 的运动速度 v 由变量泵 1 调节,2 为安全阀,4 为换向阀,6 为背压阀。图 7-6(b)中采用变量泵 3 来调节液压马达 5 的转速,安全阀 4 用以防止过载,低压辅

助泵 1 用以补油,其补油压力由低压溢流阀 6 来调节。

此类容积调速回路的主要工作特性如下。

(1) 速度特性。

当不考虑回路的容积效率时,执行机构的速度 n_m 或(V_m)与变量泵的排量 V_b 的关系为

$$n_m = \frac{n_b V_b}{V_m} \quad \text{或} \quad v_m = \frac{n_b V_b}{A} \tag{7-3}$$

式(7-3)表明,因马达的排量 V_m 和缸的有效工作面积 A 是不变的,当变量泵的转速 n_b 不变,马达的转速 n_m(或活塞的运动速度)与变量泵的排量成正比,是一条通过坐标原点的直线,如图 7-6(c)中虚线所示。实际上回路的泄漏是不可避免的,在一定负载下,需要一定流量才能启动和带动负载。所以其实际的 n_m(或 V_m)与 V_b 的关系如实线所示。这种回路在低速下承载能力差,速度不稳定。

(2) 转矩特性、功率特性。

当不考虑回路的损失时,液压马达的输出转矩 T_m(或缸的输出推力 F)为 $T_m = V_m \Delta p / 2\pi$ 或 $F = A(p_b - p_0)$。它表明当泵的输出压力 p_b 和吸油路(也即马达或缸的排油)压力 p_0 不变,马达的输出转矩 T_m 或缸的输出推力 F 理论上是恒定的,与变量泵的 V_b 无关。但实际上由于泄漏和机械摩擦等的影响,也存在一个"死区",如图 7-6(c)所示。

此回路中执行机构的输出功率为

$$P_m = (p_b - p_0)q_b = (p_b - p_0)n_b v_b \quad \text{或} \quad P_m = n_m T_m = \frac{V_b n_b T_m}{V_m} \tag{7-4}$$

式(7-4)表明,马达或缸的输出功率 P_m 随变量泵的排量 V_b 的增减而线性地增减。其理论与实际的功率特性亦如图 7-6(c)所示。

(3) 调速范围。

这种回路的调速范围主要取决于变量泵的变量范围,其次是受回路的泄漏和负载的影响。采用变量叶片泵时,调速范围可达 10;采用变量柱塞泵时,高速范围可达 20。

综上所述,变量泵和定量液动机所组成的容积调速回路为恒转矩输出,可正反向实现无级调速,适用于调速范围较大,要求恒扭矩输出的场合,如大型机床的主运动或进给系统中。

2) 定量泵和变量马达容积调速回路

定量泵与变量马达容积调速回路如图 7-7 所示。图 7-7(a)所示的开式回路由定量泵 1、变量马达 2、安全阀 3、换向阀 4 组成;图 7-7(b)所示的闭式回路由定量泵 1、变量马达 2、安全阀 3、低压溢流阀 4 和补油泵 5 组成。

此回路由调节变量马达的排量 V_m 来实现调速。

(1) 速度特性。在不考虑回路泄漏时,液压马达的转速 n_m 为

$$n_m = \frac{q_b}{V_m}$$

其中 q_b 为定量泵的输出流量。可见变量马达的转速 n_m 与其排量 V_m 成反比,当排量 V_m 最小时,马达的转速 n_m 最高。其理想与实际的特性曲线如图 7-7(c)中虚、实线所示。

由上述分析和调速特性可知,此种用调节变量马达的排量的调速回路,如果用变量马达来换向,在换向的瞬间要经过"高转速—零转速—反向高转速"的突变过程,所以不宜用

变量马达来实现平稳换向。

（2）转矩与功率特性。

液压马达的输出转矩为

$$T_{\mathrm{m}} = \frac{V_{\mathrm{m}}(p_{\mathrm{b}} - p_0)}{2\pi}$$

液压马达的输出功率

$$P_{\mathrm{m}} = n_{\mathrm{m}}T_{\mathrm{m}} = q_{\mathrm{b}}(p_{\mathrm{b}} - p_0)$$

上述两式表明，马达的输出转矩 T_{m} 与其排量 V_{m} 成正比；而马达的输出功率 P_{m} 与其排量 V_{m} 无关，若进油压力 p_{b} 与回油压力 p_0 不变，则 $P_{\mathrm{m}}=C$，故此种回路属恒功率调速。其转矩特性和功率特性如图 7-7(c)所示。

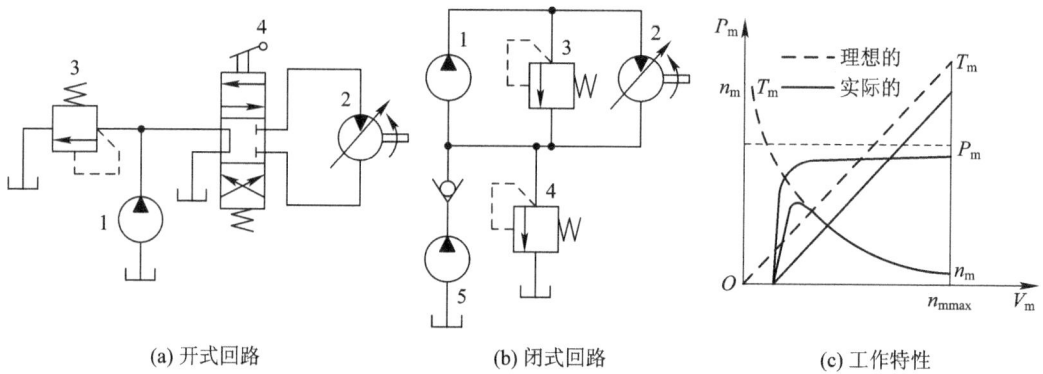

(a) 开式回路　　　　(b) 闭式回路　　　　(c) 工作特性

图 7-7　定量泵与变量马达容积调速回路

综上所述，定量泵变量马达容积调速回路由于不能用改变马达的排量来实现平稳换向，调速范围比较小（一般为 3～4），因而较少单独应用。

3）变量泵和变量马达的容积调速回路

这种调速回路是上述两种调速回路的组合，其调速特性也具有两者之特点。

图 7-8(a)所示为由双向变量泵和双向变量马达组成的容积调速回路。泵和马达的排量均可改变，故增大了调速范围，并扩大了液压马达输出转矩和功率的选择余地。回路中各元件对称布置，变换泵的供油方向，即可实现马达正反向旋转。单向阀 4 和 5 用于辅助泵 3 双向补油，单向阀 6 和 7 使溢流阀 8 在两个方向都起过载保护作用。一般工作部件都在低速时要求有较大的转矩，高速时能提供较大的输出功率，采用这种回路恰好可以达到这个要求。在低速段调速时，先将马达排量调至最大 $V_{\mathrm{m\,max}}$，用变量泵进行调速，当泵的排量由最小 $V_{\mathrm{b\,min}}$ 逐渐变大，直至变到最大 $V_{\mathrm{b\,max}}$，马达转速随之逐渐升高，回路的输出功率也随之线性增加；此时，因马达排量处在最大值，马达能获得最大输出转矩，当负载不变时，回路处于恒转矩调速状态。在高速段调速时，泵为最大排量 $V_{\mathrm{b\,max}}$，将变量马达的排量由大逐步调小，使马达转速继续升高，但马达输出的转矩逐渐降低；此时，泵处于最大输出功率状态不变，故回路处于恒功率调速状态。

这种回路的特性曲线如图 7-8(b)所示，这种容积调速回路的调速范围是变量泵调节范围和变量马达调节范围之乘积，所以其调速范围大（可达 100），并且有较高的效率，它适用于大功率的场合，如矿山机械、起重机械及大型机床的主运动液压系统。

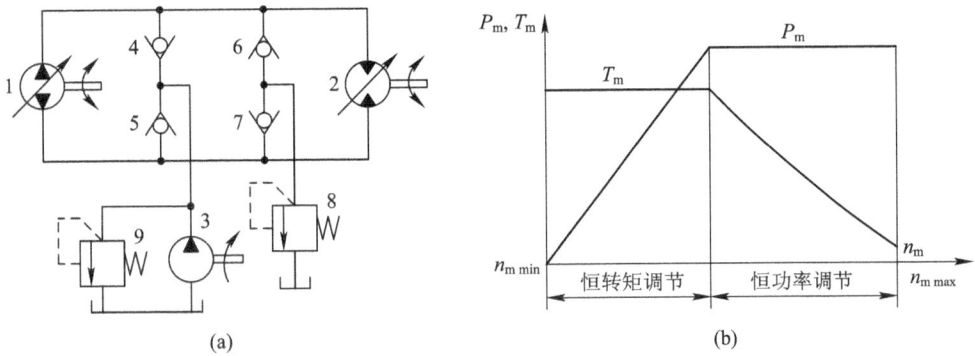

1—双向变量泵；2—双向变量马达；3—辅助泵；4、5、6、7—单向阀；8、9—溢流阀。

图 7-8　变量泵和变量马达的容积调速回路

3. 容积节流调速回路

容积节流调速回路的基本工作原理是采用压力补偿式变量泵供油、调速阀（或节流阀）调节进入液压缸的流量并使泵的输出流量自动地与液压缸所需流量相适应。

常用的容积节流调速回路有限压式变量泵与调速阀等组成的容积节流调速回路，变压式变量泵与节流阀等组成的容积调速回路。

图 7-9 所示为限压式变量泵与调速阀组成的容积节流调速回路工作原理和调速特性。在图示位置，液压缸 4 的活塞快速向右运动，液压泵 1 按快速运动要求调节其输出流量 q_{max}，同时调节限压式变量泵的压力调节螺钉，使泵的限定压力 p_c 大于快速运动所需压力（如图 7-9（b）中 A′B 段）。当换向阀 3 通电，泵输出的压力油经调速阀 2 进入液压缸 4，其回油经溢流阀 5 回油箱。调节调速阀 2 的流量 q_1 就可调节活塞的运动速度 v，由于 $q_1 < q_b$，压力油迫使泵的出口与调速阀进口之间的油压升高，即泵的供油压力升高，泵的流量便自动减小到 $q_b \approx q_1$ 为止。

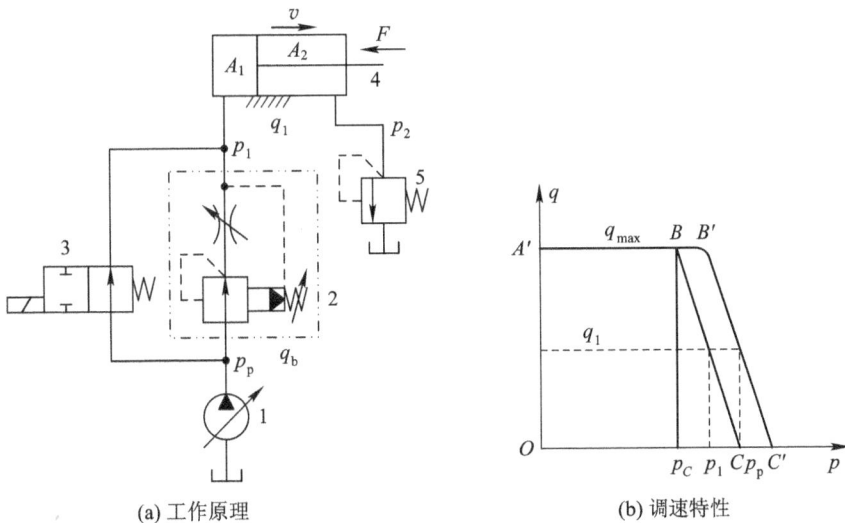

(a) 工作原理　　(b) 调速特性

1—液压泵；2—调速阀；3—二位二通换向阀；4—液压缸；5—溢流阀。

图 7-9　限压式变量泵与调速阀组成的容积节流调速回路工作原理和调速特性

这种调速回路的运动稳定性、速度负载特性、承载能力和调速范围均与采用调速阀的节流调速回路相同。图 7-9(b)所示为其调速特性，由图可知，此回路只有节流损失而无溢流损失。

当不考虑回路中泵和管路的泄漏损失时，回路的效率为

$$\eta_c = \frac{\left[p_1 - p_2 \left(\dfrac{A_2}{A_1} \right) \right] q_1}{p_b q_1} = \frac{p_1 - p_2 \left(\dfrac{A_2}{A_1} \right)}{p_b}$$

上式表明：泵的输油压力 p_b 调得低一些，回路效率就可高一些，但为了保证调速阀的正常工作压差，泵的压力应比负载压力 p_1 至少大 5×10^5 Pa。当此回路用于"死挡铁停留"、压力继电器发讯实现快退时，泵的压力还应调高些，以保证压力继电器可靠发讯，故此时的实际工作特性曲线如图 7-9(b)中 A′B′C′ 所示。此外，当 p_C 不变时，负载越小，p_1 便越小，回路效率越低。

综上所述，限压式变量泵与调速阀等组成的容积节流调速回路具有效率较高、调速较稳定、结构较简单等优点，目前已广泛应用于负载变化不大的中、小功率组合机床的液压系统中。

4．调速回路的比较和选用

（1）各调速回路的主要性能比较。

各调速回路的主要性能比较如表 7-1 所示。

表 7-1　各调速回路的主要性能比较

主要性能		节流调速回路				容积调速回路	容积节流调速回路	
		用节流阀		用调速阀			限压式	稳流式
		进回油	旁路	进回油	旁路			
机械特性	速度稳定性	较差	差	好		较好	好	
	承载能力	较好	较差	好		较好	好	
调速范围		较大	小	较大		大	较大	
功能特性	效率	低	较高	低	较高	最高	较高	高
	发热量	大	较小	大	较小	最小	较小	小
适用范围		小功率，轻载的中、低压系统				大功率，重载高速的中、高压系统	中、小功率的中压系统	

（2）调速回路的选用。

调速回路的选用主要考虑以下问题：

①执行机构的负载性质、运动速度、速度稳定性等要求。负载小，且工作中负载变化也小的系统可采用节流阀节流调速回路；在工作中负载变化较大且要求低速稳定性好的系统，宜采用调速阀的节流调速或容积节流调速回路；负载大、运动速度高、油的温升要求小的系统，宜采用容积调速回路。

一般来说，功率在 3 kW 以下的液压系统宜采用节流调速回路；功率在 3～5 kW 范围内宜采用容积节流调速回路；功率在 5 kW 以上的宜采用容积调速回路。

② 工作环境要求。处于温度较高的环境下工作，且要求整个液压装置体积小、质量轻的情况，宜采用闭式回路的容积调速。

③ 经济性要求。节流调速回路的成本低，功率损失大，效率也低；容积调速回路因变量泵、变量马达的结构较复杂，所以价格高，但其效率高、功率损失小；而容积节流调速则介于两者之间。所以需综合分析选用适合的回路。

7.1.2 快速运动回路

为了提高生产效率，机床工作部件常常要求实现空行程（或空载）的快速运动。这时要求液压系统流量大而压力低。这和工作运动时一般需要的流量较小和压力较高的情况正好相反。对快速运动回路的要求主要是在快速运动时，尽量减小需要液压泵输出的流量，或者在加大液压泵的输出流量后，在工作运动时又不致引起过多的能量消耗。

1. 差动连接回路

差动连接回路是在不增加液压泵输出流量的情况下，来提高工作部件运动速度的一种快速回路，其实质是改变了液压缸的有效作用面积。

图 7-10 所示回路是用于快、慢速转换的，其中快速运动采用差动连接的回路。当换向阀 3 左端的电磁铁通电时，换向阀 3 左位进入系统，液压泵 1 输出的压力油同液压缸 4 右腔的油经换向阀 3 左位、机动换向阀 5 的下位（此时外控顺序阀 7 关闭）也进入液压缸 4 的左腔，实现差动连接，使活塞快速向右运动。当快速运动结束，工作部件上的挡铁压下机动换向阀 5 时，泵的压力升高，外控顺序阀 7 打开，液压缸 4 右腔的回油只能经调速阀 6 流回油箱，这时是工作进给。当换向阀 3 右端的电磁铁通电时，活塞向左快速退回（非差动连接）。采用差动连接的快速回路方法简单，较经济，但快、慢速度的换接不够平稳。必须注意的是，差动油路的换向阀和油管通道应按差动时的流量选择，不然流动液阻过大，会使液压泵的部分油从溢流阀流回油箱，速度减慢，甚至不起差动作用。

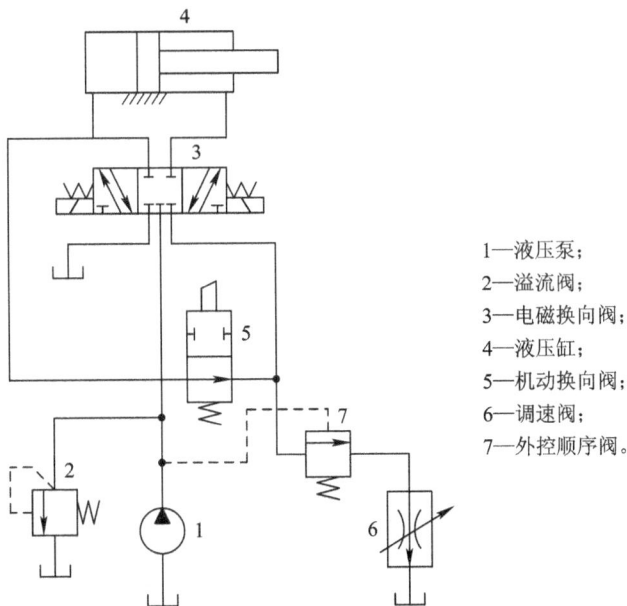

1—液压泵；
2—溢流阀；
3—电磁换向阀；
4—液压缸；
5—机动换向阀；
6—调速阀；
7—外控顺序阀。

图 7-10 能实现差动连接工作进给回路

2. 双泵供油的快速运动回路

这种回路是利用低压大流量泵和高压小流量泵并联为系统供油的。双泵供油的快速运动回路如图 7-11 所示。在图中的 1 为高压小流量泵，用以实现工作进给运动。2 为低压大流量泵，用以实现快速运动。在快速运动时，液压泵 2 输出的油经单向阀 4 和液压泵 1 输出的油共同向系统供油。在工作进给时，系统压力升高，打开液控顺序阀（卸荷阀）3 使液压泵 2 卸荷，此时单向阀 4 关闭，由液压泵 1 单独向系统供油。溢流阀 5 控制液压泵 1 的供油压力是根据系统所需最大工作压力来调节的，而卸荷阀 3 使液压泵 2 在快速运动时供油，在工作进给时则卸荷，因此它的调整压力应比快速运动时系统所需的压力要高，但比溢流阀 5 的调整压力低。

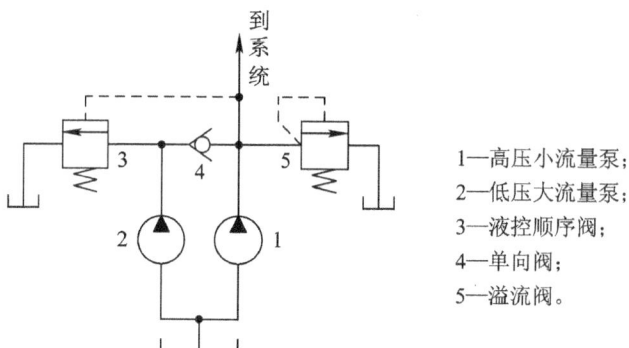

1—高压小流量泵；
2—低压大流量泵；
3—液控顺序阀；
4—单向阀；
5—溢流阀。

图 7-11　双泵供油快速运动回路

双泵供油回路功率利用合理、效率高，并且速度换接较平稳，在快、慢速度相差较大的机床中应用很广泛，缺点是要用一个双联泵，油路系统也稍复杂。

7.1.3　速度换接回路

速度换接回路用来实现运动速度的变换，即在原来设计或调节好的几种运动速度中，从一种速度换成另一种速度。对这种回路的要求是速度换接要平稳，即不允许在速度变换的过程中有前冲（速度突然增加）现象。下面介绍两种回路的换接方法及特点。

1. 快速运动和工作进给运动的换接回路

图 7-12 所示是用单向行程节流阀换接快速运动（简称快进）和工作进给运动（简称工进）的速度换接回路。在图示位置，液压缸 3 右腔的回油可经行程阀 4 和换向阀 2 流回油箱，使活塞快速向右运动。当快速运动到达所需位置时，活塞上挡块压下行程阀 4，将其通路关闭，这时液压缸 3 右腔的回油就必须经过节流阀 6 流回油箱，活塞的运动转换为工作进给运动（简称工进）。当操纵换向阀 2 使活塞换向后，压力油可经换向阀 2 和单向阀 5 进入液压缸 3 的右腔，使活塞快速向左退回。

在这种速度换接回路中，因为行程阀的通油路是由液压缸活塞的行程控制阀芯移动而逐渐关闭的，所以换接时的位置精度高，冲出量小，运动速度的变换也比较平稳。这种回路在机床液压系统中应用较多，它的缺点是行程阀的安装位置受一定限制（要由挡铁压下），所以有时管路连接稍复杂。行程阀也可以用电磁换向阀来代替，这时电磁阀的安装位

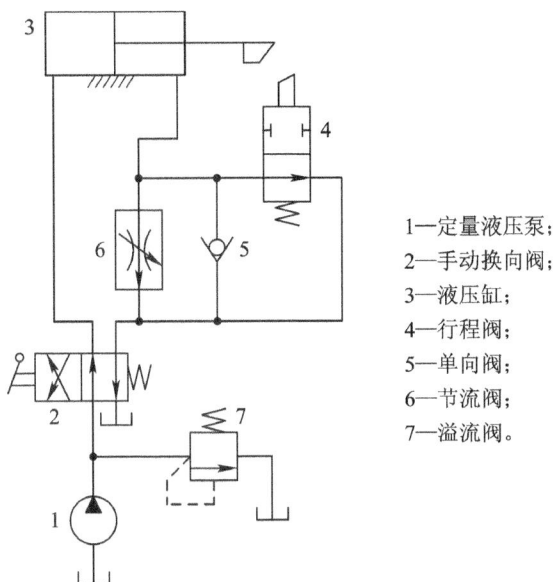

1—定量液压泵；
2—手动换向阀；
3—液压缸；
4—行程阀；
5—单向阀；
6—节流阀；
7—溢流阀。

图 7-12　用单向行程节流阀的速度换接回路

置不受限制(挡铁只需要压下行程开关)，但其换接精度及速度变换的平稳性较差。

图 7-13 所示是利用液压缸本身的管路连接实现的速度换接回路。在图示位置，活塞快速向右移动，液压缸右腔的回油经换向阀流回油箱。当活塞运动到将换向阀封闭后，液压缸右腔的回油须经节流阀 3 流回油箱，活塞则由快速运动变换为工作进给运动。

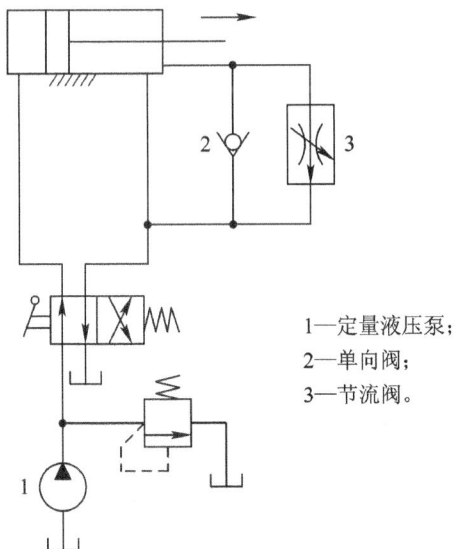

1—定量液压泵；
2—单向阀；
3—节流阀。

图 7-13　利用液压缸自身结构的速度换接回路

这种速度换接回路方法简单，换接较可靠，但速度换接的位置不能调整，工作行程也不能过长以免活塞过宽，所以仅适用于工作情况固定的场合。这种回路也常用作活塞运动到达端部时的缓冲制动回路。

2. 两种工作进给速度的换接回路

对于某些自动机床、注塑机等,需要在自动工作循环中变换两种以上的工作进给速度,这时需要采用两种(或多种)工作进给速度的换接回路。

图 7-14 所示是两个调速阀并联以实现两种工作进给速度换接的回路。在图 7-14(a)中,液压泵输出的压力油经调速阀 3 和电磁换向阀 5 进入液压缸。当需要第二种工作进给速度时,电磁换向阀 5 通电,其右位接入回路,液压泵输出的压力油经调速阀 4 和电磁换向阀 5 进入液压缸。这种回路中两个调速阀的节流口可以单独调节,互不影响,即第一种工作进给速度和第二种工作进给速度之间没有什么限制。但一个调速阀工作时,另一个调速阀中没有油液通过,在速度换接开始的瞬间容易出现部件突然前冲的现象。

图 7-14(b)所示为另一种调速阀并联的速度换接回路。在这个回路中,两个调速阀始终处于工作状态,在由一种工作进给速度转换为另一种工作进给速度时,不会出现工作部件突然前冲现象,因而工作可靠。但是液压系统在工作中总有一定量的油液通过不起调速作用的那个调速阀流回油箱,造成能量损失,使系统发热。

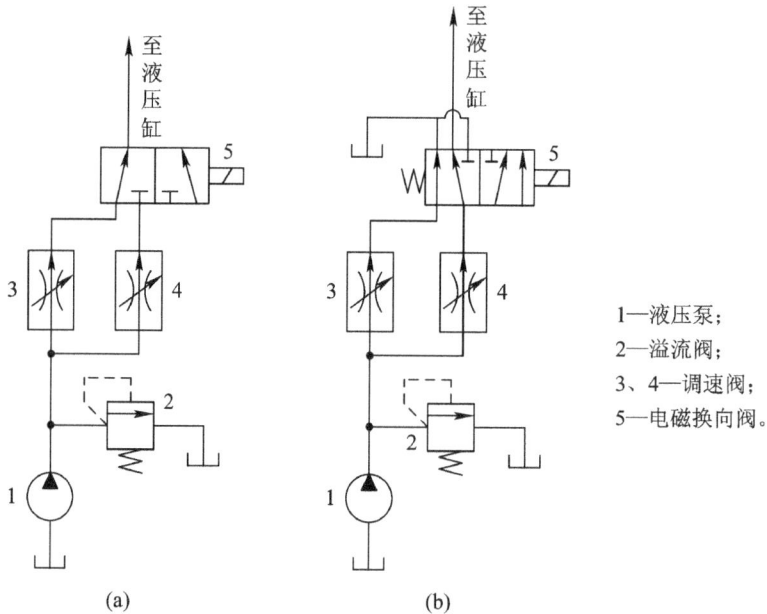

1—液压泵;
2—溢流阀;
3、4—调速阀;
5—电磁换向阀。

图 7-14 两个调速阀并联式速度换接回路

图 7-15 所示是两个调速阀串联的速度换接回路。液压泵输出的压力油经调速阀 3 和电磁换向阀 5 进入液压缸,这时的流量由调速阀 3 控制。当需要第二种工作进给速度时,阀 5 通电,其右位接入回路,则液压泵输出的压力油先经调速阀 3,再经调速阀 4 进入液压缸,这时的流量应由调速阀 4 控制,所以这种由两个调速阀串联的回路中调速阀 4 的节流口应调得比调速阀 3 小,否则调速阀 4 将不起作用。这种回路在工作时调速阀 3 一直工作,它限制着进入液压缸或调速阀 4 的流量,因此在速度换接时不会使液压缸产生前冲现象,换接平稳性较好。在调速阀 4 工作时,油液需经两个调速阀,故能量损失较大,系统发热也较大,但比图 7-14(b)所示的回路要小。

图 7-15　两个调速阀串联的速度换接回路

1—液压泵；
2—溢流阀；
3、4—调速阀；
5—电磁换向阀。

7.2　压力控制回路

　　压力控制回路是用压力阀来控制和调节液压系统主油路或某一支路的压力，以满足执行元件所需的力或力矩的要求。利用压力控制回路可实现对系统进行调压、减压、增压、卸荷、保压与工作机构的平衡等各种控制。

7.2.1　调压回路

　　当液压系统工作时，液压泵应向系统提供所需压力的液压油，同时，又能节省能源、减少油液发热，提高执行元件运动的平稳性。所以，应设置调压或限压回路。当液压泵一直工作在系统的调定压力时，就要通过溢流阀调节并稳定液压泵的工作压力。在变量泵系统中或旁路节流调速系统中用溢流阀(当安全阀用)限制系统的最高安全压力。当系统在不同的工作时间内需要不同的工作压力时，可采用二级或多级调压回路。

1. 单级调压回路

　　如图 7-16 所示，通过液压泵 1 和溢流阀 2 的并联连接，即可组成单级调压回路。通过调节溢流阀的压力，可以改变泵的输出压力。当溢流阀的调定压力确定后，液压泵就在溢流阀的调定压力下工作，从而实现对液压系统进行调压和稳压控制。如果将液压泵 1 改换为变量泵，这时溢流阀将作为安全阀来使用，液压泵的工作压力低于溢流阀的调定压力，这时溢流阀不工作，当系统出现故障，液压泵的工作压力上升时，一旦压力达

1—液压泵；
2—溢流阀。

图 7-16　单级调压回路

到溢流阀的调定压力，溢流阀将开启，并将液压泵的工作压力限制在溢流阀的调定压力下，使液压系统不至于因压力过载而受到破坏，从而保护液压系统。

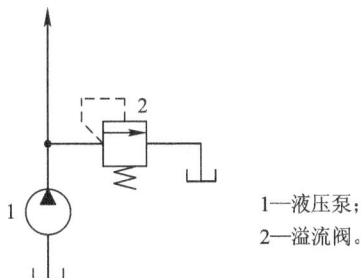

2. 二级调压回路

图 7-17 所示为二级调压回路。该回路可实现两种不同的系统压力控制。由先导型溢流阀 2 和直动型溢流阀 4 各调一级,当二位二通换向阀 3 处于图示位置时,系统压力由阀 2 调定,当阀 3 得电后处于下位时,系统压力由阀 4 调定。需要注意的是,阀 4 的调定压力一定要小于阀 2 的调定压力,否则不能实现。当系统压力由阀 4 调定时,先导型溢流阀 2 的先导阀口关闭,但主阀开启,液压泵的溢流流量经主阀回油箱,这时阀 4 也处于工作状态,并有油液通过。应当指出:若将阀 3 与阀 4 对换位置,则仍可进行二级调压,并且在二级压力转换上获得更为稳定的压力转换。

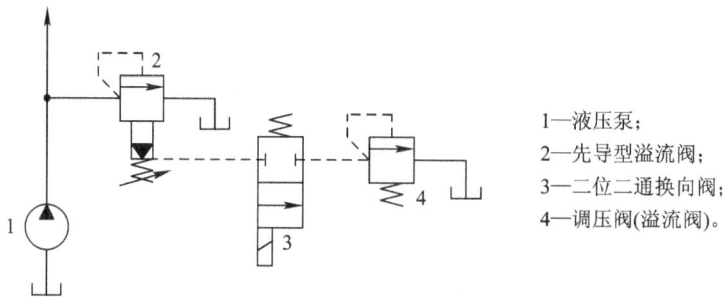

1—液压泵;
2—先导型溢流阀;
3—二位二通换向阀;
4—调压阀(溢流阀)。

图 7-17   二级调压回路

3. 多级调压回路

图 7-18 所示为三级调压回路。三级压力分别由先导型溢流阀 1、调压阀(溢流阀)2、调压阀(溢流阀)3 调定,当电磁铁 1YA、2YA 均失电时,系统压力由先导型溢流阀 1 调定。当 1YA 得电时,系统压力由溢流阀 2 调定。当 2YA 得电时,系统压力由溢流阀 3 调定。在这种调压回路中,阀 2 和阀 3 的调定压力要低于主溢流阀的调定压力,而阀 2 和阀 3 的调定压力之间没有一定的大小关系。当阀 2 或阀 3 工作时,阀 2 或阀 3 相当于阀 1 上的另一个先导阀。

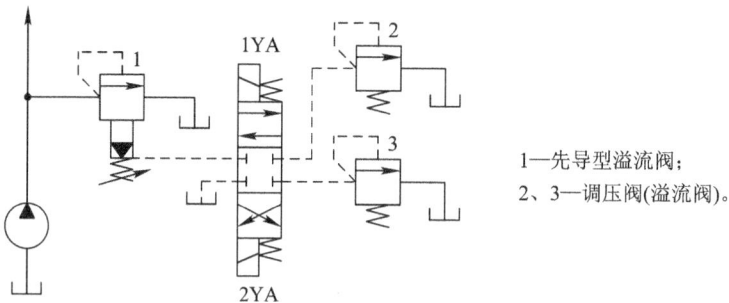

1—先导型溢流阀;
2、3—调压阀(溢流阀)。

图 7-18   多级调压回路

7.2.2   减压和增压回路

1. 减压回路

当泵的输出压力是高压而局部回路或支路要求低压时,可以采用减压回路,如机床液压系统中的定位、夹紧、回路分度及液压元件的控制油路等，它们往往要求比主油路较低的压力。减压回路较为简单，一般是在所需低压的支路上串接减压阀。采用减压回路虽能方便地获得某支路稳定的低压，但压力油经减压阀口时会产生压力损失。

最常见的减压回路为通过定值减压阀与主油路相连，如图 7-19(a)所示。回路中的单向阀为主油路压力降低(低于减压阀调整压力)时防止油液倒流，起短时保压作用。减压回路中也可以采用类似两级或多级调压的方法获得两级或多级减压。如图 7-19(b)所示，利用先导型减压阀 1 的远控口接一远控溢流阀 2，则可由阀 1、阀 2 各调得一种低压。但要注意，阀 2 的调定压力值一定要低于阀 1 的调定减压值。

为了使减压回路工作可靠，减压阀的最低调定压力不应小于 0.5 MPa，最高调定压力至少应比系统压力小 0.5 MPa。当减压回路中的执行元件需要调速时，调速元件应放在减压阀的后面，以避免减压阀泄漏(指由减压阀泄油口流回油箱的油液)对执行元件的速度产生影响。

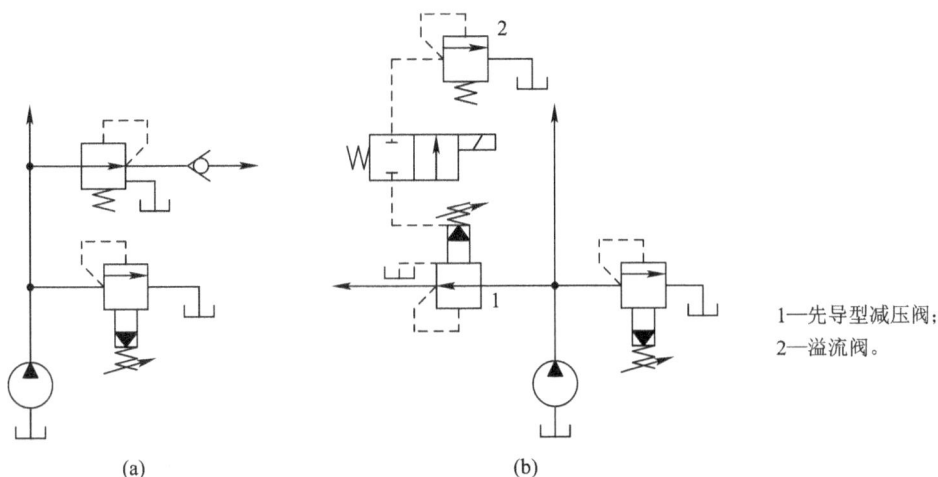

1—先导型减压阀；
2—溢流阀。

(a)　　　　　(b)

图 7-19　减压回路

2. 增压回路

如果系统或系统的某一支油路需要压力较高但流量又不大的压力油，而采用高压泵又不经济，或者没有必要增设高压力的液压泵时，就常采用增压回路，这样不仅易于选择液压泵，而且系统工作较可靠，噪声小。增压回路中提高压力的主要元件是增压缸或增压器。

(1) 单作用增压缸的增压回路。

如图 7-20(a)所示为利用单作用增压缸的增压回路。当系统在图示位置工作时，系统的供油压力 p_1 进入增压缸的大活塞腔，此时在小活塞腔即可得到所需的较高压力 p_2；当二位四通换向阀的右位接入系统时，增压缸返回，辅助油箱中的油液经单向阀补入小活塞。因而该回路只能间歇增压，所以称为单作用增压回路。

(2) 双作用增压缸的增压回路。

图 7-20(b)所示为采用双作用增压缸的增压回路，能连续输出高压油。在图示位置，液压泵输出的压力油经换向阀 5 和单向阀 1 进入增压缸左端的大、小活塞腔，右端大活塞

腔的回油通油箱,右端小活塞腔增压后的高压油经单向阀 4 输出,此时单向阀 2、3 被关闭。当增压缸活塞移到右端时,换向阀得电换向,增压缸活塞向左移动。同理,左端小活塞腔输出的高压油经单向阀 3 输出,这样,增压缸的活塞不断往复运动,两端便交替输出高压油,从而实现连续增压。

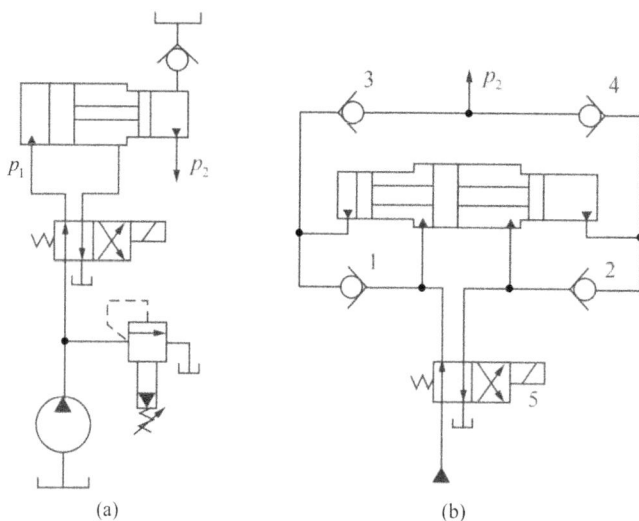

1、2、3、4—单向阀;5—二位二通换向阀。

图 7 - 20 增压回路

7.2.3 卸荷回路

在液压系统工作中,有时执行元件短时间停止工作,不需要液压系统传递能量,或者执行元件在某段工作时间内保持一定的力,而运动速度极慢,甚至停止运动,在这种情况下,不需要液压泵输出油液,或只需要很小流量的液压油,于是液压泵输出的压力油全部或绝大部分从溢流阀流回油箱,造成能量的无谓消耗,引起油液发热,使油液加快变质,而且还影响液压系统的性能及泵的寿命。为此,需要采用卸荷回路,即卸荷回路的功用是指在液压泵驱动电动机不频繁启闭的情况下,使液压泵在功率输出接近零的情况下运转,以减少功率损耗,降低系统发热,延长泵和电动机的寿命。因为液压泵的输出功率为其流量和压力的乘积,因而,两者任一近似为零,功率损耗即近似为零。因此液压泵的卸荷有流量卸荷和压力卸荷两种,前者主要是使用变量泵,使变量泵仅为补偿泄漏而以最小流量运转,此方法比较简单,但泵仍处在高压状态下运行,磨损比较严重;压力卸荷的方法是使泵在接近零压下运转。

常见的压力卸荷方式有以下两种。

1. 换向阀卸荷回路

M、H 和 K 型中位机能的三位换向阀处于中位时,泵即卸荷。图 7 - 21 所示为采用 M 型中位机能的电液换向阀的卸荷回路。这种回路切换时压力冲击小,但回路中必须设置单向阀,以使系统能保持 0.3 MPa 左右的压力,供操纵控制油路之用。

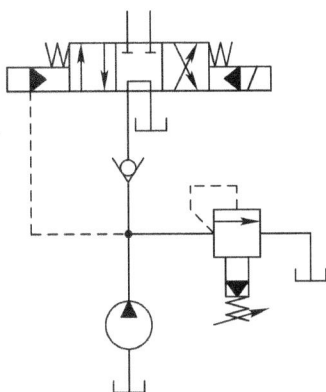

图 7-21　M 型中位机能卸荷回路

2. 用先导型溢流阀远程控制口的卸荷回路

如在图 7-17 中去掉调压阀 4，使二位二通换向阀 3 直接接油箱，便构成一种用先导型溢流阀的卸荷回路，如图 7-22 所示。这种卸荷回路卸荷压力小，切换时冲击也小。

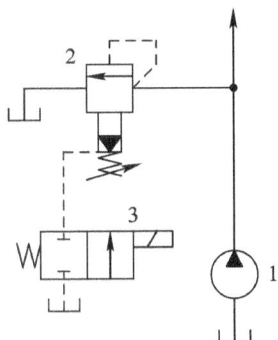

1—液压泵；2—先导型溢流阀；3—二位二通换向阀。

图 7-22　溢流阀远控口卸荷

7.2.4　平衡回路

平衡回路的功用在于防止垂直或倾斜放置的液压缸和与之相连的工作部件因自重而自行下落。图 7-23(a)所示为采用单向顺序阀的平衡回路。当 1YA 得电后活塞下行时，回油路上就存在着一定的背压；只要将这个背压调得能支承住活塞和与之相连的工作部件自重，活塞就可以平稳地下落。当换向阀处于中位时，活塞就停止运动，不再继续下移。这种回路当活塞向下快速运动时功率损失大，锁住时活塞和与之相连的工作部件会因单向顺序阀和换向阀的泄漏而缓慢下落，因此它只适用于工作部件质量不大、活塞锁住时定位要求不高的场合。图 7-23(b)所示为采用液控顺序阀的平衡回路。当活塞下行时，控制压力油打开液控顺序阀，背压消失，因而回路效率较高；当停止工作时，液控顺序阀关闭以防止活塞和工作部件因自重而下降。这种平衡回路的优点是只有上腔进油时活塞才下行，比较安全可靠；缺点是活塞下行时平稳性较差。这是因为活塞下行时，液压缸上腔油压降低，将使液控顺序阀关闭。当液控顺序阀关闭时，因活塞停止下行，使液压缸上腔油压升高，又打开液控顺序阀。因此液控顺序阀始终工作于启闭的过渡状态，因而影响工作的平稳性。这种回路适用于运动部件质量不是很大、停留时间较短的液压系统中。

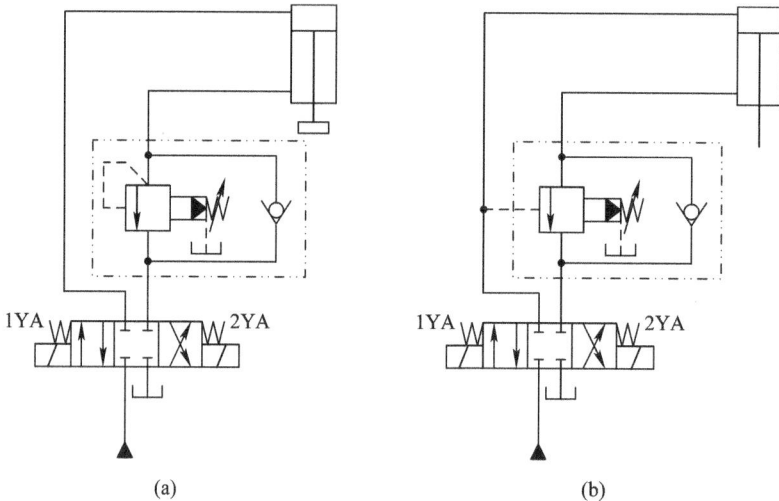

(a)   (b)

图 7-23　采用顺序阀的平衡回路

7.2.5　保压回路

在液压系统中，常要求液压执行机构在一定的行程位置上停止运动或在有微小的位移下稳定地维持住一定的压力，这就要采用保压回路。最简单的保压回路是密封性能较好的液控单向阀的回路，但是，阀类元件处的泄漏使得这种回路的保压时间不能维持太久。常用的保压回路有以下几种。

1. 利用液压泵的保压回路

利用液压泵的保压回路也就是在保压过程中，液压泵仍以较高的压力（保压所需压力）工作。此时，若采用定量泵则压力油几乎全经溢流阀流回油箱，系统功率损失大，易发热，故只在小功率的系统且保压时间较短的场合下才使用；若采用变量泵，在保压时泵的压力较高，但输出流量几乎等于零，液压系统的功率损失小，这种保压方法能随泄漏量的变化而自动调整输出流量，因此其效率也较高。

2. 利用蓄能器的保压回路

如图 7-24(a)所示的回路，当主换向阀在左位工作时，液压缸向左运动且压紧工件，进油路压力升高至调定值，压力继电器动作使二通阀通电，泵即卸荷，单向阀自动关闭，液压缸则由蓄能器保压。缸压不足时，压力继电器复位使泵重新工作。保压时间的长短取决于蓄能器容量，调节压力继电器的工作区间即可调节缸中压力的最大值和最小值。图 7-24(b)所示为多缸系统中的保压回路，这种回路当主油路压力降低时，单向阀 3 关闭，支路由蓄能器保压补偿泄漏。压力继电器 5 的作用是当支路压力达到预定值时发出信号，使主油路开始动作。

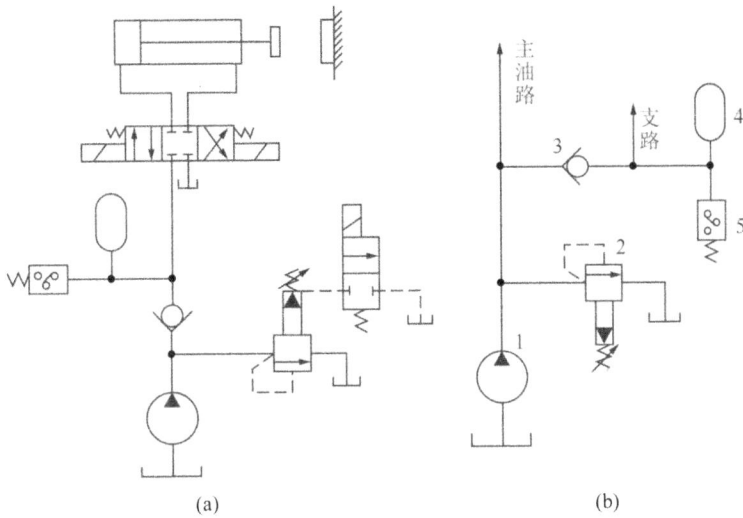

1—液压泵；2—先导型溢流阀；3—单向阀；4—蓄能器；5—压力继电器。

图 7-24　利用蓄能器的保压回路

3. 自动补油的保压回路

图 7-25 所示为采用液控单向阀和电接触式压力表的自动补油式保压回路，其工作原理为：当 1YA 得电，换向阀右位接入回路，液压缸上腔压力上升至电接触式压力表的上限值时，上触点接电，使电磁铁 1YA 失电，换向阀处于中位，液压泵卸荷，液压缸由液控单向阀保压。当液压缸上腔压力下降到预定下限值时，电接触式压力表又发出信号，使 1YA 得电，液压泵再次向系统供油，使压力上升。当压力达到上限值时，上触点又发出信号，使 1YA 失电。因此，这一回路能自动地给液压缸补充压力油，使其压力能长期保持在一定范围内。

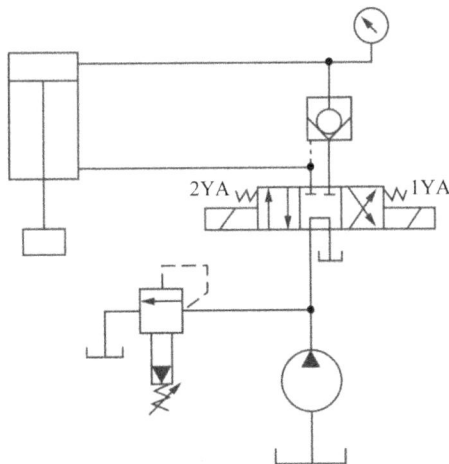

图 7-25　自动补油式保压回路

7.3 方向控制回路

在液压系统中，利用方向阀控制油液流通、切断和换向，从而控制执行元件的启动、停止及改变执行元件运动方向的回路，称为方向控制回路。

7.3.1 换向回路

运动部件的换向，一般可采用各种换向阀来实现。在容积调速的闭式回路中，也可以利用双向变量泵控制油流的方向来实现液压缸(或液压马达)的换向。

1. 用换向阀进行换向

图 7-26 所示为手动转阀(先导阀)控制液动换向阀的换向回路。回路中用辅助泵(液压泵)2 提供低压控制油，通过转阀 3(三位四通转阀)控制液动换向阀 4 的阀芯移动，实现主油路的换向。当转阀 3 在右位时，控制油进入液动换向阀 4 的左端，右端的油液经转阀回油箱，使液动换向阀 4 的左位接入工作，活塞下移。当转阀 3 切换至左位时，即控制油使液动换向阀 4 换向，活塞向上退回。当转阀 3 处于中位时，液动换向阀 4 两端的控制油通油箱，在弹簧力的作用下，其阀芯恢复到中位，主泵 1 卸荷。这种换向回路常用于大型压力机上。

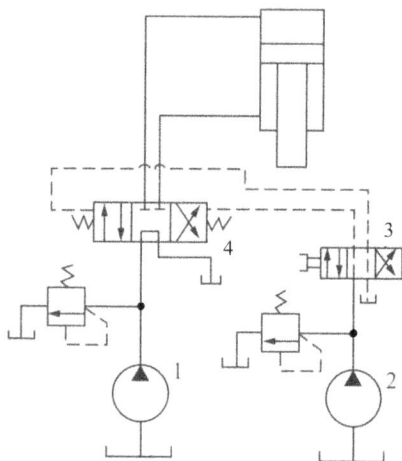

1、2—液压泵；3—转阀；4—液动换向阀。

图 7-26 先导阀控制液动换向阀的换向回路

在液动换向阀的换向回路或电液动换向阀的换向回路中，控制油液除了用辅助泵供给外，在一般的系统中也可以把控制油路直接接入主油路。但是，当主阀采用 M 型或 H 型中位机能时，必须在回路中设置背压阀，保证控制油液有一定的压力，以控制换向阀阀芯的移动。

在机床夹具、油压机和起重机等不需要自动换向的场合，常常采用手动换向阀来进行换向。

2. 双向变量泵换向回路

在容积调速回路中，常常利用双向变量泵直接改变输油方向，以实现液压缸或液压马达的换向，如图 7 - 27 所示。这种换向回路比普通换向阀换向平稳，多用于大功率的液压系统中，如龙门刨床、拉床等液压系统。

图 7 - 27　双向变量泵换向回路

7.3.2 ▓▓ 同步回路

同步回路的功用是保证系统中的两个或多个液压缸，在运动中的位移量相同或以相同的速度运动。从理论上讲，对两个工作面积相同的液压缸输入等量的油液即可使两液压缸同步，但泄漏、摩擦阻力、制造精度、外负载、结构弹性变形及油液中的含气量等因素，都会使同步难以保证。因此，同步回路要尽量克服或减少这些因素的影响，有时要采取补偿措施，消除累积误差。

1. 带补偿措施的串联液压缸同步回路

图 7 - 28 所示为带补偿措施的串联液压缸同步回路。在这个回路中，液压缸 1 的有杆腔 A 的有效面积与液压缸 2 的无杆腔 B 的面积相等，因而从 A 腔排出的油液进入 B 腔后，两液压缸的升降便得到同步。而补偿措施使同步误差在每一次下行运动中都可消除，以避

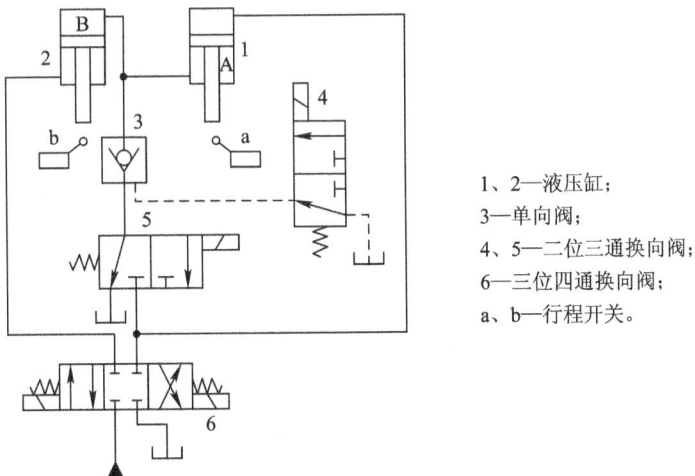

1、2—液压缸；
3—单向阀；
4、5—二位三通换向阀；
6—三位四通换向阀；
a、b—行程开关。

图 7 - 28　带补偿措施的串联液压缸同步回路

免误差的积累。其补偿原理为：当三位四通换向阀右位工作时，两液压缸的活塞同时下行，若液压缸1的活塞先运动到底，它就触动行程开关a使阀5得电，压力油便经阀5和液控单向阀3向液压缸2的B腔补油，推动活塞继续运动到底，误差即被消除，若液压缸2先到底，则触动行程开关b使阀4得电，控制压力油使液控单向阀反向通道打开，使液压缸1的A腔通过液控单向阀回油，其活塞即可继续运动到底。这种串联式同步回路只适用于负载较小的液压系统。

2. 用同步缸或同步马达的同步回路

图7-29(a)所示为用同步缸的同步回路。同步缸A、B两腔的有效面积相等，且两工作缸面积也相同，则能实现同步。这种同步回路的同步精度取决于液压缸的加工精度和密封性，一般精度可达到98%～99%。因为同步缸一般不宜做得过大，所以这种回路仅适用于小容量的场合。

图7-29(b)所示为用相同结构、相同排量的液压马达作为等流量分流装置的同步回路。两个液压马达轴刚性连接，把等量的油液分别输入两个尺寸相同的液压缸中，使两液压缸实现同步。图7-29(b)中与马达并联的节流阀用于修正同步误差。影响这种回路同步精度的主要因素有：由马达制造上的误差而引起的排量的差别；由作用于液压缸活塞上的负载不同而引起的泄漏及摩擦阻力不同。这种同步回路的同步精度比节流控制的要高，因为所用马达一般为容积效率较高的柱塞式马达，但是费用较高。

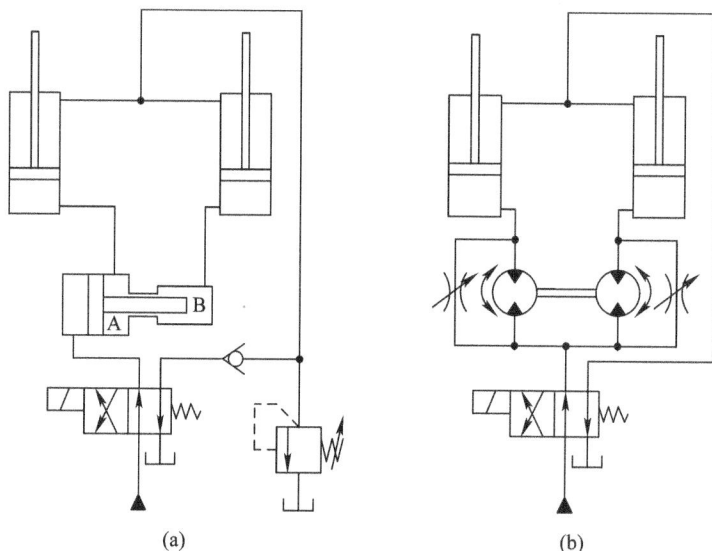

(a)   (b)

图7-29　用同步缸或同步马达的同步回路

同步控制回路也可采用分流阀(同步)控制同步。对于同步精度要求较高的场合可以采用由比例调速阀和电液伺服阀组成的同步回路。

7.3.3 ▓ 顺序动作回路

在液压系统中，如果由一个油源给多个液压缸输送压力油，这些液压缸会因压力和流量的彼此影响而在动作上相互牵制，必须使用一些特殊的回路才能实现预定的动作要求，常见的顺序动作回路就是其中之一。

　　顺序动作回路的功用是使多缸液压系统中的各个液压缸严格地按规定的顺序动作。按控制方式不同，顺序动作回路可分为行程控制和压力控制两大类。

1. 行程控制的顺序动作回路

　　图 7-30 所示为由两个行程控制的顺序动作回路。其中，图 7-30(a)所示为由行程阀控制的顺序动作回路，在图示状态下，当推动手柄，使阀 C 左位工作时，缸 A 活塞左行，完成动作①；挡块压下行程阀 D 后，缸 B 活塞左行，完成动作②；手动换向阀复位后，缸 A 活塞先复位，完成动作③；随着挡块后移，阀 D 复位，缸 B 活塞退回，完成动作④。至此，顺序动作全部完成。这种回路工作可靠，但动作顺序一经确定，再改变就比较困难，同时管路长，布置较麻烦。

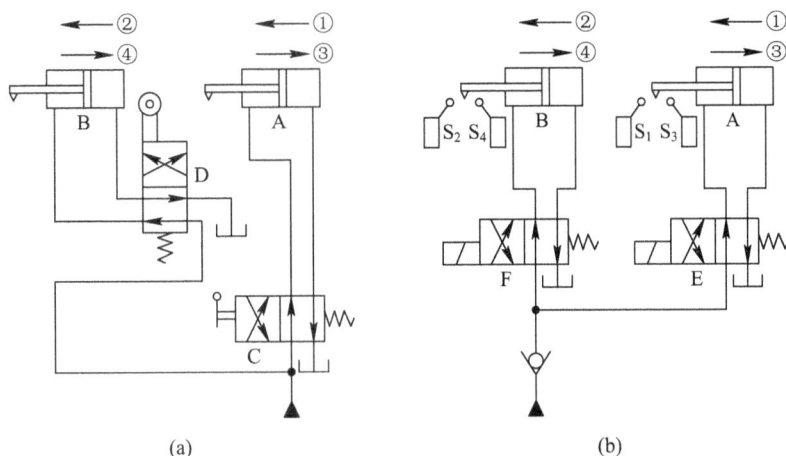

图 7-30　由两个行程控制的顺序动作回路

　　图 7-30(b)所示为由行程开关控制的顺序动作回路。当阀 E 得电换向时，缸 A 活塞左行完成动作①后，触动行程开关 S_1，使阀 F 得电换向，控制缸 B 左行完成动作②，当缸 B 行至触动行程开关 S_2 时，阀 E 失电，缸 A 返回，完成动作③后，触动行程开关 S_3，使阀 F 失电，缸 B 返回完成动作④，最后触动行程开关 S_4，使泵卸荷或引起其他动作，至此完成一个工作循环。这种回路的优点是控制灵活方便，但其可靠程度主要取决于电气元件的质量。

2. 压力控制的顺序动作回路

　　图 7-31 所示为用顺序阀的压力控制顺序动作回路。当换向阀左位接入回路且顺序阀 D 的调定压力大于液压缸 A 的最大前进工作压力时，压力油先进入液压缸 A 的左腔，实现动作①；当液压缸行至终点后，压力上升，压力油打开顺序阀 D 进入液压缸 B 的左腔，实现动作②；同样，当换向阀右位接入回路且顺序阀 C 的调定压力大于液压缸 B 的最大返回工作压力时，两液压缸则按③和④的顺序返回。显然这种回路动作的可靠性取决于顺序阀的性能及其压力调定值，即它的调定压力应比前一个动作的压力高出 0.8～1.0 MPa，否则顺序阀容易在系统压力脉冲中造成误动作。由此可见，这种回路适用于液压缸数目不多、负载变化不大的场合。其优点是动作灵敏，安装、连接较为方便；缺点是可靠性不高，位置精度低。

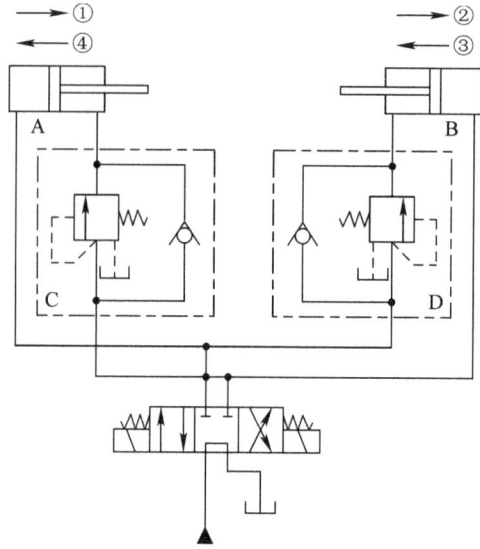

图 7-31 用顺序阀的压力控制顺序动作回路

7.3.4 多缸快慢速互不干扰回路

多缸快慢速互不干扰回路的功用是防止液压系统中的几个液压缸因速度快慢的不同而在动作上相互干扰。

图 7-32 所示为双泵供油多缸快慢速互不干扰回路。图 7-32 中的液压缸 A 和 B 各自

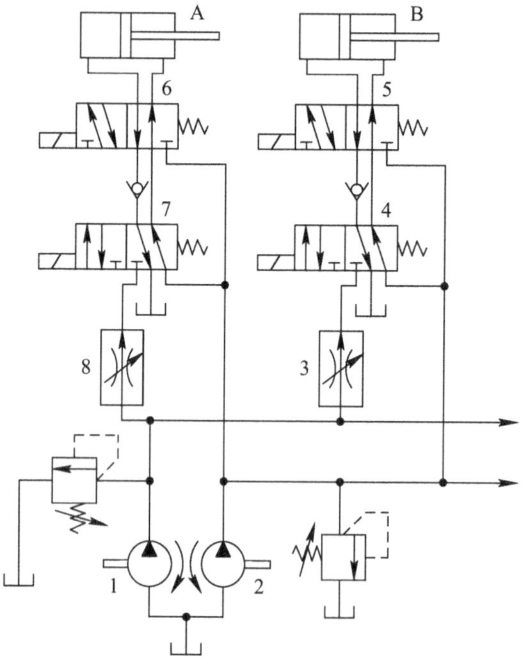

1—小流量泵；
2—大流量泵；
3、8—可调式节流阀；
4、5、6、7—二位三通电磁阀。

图 7-32 双泵供油多缸快慢速互不干扰回路

要完成"快进→工进→快退"的自动工作循环。在图示状态下各缸原位停止。当阀 5、阀 6 均通电时，各缸均由双联泵中的大流量泵 2 供油并实现差动快进。这时如某一个液压缸，如缸 A 先完成快进动作，由挡块和行程开关使阀 7 通电，阀 6 断电，此时大流量泵 2 进入缸 A 的油路被切断，而双联泵中的高压小流量泵 1 的进油路打开，缸 A 由可调式节流阀 8 调速工进。此时缸 B 仍然实现快进，互不影响。当各缸都转为工进后，它们全由小流量泵 1 供油。此后，若缸 A 又率先完成工进，行程开关应使阀 7 和 6 均通电，缸 A 即由大流量泵 2 供油快退，当电磁铁皆断电时，各缸都停止运动，并被锁在所在的位置上。由此可见，这个回路之所以能够防止多缸的快慢运动互不干扰是由于快速和慢速各由一个液压泵来分别供油，再由相应的电磁铁进行控制。

7.3.5 锁紧回路

为了使工作部件能在任意位置上停留，以及在停止工作时，防止在受力的情况下发生移动，可以采用锁紧回路。

采用 O 形或 M 形中位机能的三位换向阀，当阀芯处于中位时，液压缸的进、出口都被封闭，可以将活塞锁紧。图 7-33 所示为采用 O 形中位机能换向阀的锁紧回路。这种采用 O、M 形中位机能换向阀的锁紧回路，由于滑阀式换向阀不可避免地存在泄漏，密封性能较差，锁紧效果差，只适用于短时间的锁紧或锁紧程度要求不高的场合。

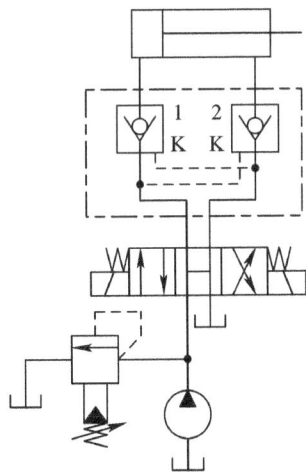

图 7-34 所示为采用液控单向阀的锁紧回路。在液压缸的进、回油路中都串接液控单向阀（又称液压锁），活塞可以在行程的任何位置锁紧。其锁紧精度只受液压缸内少量的内泄漏影响，因此，锁紧精度较高。采用液控单向阀的锁紧回路，换向阀的中位机能应使液控单向阀的控制油液卸压（换向阀采用 H 形或 Y 形），此时，液控单向阀便立即关闭，活塞停止运动。假如采用 O 形中位机能，在换向阀中位时，由于液控单向阀的控制腔压力油被闭死而不能使其立即关闭，直至由换向阀的内泄漏使控制腔泄压后，液控单向阀才能关闭，影响其锁紧精度。

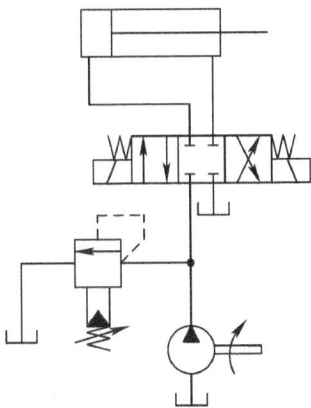

图 7-33 采用 O 形中位机能换向阀的锁紧回路   图 7-34 采用液控单向阀的锁紧回路

7.4 液压系统基本回路实验

7.4.1 进油节流调速回路实验

1. 实验目的

(1) 根据换向回路的工作原理选用元件并组装回路。

(2) 根据速度控制的工作原理选用元件并组装回路,了解并掌握采用节流阀的节流调速回路的组成和工作原理。

2. 实验设备

可拆式液压回路实验台。

3. 实验原理

进油节流调速回路实验原理如图7-35所示。

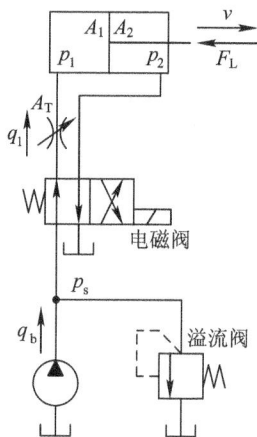

图7-35 进油节流调速回路实验原理

4. 实验步骤

(1) 按照实验回路图的要求,选取所需的液压元件并检查性能是否完好。

(2) 将检验良好的液压元件安装在插件板的适当位置,通过快速接头和软管按回路要求连接,然后把相应的电磁换向阀插头插到输出孔内。

(3) 依照回路图,确认安装和连接正确。

(4) 放松溢流阀、启动泵。

(5) 先调节溢流阀的压力,然后给电磁换向阀通电换向,通过对电磁换向阀的控制就可以实现活塞的伸出和缩回。

(6) 调节溢流阀的压力大小可控制回路中的整体压力,进而调节活塞的运动速度。

(7) 在运行的过程中通过调节单向节流阀开口的大小控制活塞运动的快慢。

(8) 实验完毕后,首先旋松回路中的溢流阀手柄,然后将泵关闭。

(9) 确认回路中压力为零后将胶管和元件取下,清理元件并放入规定的抽屉内,最后清理台面。

7.4.2　回油节流调速回路实验

1. 实验目的

了解回油节流调速回路的组成及性能，绘制速度负载特性曲线，并与其他节流调速回路进行比较分析。

2. 实验设备

可拆式液压回路实验台。

3. 实验原理

回油节流调速回路实验原理如图 7 - 36 所示。

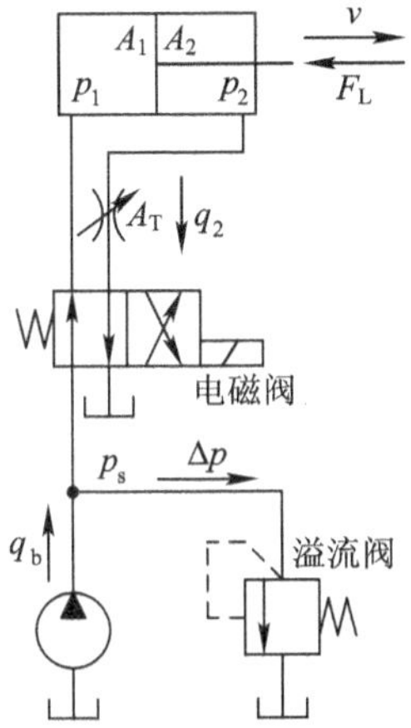

图 7 - 36　回油节流调速回路实验原理

4. 实验步骤

（1）按照实验回路图的要求，选取所需的液压元件并检查性能是否完好。

（2）将检验良好的液压元件安装在插件板的适当位置，通过快速接头和软管按回路要求连接，然后把相应的电磁换向阀插头插到输出孔内。

（3）依照回路图，确认安装和连接正确。

（4）放松溢流阀、启动泵。

（5）先调节溢流阀的压力，然后给电磁换向阀通电换向，通过对电磁换向阀的控制就可以实现活塞的伸出和缩回。

（6）调节溢液阀的压力大小可控制回路中的整体压力，进而调节活塞的运动速度。

（7）在运行的过程中通过调节单向节流阀开口的大小控制活塞运动的快慢。

（8）实验完毕后，首先旋松回路中的溢流阀手柄，然后将泵关闭。

（9）确认回路中压力为零后将胶管和元件取下，清理元件并放入规定的抽屉内，最后清理台面。

习 题 7

7-1 试分析习题图 7-1 所示的锁紧回路工作原理。

7-2 试分析习题图 7-2 所示液压回路的工作过程,并对此液压系统进行改进设计。

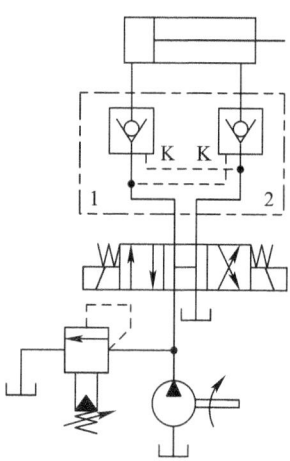

习题图 7-1

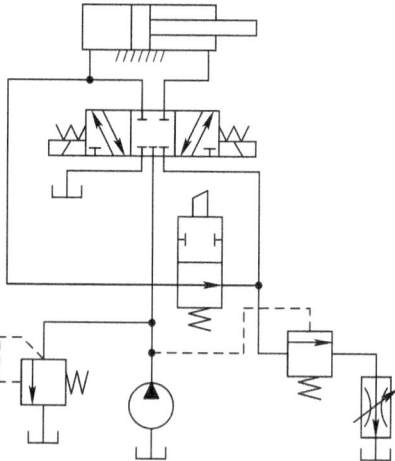

习题图 7-2

7-3 试分析习题图 7-3 所示的液压回路的工作过程。

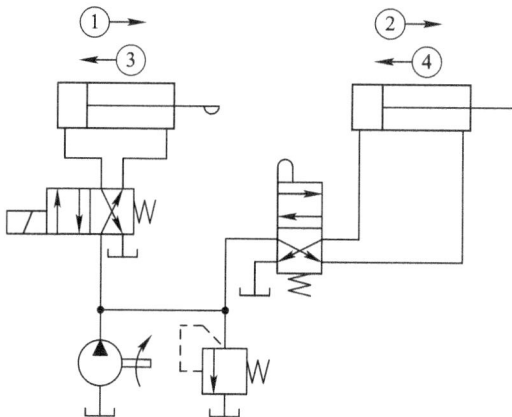

习题图 7-3

7-4 习题图 7-4 所示为一顺序动作控制回路,可实现"快进→一工进→二工进→快退→停止"顺序动作。

(1)说明电磁铁得失电情况(得电:+;失电:一)。

(2)分析快进、一工进、二工进、快退、停止的油流情况。

7-5 习题图 7-5 所示为双泵供油快速运动回路原理图和液压缸动作循环图。

(1)指出各元件的名称;

(2)写出液压缸在静止、快进、工进和快退时油流过程。

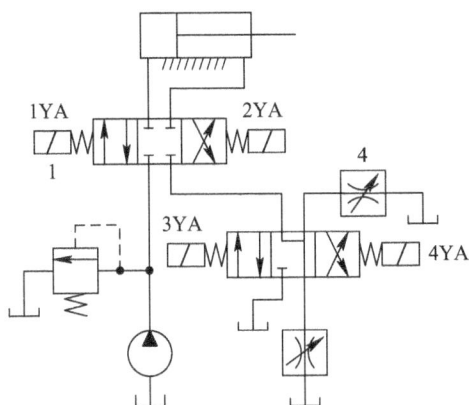

电磁铁	1YA	2YA	3YA	4YA
快进				
一工进				
二工进				
快退				
停止				

习题图 7 - 4

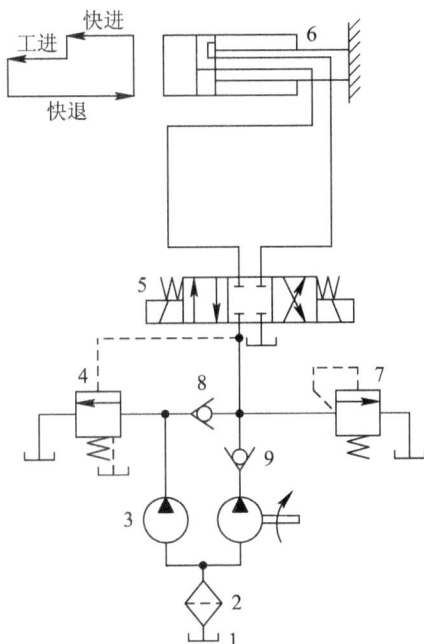

习题图 7 - 5

7 - 6　试用一个先导型溢流阀、两个远程调压阀和三个二位二通电磁滑阀组成一个三级调压且能卸载的回路,画出回路图并简述工作原理。

7 - 7　如习题图 7 - 6 所示的液压系统,液压缸的有效工作面积 $A_{I1}=A_{II1}=100\ cm^2$,$A_{I2}=A_{II2}=50\ cm^2$,缸 I 工作负载 $F_{L1}=35\ 000\ N$,缸 II 工作负载 $F_{LII}=25\ 000\ N$,溢流阀、顺序阀和减压阀的调整压力分别为 5 MPa、4 MPa 和 3 MPa,不计摩擦阻力、惯性力、管路及换向阀的压力损失,求下列 3 种工况下 A、B、C 3 处的压力 p_A、p_B、p_C:① 液压泵启动后,两换向阀处于中位;② 2YA 得电,缸 II 工进时及前进碰到死挡铁时;③ 2YA 失电、1YA 得电,缸 I 运动时及到达终点孔钻穿突然失去负载时。

7 - 8　如习题图 7 - 7 所示的夹紧回路中,如溢流阀调整压力 $p_Y=5\ MPa$,减压阀调整压力 $P_J=2.5\ MPa$,试分析:

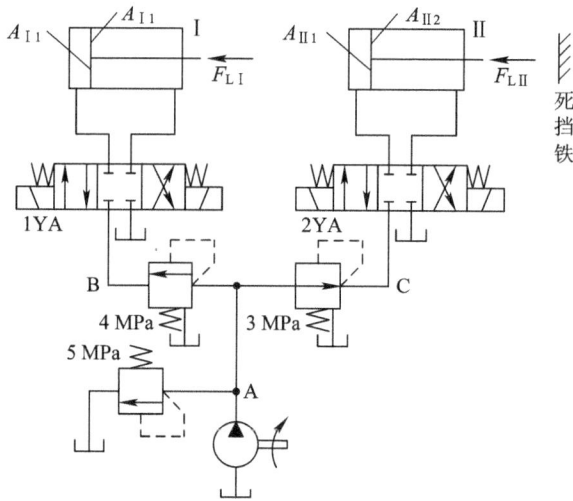

习题图 7-6

（1）夹紧缸在未夹紧工件前做空载运动时 A、B、C 三点的压力。

（2）夹紧缸夹紧工件后，泵的出口压力为 5 MPa 时，A、C 两点的压力。

（3）夹紧缸夹紧工件后，因其他执行元件的快进使泵的出口压力降至 1.5 MPa 时，A、C 两点的压力。

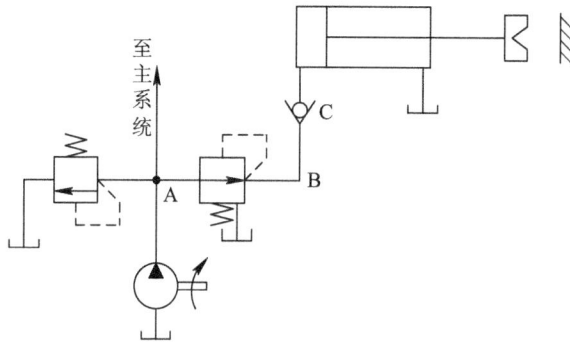

习题图 7-7

7-9　如习题图 7-8 所示的液压系统中，立式液压缸活塞与运动部件的重量为 G，两腔面积分别为 A_1 和 A_2，泵 1 和泵 2 的最大工作压力为 p_1、p_2，若忽略管路上的压力损失，问：① 阀 4、5、6、9 各是什么阀？它们在系统中各自的功能是什么？② 阀 4、5、6、9 的压力应如何调整？③ 这个系统由哪些基本回路组成？

7-10　习题图 7-9 所示为某专用铣床液压系统，已知：泵的输出流量 $q_p=30$ L/min，溢流阀调整压力 $p_Y=2.4$ MPa，液压缸两腔作用面积分别为 $A_1=50$ cm^2、$A_2=25$ cm^2，切削负载 $F_L=9000$ N，摩擦负载 $F_f=1000$N，切削时通过调速阀的流量为 $q_1=1.2$ L/min，若忽略元件的泄漏和压力损失，试求：

（1）活塞快速趋近工件时，活塞的快进速度 v_1 及回路的效率 η_1；

（2）切削进给时，活塞的工进速度 v_2 及回路的效率 η_2。

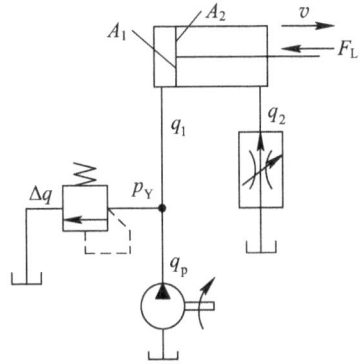

习题图 7-8　　　　　　　　　　习题图 7-9

7-11　如习题图 7-10 所示，液压系统的工作循环为快进→工进→死挡铁停留→快退
→原位停止，其中压力继电器用于死挡铁停留时发令，使 2YA 得电，然后转为快退。问：

（1）压力继电器的动作压力如何确定？

（2）若回路改为回油节流调速回路，压力继电器应如何安装？说明其动作原理。

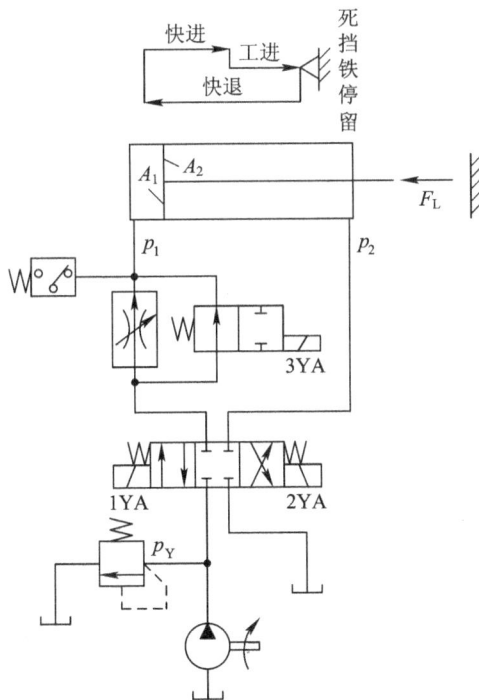

习题图 7-10

第 8 章

液压系统综合分析

8.1 组合机床动力滑台液压系统

组合机床动力滑台液压系统主要由通用滑台和辅助部分（如定位、夹紧）组成。动力滑台本身不带传动装置，可根据加工需要安装不同用途的主轴箱，以完成钻、扩、铰、镗、刮端面、铣削及攻丝等工序。

8.1.1 组合机床动力滑台液压系统的工作原理

图 8-1 所示为带有液压夹紧的组合机床动力滑台液压系统工作原理。这个系统采用限压式变量泵供油，并配有二位二通电磁阀卸荷，变量泵与进油路的调速阀组成容积节流调速回路，用电液换向阀控制液压系统的主油路换向，用行程阀实现快进和工进的速度换接。它可实现多种工作循环，下面以定位夹紧→快进→一工进→二工进→死挡铁停留→快退→原位停止→松开工件的自动工作循环为例，说明液压系统的工作原理。

1. 夹紧工件

夹紧油路一般所需压力要求小于主油路，故在夹紧油路上装有减压阀 6，以降低夹紧缸的压力。按下启动按钮，泵启动并使电磁铁 4YA 通电，夹紧缸 24 松开以便安装并定位工件。当工件定好位以后，发出信号使电磁铁 4YA 断电，夹紧缸活塞夹紧工作。其油路如下：进油路：泵 1→单向阀 5→减压阀 6→单向阀 7→换向阀 11 左位→夹紧缸上腔。

回油路：夹紧缸下腔→换向阀 11 左位→油箱。

于是夹紧缸活塞下移夹紧工件。单向阀 7 用以保压。

2. 进给缸快进前进

当工件夹紧后，油压升高，压力继电器 14 发出信号使 1YA 通电，电磁换向阀 13 和液动换向阀 9 均处于左位。其油路如下：

进油路：泵 1→单向阀 5→换向阀 9 左位→行程阀 23 右位→进给缸 25 左腔。

回油路：进给缸 25 右腔→换向阀 9 左位→单向阀 10→行程阀 23 右位→进给缸 25 左腔。

于是形成差动连接，进给缸 25 快速前进。快速前进时负载小，压力低，故顺序阀 4 未打开（其调节压力应大于快进压力），变量泵以调节好的最大流量向系统供油。

3. 一工进

当滑台快进到达预定位置（即刀具趋近工件位置）时，挡铁压下行程阀 23，于是调速阀 12 接入油路，压力油必须经调速阀 12 才能进入进给缸左腔，负载增大，泵的压力升高，打

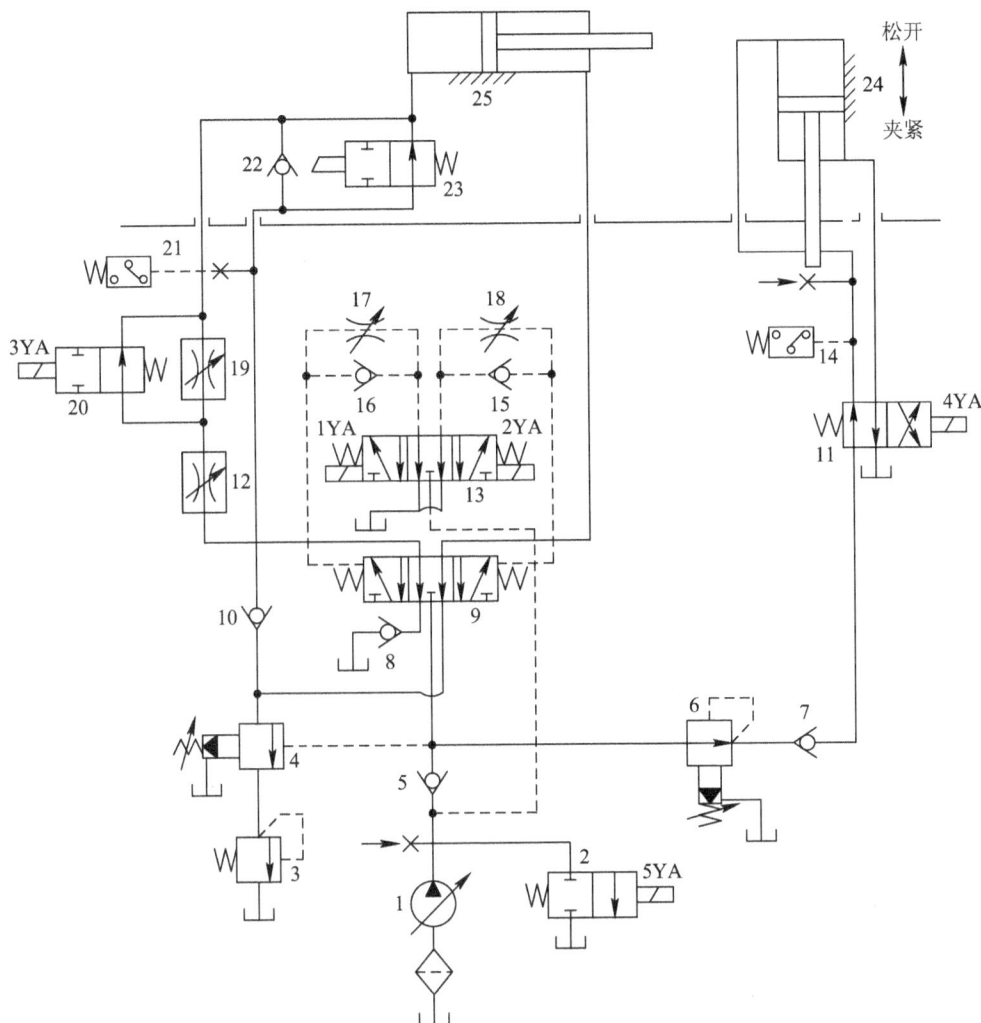

1—单向变量泵；2—二位二通换向阀；3—背压阀；4—顺序阀；5、7、8、10、15、16、22—单向阀；
6—减压阀；9、13—三位五通换向阀；11—二位四通换向阀；12、19—调速阀；14、21—压力继电器；
17、18—节流阀；20—二位二通换向阀；23—行程阀；24—夹紧缸；25—进给缸。

图 8-1　组合机床动力滑台液压系统工作原理

开顺序阀 4，单向阀 10 被高压油封死，此时油路如下：

进油路：泵 1→单向阀 5→换向阀 9 左位→调速阀 12→换向阀 20 右位→进给缸 25 左腔。

回油路：进给缸 25 右腔→换向阀 9 左位→顺序阀 4→背压阀 3→油箱。

一工进的速度由调速阀 12 调节。由于此压力升高到大于限压式变量泵的限定压力 p_b，泵的流量便自动减小到与调速阀的节流量相适应。

4. 二工进

当一工进到位时，滑台上的另一挡铁压下行程开关，使电磁铁 3YA 通电，于是换向阀 20 左位接入油路，由泵来的压力油须经调速阀 12 和 19 才能进入进给缸 25 的左腔。其他各阀的状态和油路与一工进相同。二工进速度由调速阀 19 来调节，但调速阀 19 的调节流量必须小于调速阀 12 的调节流量，否则调速阀 19 将不起作用。

5. 死挡铁停留

当被加工工件为不通孔且轴向尺寸要求严格，或出现需刮端面等情况时，要求实现死挡铁停留。当滑台二工进到位碰上预先调好的死挡铁，活塞不能再前进，停留在死挡铁处，停留时间用压力继电器 21 和时间继电器（装在电路上）来调节和控制。

6. 快速退回

滑台在死挡铁上停留后，泵的供油压力进一步升高，当压力升高到压力继电器 21 的预调动作压力时（这时压力继电器入口压力等于泵的出口压力，其压力增值主要取决于调速阀 19 的压差），压力继电器 21 发出信号，使 1YA 断电，2YA 通电，换向阀 13 和 9 均处于右位。这时油路如下：

进油路：泵 1→单向阀 5→换向阀 9 右位→进给缸 25 右腔。

回油路：进给缸 25 左腔→单向阀 22→换向阀 9 右位→单向阀 8→油箱。

于是进给缸 25 便快速左退。由于快速时负载压力小（小于泵的限定压力 p_b），限压式变量泵便自动以最大调节流量向系统供油。又因为进给缸为差动缸，所以快退速度基本等于快进速度。

7. 进给缸原位停止，夹紧缸松开

当进给缸左退到原位，挡铁碰行程开关发出信号，使 2YA、3YA 断电，同时使 4YA 通电，于是进给缸停止，夹紧缸松开工件。当工件松开后，夹紧缸活塞上挡铁碰行程开关，使 5YA 通电，液压泵卸荷，一个工作循环结束。当下一个工件安装定位好后，则又使 4YA、5YA 均断电，重复上述步骤。

8.1.2   组合机床动力滑台液压系统的特点

组合机床动力滑台液压系统采用限压式变量泵和调速阀组成容积节流调速系统，把调速阀装在进油路上，而在回油路上加背压阀。这样就获得了较好的低速稳定性、较大的调速范围和较高的效率。而且当滑台需死挡铁停留时，用压力继电器发出信号实现快退比较方便。

采用限压式变量泵并在快进时采用差动连接，不仅使快进速度和快退速度相同（差动缸），而且比不采用差动连接的流量减少一半，其能量得到了合理利用，系统效率进一步得到了提高。

采用电液换向阀使换向时间可调，改善和提高了换向性能。采用行程阀和液控顺序阀来实现快进与工进的转换，比采用电磁阀的电路简化，而且使速度转换动作可靠，转换精度也较高。此外，用两个调速阀串联来实现两次工进，使转换速度平稳而无冲击。

夹紧油路中串接减压阀，不仅可使其压力低于主油路压力，而且可根据工件夹紧力的需要来调节并稳定其压力；当主系统快速运动时，即使主油路压力低于减压阀所调压力，因为有单向阀 7 的存在，夹紧系统也能维持其压力（保压）。夹紧油路中采用了二位四通换向阀 11，它的常态位置是夹紧工件，这样即使在加工过程中临时停电，也不至于使工件松开，保证了操作安全可靠。

组合机床动力滑台液压系统可较方便地实现多种动作循环。例如可实现多次工进和多级工进。工作进给速度的调速范围为 6.6~660 mm/min，而快进速度可达 7 m/min。所以它具有较大的通用性。

此外，组合机床动力滑台液压系统是采用两位两通阀卸荷，比用限压式变量泵在高压小流量下卸荷方式的功率消耗要小。

8.2　M1432A 型万能外圆磨床液压系统

8.2.1　M1432A 型万能外圆磨床液压系统的功能

M1432A 型万能外圆磨床主要用于磨削 IT5~IT7 精度的圆柱形或圆锥形外圆和内孔，表面粗糙度在 Ra 1.25~0.08。该机床的液压系统具有以下功能。

(1) 能实现工作台的自动往复运动，并能在 0.05~4 m/min 之间无级调速，工作台换向平稳，启动制动迅速，换向精度高。

(2) 在装卸工件和测量工件时，为缩短辅助时间，砂轮架具有快速进退动作，为避免惯性冲击，控制砂轮架快速进退的液压缸设置有缓冲装置。

(3) 为方便装卸工件，尾架顶尖的伸缩采用液压传动。

(4) 工作台可做微量抖动。切入磨削或加工工件略大于砂轮宽度时，为了提高生产率和改善表面粗糙度，工作台可做短距离(1~3 mm)、频繁往复运动(100~150 次/min)。

(5) 传动系统具有必要的连锁动作。

① 工作台的液动与手动连锁，以免液动时带动手轮旋转引起工伤事故。

② 砂轮架快速前进时，可保证尾架顶尖不后退，以免加工时工件脱落。

③ 磨内孔时，为使砂轮不后退，传动系统中设置有与砂轮架快速后退连锁的机构，以免撞坏工件或砂轮。

④ 砂轮架快进时，头架带动工件转动，冷却泵启动；砂轮架快速后退时，头架与冷却泵电动机停转。

8.2.2　M1432A 型万能外圆磨床液压系统的工作原理

图 8-2 所示为 M1432A 型万能外圆磨床液压系统的工作原理。

1. 工作台的往复运动

(1) 工作台右行。

如图 8-2 所示状态，先导阀、换向阀阀芯均处于右端，开停阀处于右位。其主油路如下：

进油路：液压泵 19→换向阀 2 右位(P→A)→液压缸 22 右腔。

回油路：进给阀 9 左腔→换向阀 2 右位(B→T₂)→先导阀 1 右位→开停阀 3 右位→调速阀 5→油箱。

液压油推动液压缸带动工作台向右运动，其运动速度由调速阀来调节。

(2) 工作台左行。

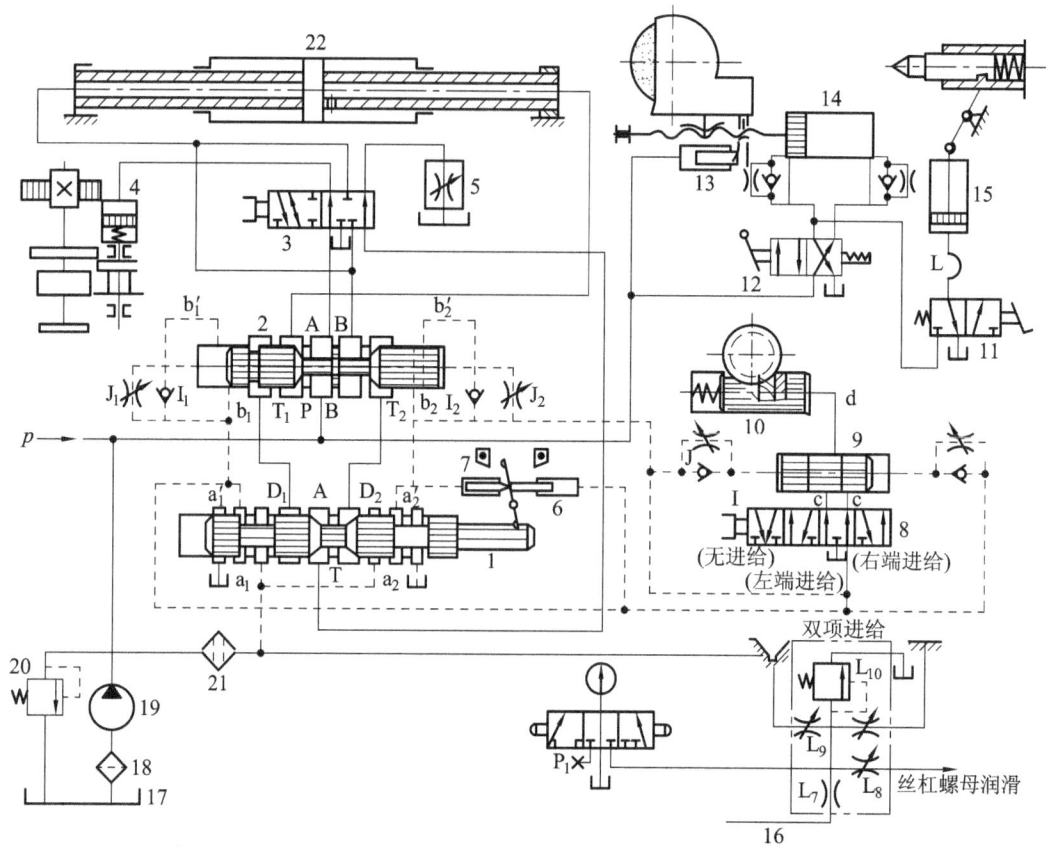

1—先导阀；2—换向阀；3—开停阀；4—互锁缸；5—调速阀；6—抖动缸；7—挡块；8—选择阀；9—进给阀；
10—进给缸；11—尾架换向阀；12—快动换向阀；13—闸缸；14—快动缸；15—尾架缸；16—润滑稳定器；
17—油箱；18—粗过滤器；19—液压泵；20—溢流阀；21—精过滤器；22—进给缸。

图 8-2　M1432A 型万能外圆磨床液压系统的工作原理

当工作台右行到预定位置，工作台上左边的挡块拨动与先导阀 1 的阀芯相连接的杠杆使先导阀芯左移，开始工作台的换向过程。先导阀阀芯左移过程中，其阀芯中段制动锥 A 的右边逐渐将回油路上通向调速阀 5 的通道（$D_2 \rightarrow T$）关小，使工作台逐渐减速制动，实现预制动；当先导阀阀芯继续向左移动到先导阀芯右部环形槽，使 a_2 点与高压油路 a_2' 相通，先导阀芯左部环形槽使 $a_1 \rightarrow a_1'$ 接通油箱时，控制油路被切换。这时借助于抖动缸推动先导阀向左快速移动（快跳）。其油路如下：

进油路：泵 19 → 精过滤器 21 → 先导阀 1 左位（$a_1' \rightarrow a_2$）→ 抖动缸 6 左端。

回油路：抖动缸 6 右端 → 先导阀 1 左位（$a_1 \rightarrow a_1'$）→ 油箱。

因为抖动缸的直径很小，上述流量很小的压力油足以使之快速右移，并通过杠杆使先导阀芯快跳到左端，从而使通过先导阀到达换向阀右端的控制压力油路迅速打通，同时又使换向阀左端的回油路也迅速打通（畅通）。

这时的控制油路如下：

进油路：泵 19 → 精过滤器 21 → 先导阀 1 左位（$a_2' \rightarrow a_2$）→ 单向阀 I_2 → 换向阀 2 右端。

回油路：换向阀 2 左端回油路在换向阀芯左移过程中有三种变换。

首先，换向阀 2 左端 b_2'→先导阀 1 左位（a_1→a_1'）→油箱。换向阀芯因回油畅通而迅速左移，实现第一次快跳。当换向阀芯 1 快跳到制动锥 C 的右侧关小主回油路（B→T_2）通道时，工作台便迅速制动（终制动）。换向阀阀芯继续迅速左移到中部台阶处于阀体中间沉割槽的中心处时，液压缸两腔都通压力油，工作台便停止运动。

其次，换向阀芯在控制压力油作用下继续左移，换向阀阀芯左端回油路改为：换向阀 2 左端→节流阀 J_1→先导阀 1 左位→油箱。这时换向阀阀芯按节流阀（停留阀）J_1 调节的速度左移。由于换向阀体中心沉割槽的宽度大于中部台阶的宽度，因此在阀芯慢速左移的一定时间内，液压缸两腔继续保持互通，使工作台在端点保持短暂的停留。其停留时间在 0～5 s 内由节流阀 J_1、J_2 调节。

最后，当换向阀阀芯慢速左移到左部环形槽与油路（b_1→b_1'）相通时，换向阀左端控制油的回油路又变为换向阀 2 左端→油路 b_1→换向阀 2 左部环形槽→油路 b_1'→先导阀 1 左位→油箱。这时由于换向阀左端回油路畅通，换向阀阀芯实现第二次快跳，使主油路迅速切换，工作台则迅速反向启动（左行）。这时的主油路如下：

进油路：泵 19→换向阀 2 左位（P→B）→进给缸 22 左腔。

回油路：进给缸 22 右腔→换向阀 2 左位（A→T_1）→先导阀 1 左位（D_1→T）→开停阀 3 右位→调速阀 5→油箱。

当工作台左行到位时，工作台上的挡铁又碰杠杆推动先导阀右移，重复上述换向过程。实现工作台的自动换向。

2. 工作台液动与手动的互锁

工作台液动与手动的互锁是由互锁缸 4 来完成的。当开停阀 3 处于图 8-2 所示位置时，互锁缸 4 的活塞在压力油的作用下压缩弹簧并推动齿轮 Z_1 和 Z_2 脱开，这样，当工作台液动（往复运动）时，手轮不会转动。

当开停阀 3 处于左位时，互锁缸 4 通油箱，活塞在弹簧力的作用下带着齿轮 Z_2 移动，Z_2 与 Z_1 啮合，工作台就可用手摇机构摇动。

3. 砂轮架的快速进、退运动

砂轮架的快速进退运动是由手动二位四通换向阀（快动换向阀）12 来操纵，由快动缸来实现的。在图 8-2 所示位置，快动换向阀右位接入系统，压力油经快动换向阀 12 右位进入快动缸 14 右腔，砂轮架快进到前端位置，快进终点靠活塞与缸体端盖相接触来保证其重复定位精度；当快动缸左位接入系统时，砂轮架快速后退到最后端位置。为防止砂轮架在快速运动到达前后终点处产生冲击，在快动缸两端设缓冲装置，并设有抵住砂轮架的闸缸 13，用以消除丝杠和螺母间的间隙。

手动换向阀（快动换向阀）12 的下面装有一个自动启、闭头架电动机和冷却电动机的行程开关和一个与内圆磨具连锁的电磁铁（图上均未画出）。当手动换向阀（快动换向阀）12 处于右位使砂轮架处于快进时，手动阀的手柄压下行程开关，使头架电动机和冷却电动机启动。当翻下内圆磨具进行内孔磨削时，内圆磨具压另一行程开关，使连锁电磁铁通电吸合，将快动阀锁住在左位（砂轮架在退的位置），以防止误动作，保证安全。

4. 砂轮架的周期进给运动

砂轮架的周期进给运动是由选择阀 8、进给阀 9、进给缸 10 通过棘爪、棘轮、齿轮、丝杠来完成的。选择阀 8 根据加工需要可以使砂轮架在工件左端或右端时进给，也可在工件两端都进给（双向进给），也可以不进给，共四个位置可供选择。

图 8-2 所示为双向进给，周期进给油路为：压力油从 a_1→J_4→进给阀 9 右端；进给阀 9 左端→J_3→a_2→先导阀 1→油箱。进给缸 10→d→进给阀 9→c_1→选择阀 8→a_2→先导阀 1 →油箱，进给缸柱塞在弹簧力的作用下复位。当工作台开始换向时，先导阀换位（左移）使 a_2 点变为高压、a_1 点变为低压（回油箱），此时周期进给油路为：压力油从 a_2→J_3→进给阀 9 左端；进给阀 9 右端→J_4→a_1→先导阀 1→油箱，使进给阀右移；与此同时，压力油经 a_2 →选择阀 8→c_1→进给阀 9→d→进给缸 10，推进给缸柱塞左移，柱塞上的棘爪拨棘轮转动一个角度，通过齿轮等推砂轮架进给一次。在进给阀活塞继续右移时堵住 c_1 而打通 c_2，这时压力油从进给缸右端→d→进给阀→c_2→选择阀→a_1→先导阀 a'_1→油箱，进给缸在弹簧力的作用下再次复位。当工作台再次换向时，再周期进给一次。若将选择阀转到其他位置，如右端进给，则工作台只在换向到右端时才进给一次，其进给过程不再赘述。从上述周期进给过程可知，每进给一次是由一股压力油（压力脉冲）推进给缸柱塞上的棘爪拨棘轮转动一个角度。调节进给阀两端的节流阀 J_3、J_4 就可调节压力脉冲的时间长短，从而调节进给量的大小。

5. 尾架顶尖的松开与夹紧

尾架顶尖只有在砂轮架处于后退位置时才允许松开。为操作方便，采用脚踏式二位三通阀（尾架换向阀）11 来操纵，由尾架缸 15 来实现。由图 8-2 可知，只有当快动换向阀 12 处于左位、砂轮架处于后退位置，脚踏尾架阀处于右位时，才能有压力油通过尾架阀进入尾架缸，使尾架缸 15 的油缸伸出，推动杠杆转动，拨动尾顶尖松开工件。当快动换向阀 12 处于右位（砂轮架处于前端位置）时，油路 L 为低压（回油箱），这时误踏尾架换向阀 11 也无压力油进入尾架缸 15，顶尖也就不会推出。尾架顶尖的夹紧是靠弹簧力实现的。

6. 抖动缸的功用

抖动缸 6 的功用有两个：一是帮助先导阀 1 实现换向过程中的快跳；二是当工作台需要做频繁短距离换向时实现工作台的抖动。

当砂轮做切入磨削或磨削短圆槽时，为提高磨削表面质量和磨削效率，需工作台频繁短距离换向——抖动。这时将换向挡铁调得很近或夹住换向杠杆，当工作台向左或向右移动时，挡铁带杠杆使先导阀阀芯向右或向左移动一个很小的距离，使先导阀 1 的控制进油路和回油路仅有一个很小的开口。通过此很小开口的压力油不可能使换向阀阀芯快速移动，这时，因为抖动缸柱塞直径很小，所通过的压力油足以使抖动缸快速移动。抖动缸的快速移动推动杠带先导阀快速移动（换向），迅速打开控制油路的进、回油口，使换向阀也迅速换向，从而使工作台做短距离频繁往复换向——抖动。

8.2.3　M1432A 型万能外圆磨床液压系统的特点

M1432A 型万能外圆磨床液压系统是机床液压系统中要求较高、较复杂的一种。其主要特点如下：

（1）系统采用调速阀回油节流调速回路，功率损失较小。

（2）工作台采用了活塞杆固定式双杆液压缸，保证左、右往复运动的速度一致，并使机床占地面积不大。

（3）系统在结构上采用了将开停阀、先导阀、换向阀、节流阀、抖动缸等组合一体的操纵箱，使结构紧凑、管路减短、操纵方便，又便于制造和装配修理。此操纵箱属行程制动换向回路，具有较高的换向位置精度和换向平稳性。

8.3　数控车床液压系统

1. 认识数控车床液压系统

在大部分数控车床上，都使用了液压技术，这里介绍 MJ-50 型数控车床的液压系统，如图 8-3 所示。

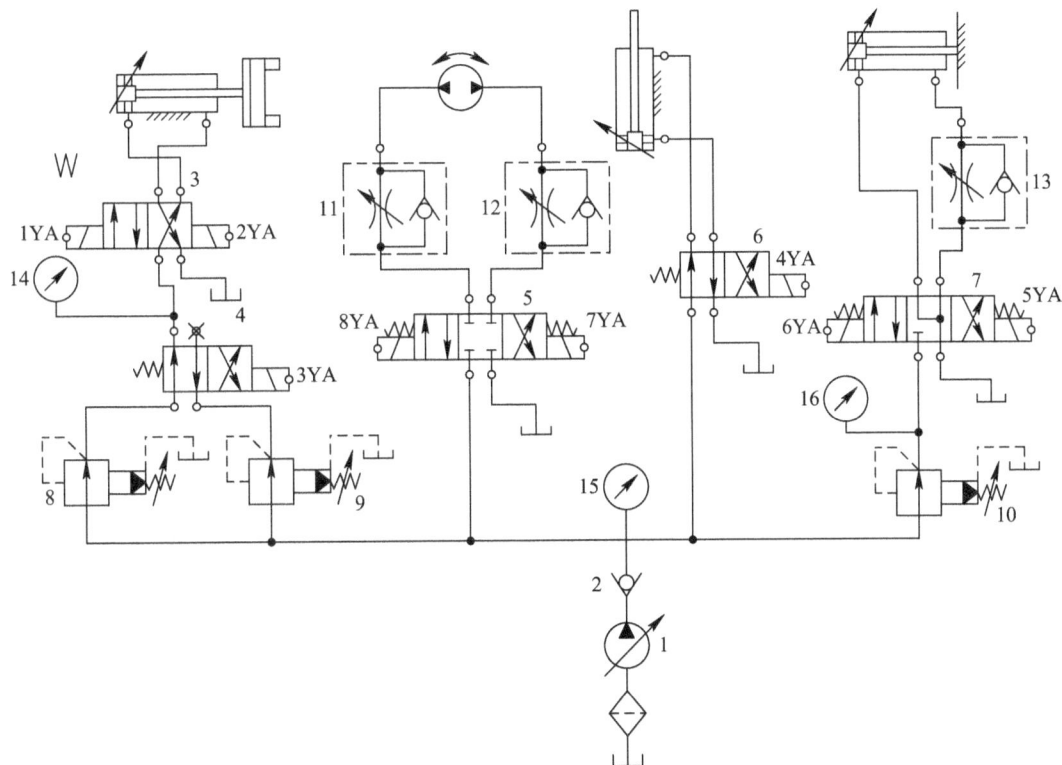

1—变量泵；2—单向阀；3、4、6—二位四通电磁阀；5、7—三位四通电磁阀；
8、9、10—减压阀；11、12、13—单向调速阀；14、15、16—压力表。

图 8-3　数控车床液压系统

数控车床上由液压系统实现的动作有：卡盘的夹紧与松开、刀架的夹紧与松开、刀架的正转与反转、尾座套筒的伸出与缩回。液压系统中各电磁阀的电磁铁动作由数控系统的可编程控制器控制，各电磁铁动作如表 8-1 所示。

表 8 - 1　数控车床电磁铁动作表

动作			电磁铁							
			1YA	2YA	3YA	4YA	5YA	6YA	7YA	8YA
卡盘正转	高压	夹紧	+	−	−					
		松开	−	+	−					
	低压	夹紧	+	−	+					
		松开	−	+	+					
卡盘反转	高压	夹紧	−	+	−					
		松开	+	−	−					
	低压	夹紧	−	+	+					
		松开	+	−	+					
刀架	正转								−	+
	反转								+	−
	松开					+				
	夹紧					−				
尾座	套筒伸出						−	+		
	套筒缩回						+	−		

2. 数控车床液压系统的工作原理

数控机床的液压系统采用由单向变量泵供油，系统压力调至 4 MPa，压力由压力表 15 显示。泵输出的压力油经过单向阀进入系统，其工作原理如下。

（1）卡盘的夹紧与松开。

当卡盘处于正卡（或称外卡）且在高压夹紧状态下，夹紧力的大小由减压阀 8 来调整，夹紧压力由压力表 14 来显示。当 1YA 通电时，阀 3 左位工作，系统压力油经阀 8、阀 4、阀 3 到液压缸右腔，液压缸左腔的油液经阀 3 直接回油箱。这时，活塞杆左移，卡盘夹紧。反之，当 2YA 通电时，阀 3 右位工作，系统压力油经阀 8、阀 4、阀 3 到液压缸左腔，液压缸右腔的油液经阀 3 直接回油箱。这时，活塞杆右移，卡盘松开。

当卡盘处于正卡且在低压夹紧状态下，夹紧力的大小由减压阀 9 来调整。这时，3YA 通电，阀 4 右位工作。阀 3 的工作情况与高压夹紧时相同。卡盘反卡时的工作情况与正卡相似。

（2）回转刀架的回转。

回转刀架换刀时，首先是刀架松开，然后刀架转位到指定位置，最后刀架复位夹紧。当 4YA 通电时，阀 6 右位工作，刀架松开，当 8YA 通电时，液压马达带动刀架正转，转速由单向调速阀 11 控制。若 7YA 通电，则液压马达带动刀架反转，转速由单向调速阀 12 控制。当 4YA 断电时，阀 6 左位工作，液压缸使刀架夹紧。

（3）尾座套筒缸的伸缩运动。

当 6YA 通电时，阀 7 左位工作，系统压力油经减压阀 10、阀 7 到尾座套筒液压缸的左腔，液压缸右腔油经单向调速阀 13、阀 7 回油箱，缸筒带动尾座套筒伸出，伸出时的预紧力大小通过压力表 16 显示。反之，当 5YA 通电时，阀 7 右位工作，系统压力油经减压阀 10、阀 7、单向调速阀 13 到尾座套筒液压缸的右腔，液压缸左腔油经阀 7 回油箱，缸筒带动尾座套筒缩回。

3. 数控车床液压系统的特点

（1）采用单向变量泵向系统供油，能量损失小。

（2）用换向阀控制卡盘，实现高压和低压夹紧的转换，并且分别调节高压夹紧或低压夹紧力的大小，这样可根据工件情况调节夹紧力，操作方便简单。

（3）用液压马达实现刀架的转位，可实现无级调速，并能控制刀架正反转。

（4）用换向阀控制尾座套筒液压缸的换向，以实现套筒的伸出和缩回，并能调节尾座套筒伸出时预紧力的大小，以适应不同工件的需要。

（5）压力表 14、15、16 可分别显示系统相应处的压力。

8.4　汽车起重机液压系统

1. 认识汽车起重机液压系统

汽车起重机机动性好，适应性强，自备动力，能在野外作业，操作简便灵活，能以较快的速度行走，在交通运输、城建、消防、大型物料场、基建、急救等领域得到了广泛的使用。汽车起重机上采用液压起重技术，具有承载能力大，可在有冲击、振动和环境较差的条件下工作。因为系统执行元件需要完成的动作较为简单，位置精度要求较低，所以系统以手动操纵为主。对于起重机液压系统，设计中确保工作可靠与安全至关重要。

汽车起重机以相配套的载重汽车为基本部分，在其上添加相应的起重功能部件组成，并且利用汽车自备的动力作为起重机的液压系统动力。起重机工作时，汽车的轮胎不受力，依靠四条液压支腿将整个汽车抬起来，并将起重机的各个部分展开，进行起重作业。当需要转移起重作业现场时，只需要将起重机的各个部分收回到汽车上，使汽车恢复到车辆运输功能状态，即可进行转移。

图 8-4 所示为汽车起重机的结构原理。它主要由以下五个部分构成。

（1）支腿装置：起重作业时使汽车轮胎离开地面，架起整车，不使载荷压在轮胎上，并可调节整车的水平度。

（2）吊臂回转机构：使吊臂实现 360° 任意回转，并在任何位置都能够锁定停止。

（3）吊臂伸缩机构：使吊臂在一定尺寸范围内可调，并能够定位，用以改变吊臂的工作长度。一般为 3 节或 4 节套筒伸缩结构。

（4）吊臂变幅机构：使吊臂在一定角度范围内任意可调，用以改变吊臂的倾角。

（5）吊钩起降机构：使重物在起吊范围内任意升降，并在任意位置负重停止，起吊和下降速度在一定范围内无级可调。

2. Q2-8 型汽车起重机液压系统的工作原理

Q2-8 型汽车起重机是一种中小型起重机（最大起重能力为 8t）。表 8-2 列出了该汽车

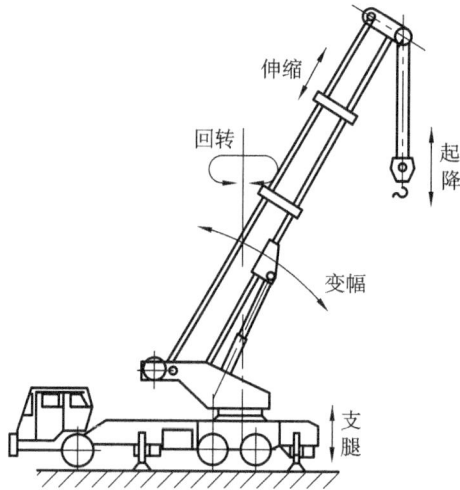

图 8-4　汽车起重机工作机构原理

起重机液压系统的工作情况。Q2-8 型汽车起重机液压系统如图 8-5 所示。它都是通过手动操纵来实现多缸各自动作的。起重作业时一般为单个动作，少数情况下有两个缸的复合动作。为简化结构，系统采用一个液压泵给各执行元件串联供油。在轻载情况下，各串联的执行元件可任意组合，使几个执行元件同时动作，如伸缩和回转，或伸缩和变幅同时进行等。

表 8-2　Q2-8 型汽车起重机液压系统的工作情况

手动阀位置						系统工作情况						
阀1	阀2	阀3	阀4	阀5	阀6	前支腿液压缸	后支腿液压缸	回转液压马达	伸缩液压缸	变幅液压缸	起升液压马达	制动液压缸
左位	中位	中位	中位	中位	中位	伸出	不动	不动	不动	不动	不动	制动
右位	中位	中位	中位	中位	中位	缩回	不动	不动	不动	不动	不动	制动
中位	左位	中位	中位	中位	中位	不动	伸出	不动	不动	不动	不动	制动
中位	右位	中位	中位	中位	中位	不动	缩回	不动	不动	不动	不动	制动
中位	中位	左位	中位	中位	中位	不动	不动	正转	不动	不动	不动	制动
中位	中位	右位	中位	中位	中位	不动	不动	反转	不动	不动	不动	制动
中位	中位	中位	左位	中位	中位	不动	不动	不动	缩回	不动	不动	制动
中位	中位	中位	右位	中位	中位	不动	不动	不动	伸出	不动	不动	制动
中位	中位	中位	中位	左位	中位	不动	不动	不动	不动	减幅	不动	制动
中位	中位	中位	中位	右位	中位	不动	不动	不动	不动	增幅	不动	制动
中位	中位	中位	中位	中位	左位	不动	不动	不动	不动	不动	正转	松开
中位	中位	中位	中位	中位	右位	不动	不动	不动	不动	不动	反转	松开

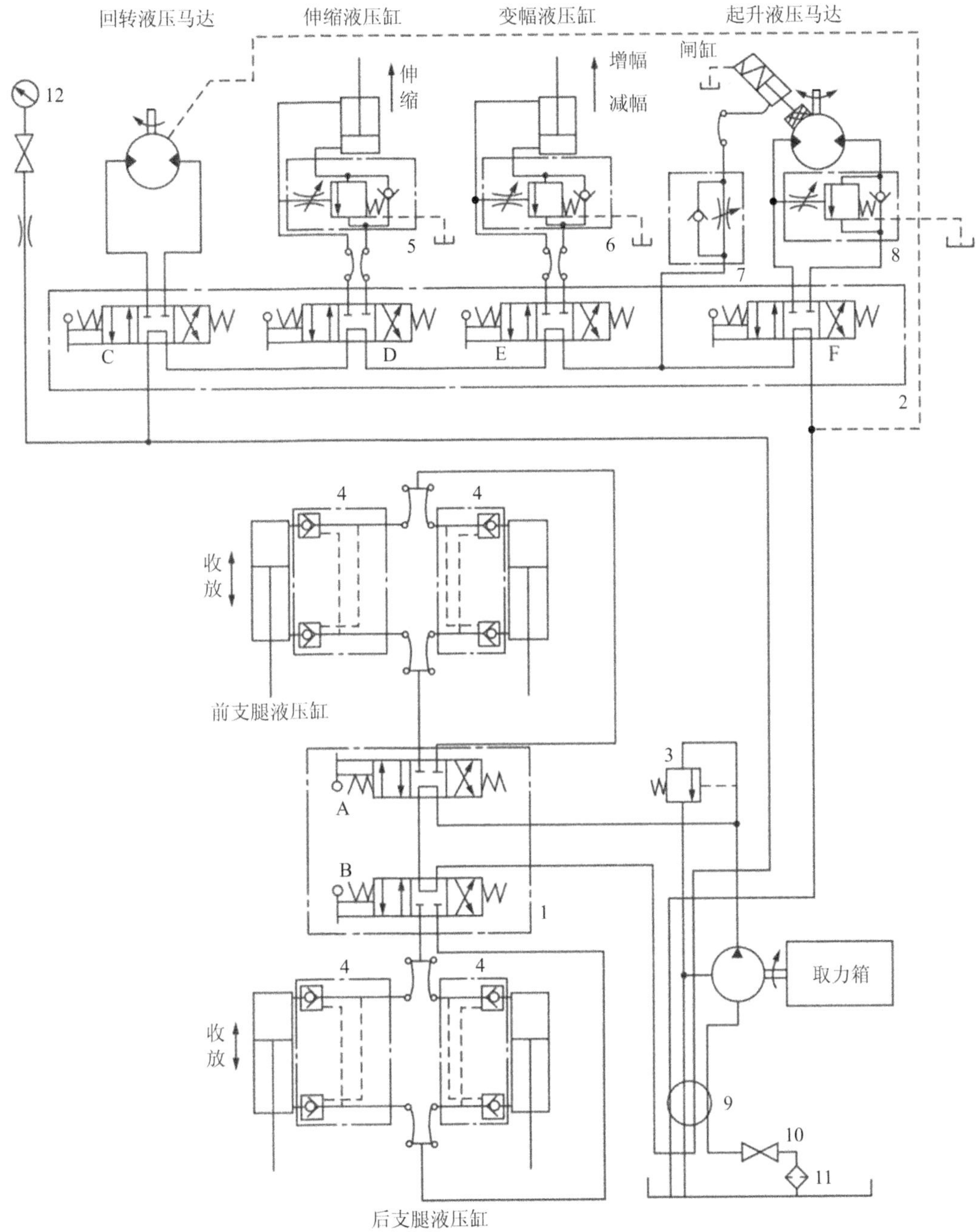

1、2—手动阀组；3—溢流阀；4—双向液压锁；5、6、8—平衡阀；7—节流阀；9—中心回转接头；10—开关；11—过滤器；12—压力计；A、B、C、D、E、F—手动换向阀。

图 8-5　Q2-8 型汽车起重机液压系统

　　汽车起重机液压系统中液压泵的动力都是由汽车发动机通过装在底盘变速箱上的取力箱提供的。液压泵为高压定量齿轮泵。由于发动机的转速可以通过油门人为调节控制，因此尽管是定量泵，但在一定的范围内，其输出的流量可以通过控制汽车油门开口度的大小由人为控制，从而实现无级调速。该泵的额定压力为 21 MPa，排量为 40 mL/r，额定转速为 1500 r/min。液压泵通过中心回转接头 9、开关 10 和过滤器 11 从油箱吸油；输出的压力油经中心回转接头 9、多路手动阀组 1 和 2 的操作，将压力油串联地输送到各执行元件。当起重机不工作时，液压系统处于卸荷状态。系统工作的具体情况如下。

1）支腿缸收放回路

汽车起重机的底盘前后各有两条支腿，在每一条支腿上都装着一个液压缸，支腿的动作由液压缸驱动。两条前支腿和两条后支腿分别由手动阀组 1 中的三位四通手动换向阀 A 和 B 控制其伸出或缩回。换向阀均采用 M 形中位机能，且油路采用串联方式。每个液压缸的油路上均设有双向锁紧回路，以保证支腿被可靠地锁住，防止在起重作业时发生"软腿"现象或在行车过程中支腿自行滑落。这时油路的流动情况如下：

前支腿进油路：取力箱→液压泵→手动阀组 1 中的阀 A（左位或右位）→两个前支腿缸进油腔（阀 A 左位进油，前支腿放下；阀 A 右位进油，前支腿收回）；

回油路：两个前支腿缸回油腔→手动阀组 1 中的阀 A（左位或右位）→阀 B（中位）→中心回转接头 9→多路换向阀 2 中阀 C、D、E、F 的中位→中心回转接头 9→油箱。

后支腿进油路：取力箱→液压泵→手动阀组 1 中的阀 A（中位）→阀 B（左位或右位）→两个后支腿缸进油腔（阀 B 左位进油，后支腿放下；阀 B 右位进油，后支腿收回）；

回油路：两个后支腿缸回油腔→手动阀组 1 中的阀 B（左位或右位）→中心回转接头 9→手动阀组 2 中的阀 C、D、E、F 的中位→中心回转接头 9→油箱。

前后四条支腿可以同时收和放，当手动阀组 1 中的阀 A 和 B 同时左位工作时，四条支腿都放下；阀 A 和 B 同时右位工作时，四条支腿都收回；当手动阀组 1 中的阀 A 左位工作，阀 B 右位工作时，前支腿放下，后支腿收回；当手动阀组 1 中的阀 A 右位工作，阀 B 左位工作时，前支腿收回，后支腿放下。

2）吊臂回转回路

吊臂回转机构采用液压马达作为执行元件。液压马达通过蜗轮蜗杆减速箱和一对内啮合的齿轮传动来驱动转盘回转。转盘转速较低（1～3 r/min），故液压马达的转速也不高，没有必要设置液压马达的制动回路。系统用手动阀组 2 中的一个三位四通手动换向阀 C 来控制转盘正、反转和锁定不动三种工况。这时油路的流动情况如下：

进油路：取力箱→液压泵→手动阀组 1 中的阀 A、阀 B 中位→中心回转接头 9→手动阀组 2 中的阀 C（左位或右位）→回转液压马达进油腔。

回油路：回转液压马达回油腔→手动阀组 2 中的阀 C（左位或右位）→手动阀组 2 中的阀 D、E、F 的中位→中心回转接头 9→油箱。

3）伸缩回路

起重机的吊臂由基本臂和伸缩臂组成，伸缩臂套在基本臂中，用一个由三位四通手动换向阀 D 控制的伸缩液压缸来驱动吊臂的伸出和缩回。为防止因自重而使吊臂下落，油路中设有平衡回路。这时油路的流动情况如下：

进油路：取力箱→液压泵→手动阀组 1 中的阀 A、阀 B 中位→中心回转接头 9→手动阀组 2 中的阀 C 中位→换向阀 D（左位或右位）→伸缩缸进油腔。

回油路：伸缩缸回油腔→手动阀组 2 中的阀 D（左位或右位）→手动阀组 2 中的阀 E、F 的中位→中心回转接头 9→油箱。

当手动阀组 2 中的阀 D 左位工作时，伸缩缸上腔进油，缸缩回；阀 D 右位工作时，伸缩缸下腔进油，缸伸出。

4）变幅回路

吊臂变幅是用一个液压缸来改变起重臂的角度。变幅液压缸由三位四通手动换向阀 E 控制。同理，为防止在变幅作业时因自重而使吊臂下落，在油路中设有平衡回路。这时油路的流动情况如下：

进油路：取力箱→液压泵→手动阀组 1 中的阀 A、阀 B 中位→中心回转接头 9→阀 C 中位→阀 D 中位→阀 E（左位或右位）→变幅缸进油腔。

回油路：变幅缸回油腔→阀 E（左位或右位）→阀 F 中位→中心回转接头 9→油箱。

当手动阀组 2 中的阀 E 左位工作时，变幅缸上腔进油，缸减幅；阀 E 右位工作时，变幅缸下腔进油，缸增幅。

5）起降回路

起降机构是汽车起重机的主要工作机构，它由一个低速大转矩定量液压马达来带动起重机工作。液压马达的正、反转由三位四通手动换向阀 F 控制。起重机起升速度的调节是通过改变汽车发动机的转速从而改变液压泵的输出流量和液压马达的输入流量来实现的。在液压马达的回油路上设有平衡回路，以防止重物自由落下。在液压马达上还设有单向节流阀的平衡回路，以防止重物自由落下。此外，在液压马达上还设有由单向节流阀和单作用闸缸组成的制动回路，当系统不工作时，通过闸缸中的弹簧力实现对起重机的制动，防止起吊重物下滑。当起重机负重起吊时，利用制动器延时张开的特性，可以避免起重机起吊时发生溜车下滑现象。这时油路的流动情况如下：

进油路：取力箱→液压泵→手动阀组 1 中的阀 A、阀 B 中位→中心回转接头 9→阀 C 中位→阀 D 中位→阀 E 中位→阀 F（左位或右位）→起重机液压马达进油腔。

回油路：起重机液压马达回油腔→阀 F（左位或右位）→中心回转接头 9→油箱。

3. Q2-8 型汽车起重机性能分析

由图 8-5 可知，该液压系统由调速、调压、锁紧、换向、制动、平衡、多缸卸荷等液压基本回路组成，其性能特点如下。

（1）在调速回路中，用手动调节换向阀的开度大小来调整工件机构（起降机构除外）的速度，方便灵活，但工人的劳动强度较大。

（2）在调压回路中，用安全阀来限制系统的最高工作压力，防止系统过载，对起重机起到超重起吊安全保护作用。

（3）在锁紧回路中，采用由液控单向阀构成的双向液压锁将前后支腿锁定在一定位置上，工作可靠、安全，确保整个起吊过程中每条支腿都不会出现"软腿"的现象，有效时间长。

（4）在平衡回路中，采用经过改进的单向液控顺序阀作平衡阀，以防止在起升、吊臂伸缩和变幅作业过程中因重物自重而下降，且工作稳定、可靠。但在一个方向有背压，会对系统造成一定的功率损耗。

（5）在多缸卸荷回路中，采用多路换向阀结构，其中的每一个三位四通手动换向阀的中位机能都为 M 型，并且将阀在油路中串联起来使用，这样可以使任何一个工作机构单独动作，也可在轻载下任意组合地同时动作。但采用 6 个换向阀串联连接，会使液压泵的卸荷压力加大，系统效率降低。

（6）在制动回路中，采用由单向节流阀和单作用闸缸构成的制动器，制动可靠，动作快，由于要用液压油输入液压缸压缩弹簧来松开制动，因此制动松开的动作慢，可防止负重起重时溜车现象发生，确保起吊安全。

8.5 液压系统综合实验

1. 实验目的

（1）掌握减压阀、顺序阀的结构、工作原理及应用。

（2）正确绘制钻床压力控制回路。

（3）正确连接和安装钻床压力控制回路和其他压力控制回路。

2. 项目分析

图 8-6 所示为液压钻床工作示意图。钻头的进给和工件的夹紧都是由液压系统来控制的。因为加工的工件不同，加工时所需的夹紧力也不同，所以工作时液压缸 A 的夹紧力必须能够固定在不同的压力值。同时，为了保证安全，液压缸 B 必须在液压缸 A 的夹紧力达到规定值时才能推动钻头进给。要达到这一要求，系统中应采用什么样的液压元件来控制这些动作呢？它们又是如何工作的呢？

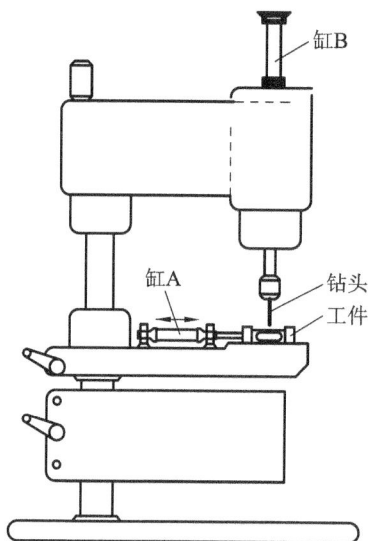

图 8-6 液压钻床工作示意图

由上述分析可以知道，要控制液压缸 A 的夹紧力，就要求输入端的液压油压力能够随输出端的压力降低而自动减小，实现这一功能的液压元件就是减压阀。此外，系统还要求液压缸 B 必须在液压缸 A 的夹紧力达到规定值时才能动作，即动作前需要通过检测液压缸 A 的压力，把液压缸 A 的压力作为控制液压缸 B 动作的信号，这在液压系统中可以使用顺序阀通过压力信号来接通和断开液压回路，从而达到控制执行元件动作的目的。若要满足这一要求，则需设计压力控制回路。

3. 工作原理分析

液压钻床液压回路如图 8-7 所示。阀 A 和阀 B 是由顺序阀与单向阀构成的组合阀，称为单向顺序阀。夹紧液压缸与钻孔液压缸依"夹紧→工作进给→快退→松开"的顺序动作。动作开始时扳动二位四通换向阀，使其左位接入系统，压力油只能进入夹紧液压缸的左腔，回油经阀 B 中的单向阀回油箱，实现夹紧动作。夹紧液压缸活塞右行到达终点后，夹紧工件，系统压力升高，打开阀 A 中的顺序阀，压力油进入钻孔液压缸左腔，回油经换向阀回油箱，实现工作进给动作。钻孔完毕以后，松开手柄，扳动换向阀换向，使回路处于图中所示状态，压力油先进入钻孔液压缸右腔，回油经阀 A 中的单向阀及手动换向阀回油箱，实现快退动作，钻头退回。左行到达终点后，油压升高，打开阀 B 中的顺序阀，压力油进入夹紧液压缸右腔，回油经换向阀回油箱，实现松开动作，至此完成一个工作循环。该回路的可靠性在很大程度上取决于顺序阀的性能和压力调定值。为了严格保证动作顺序，应使顺序阀的调定压力大于 $(8 \sim 10) \times 10^5$ Pa。否则顺序阀可能在压力波动下先行打开，使钻孔液压缸产生先动现象(也就是工件未夹紧就钻孔)，影响工作的可靠性。此回路适用于液压缸数目不多且阻力变化不大的场合。

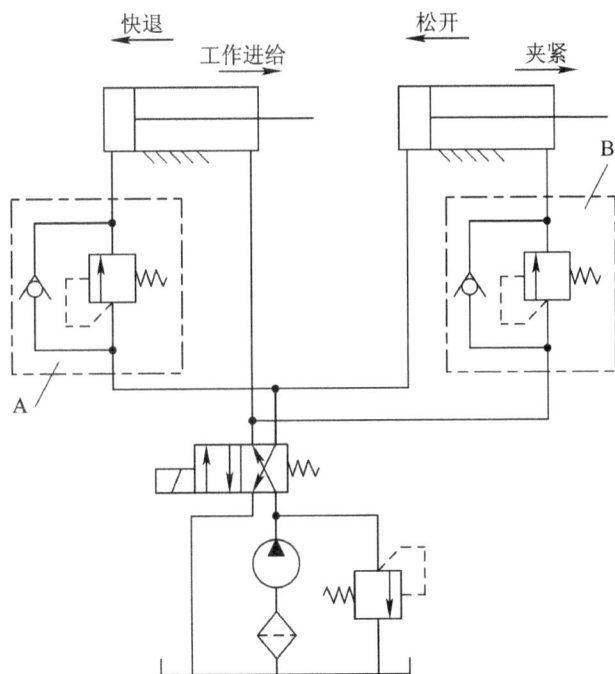

图 8-7 液压钻床液压回路

针对任务引入提出的要求，可以利用减压阀来控制夹紧液压缸的夹紧力，用顺序阀来控制夹紧液压缸和钻孔液压缸的动作顺序，那么不难看出，只要在图示的基础上，在夹紧液压缸的回油路上接上减压阀就可以组成液压钻床的液压系统回路。

4. 实施步骤

(1) 根据项目要求，绘制压力控制回路，如图 8-7 所示。

(2) 选择相应元器件，在实验台上组建回路并检查回路的功能是否正确。

（3）检查各油口连接情况后，启动液压泵，观察压力表显示系统压力值。

（4）调节顺序阀调压手柄，观察执行元件运动顺序。

（5）完成实验后，经指导教师检查评估后，关闭油泵，拆下管线，将元件放回原来位置，做好实验室 5S。

习　题　8

8-1　如何分析与读懂一个液压系统？

8-2　如习题图 8-1 所示，该系统是由哪些基本回路组成的？阀 3、6、8 在油路中起什么作用？

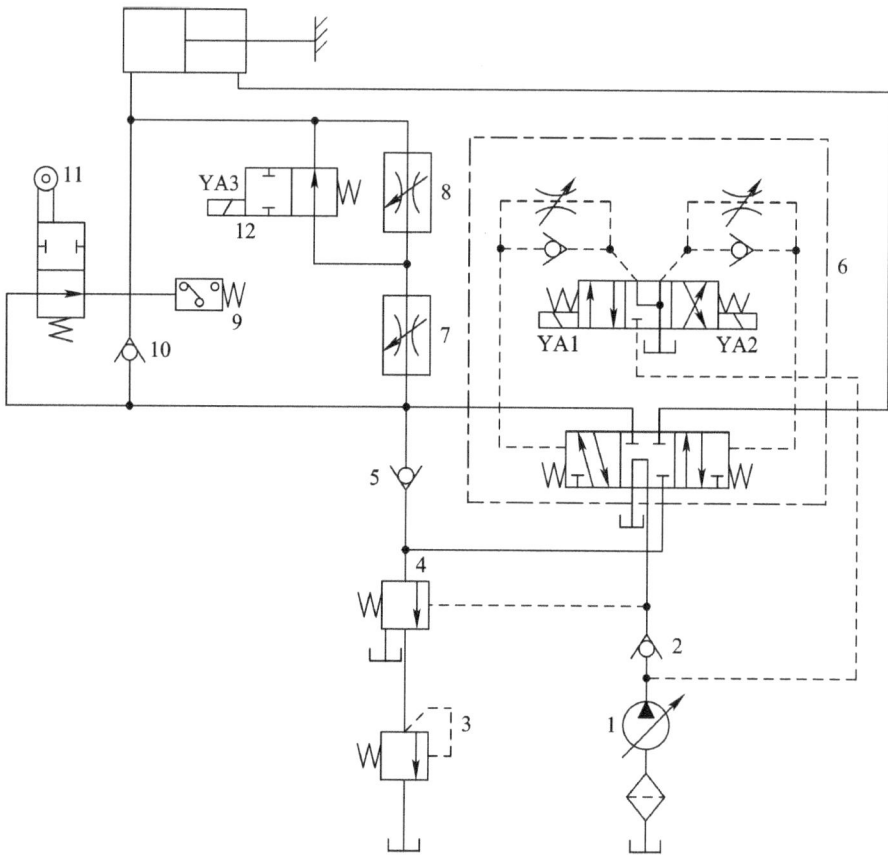

习题图 8-1

8-3　试将习题图 8-2 所示的液压系统图中的动作顺序表（习题表 8-2）填写完整，并分析讨论系统的特点。

说明：

（1）Ⅰ、Ⅱ 各自独立，互不约束。

（2）3YA、4YA 有一个通电时，1YA 便通电。

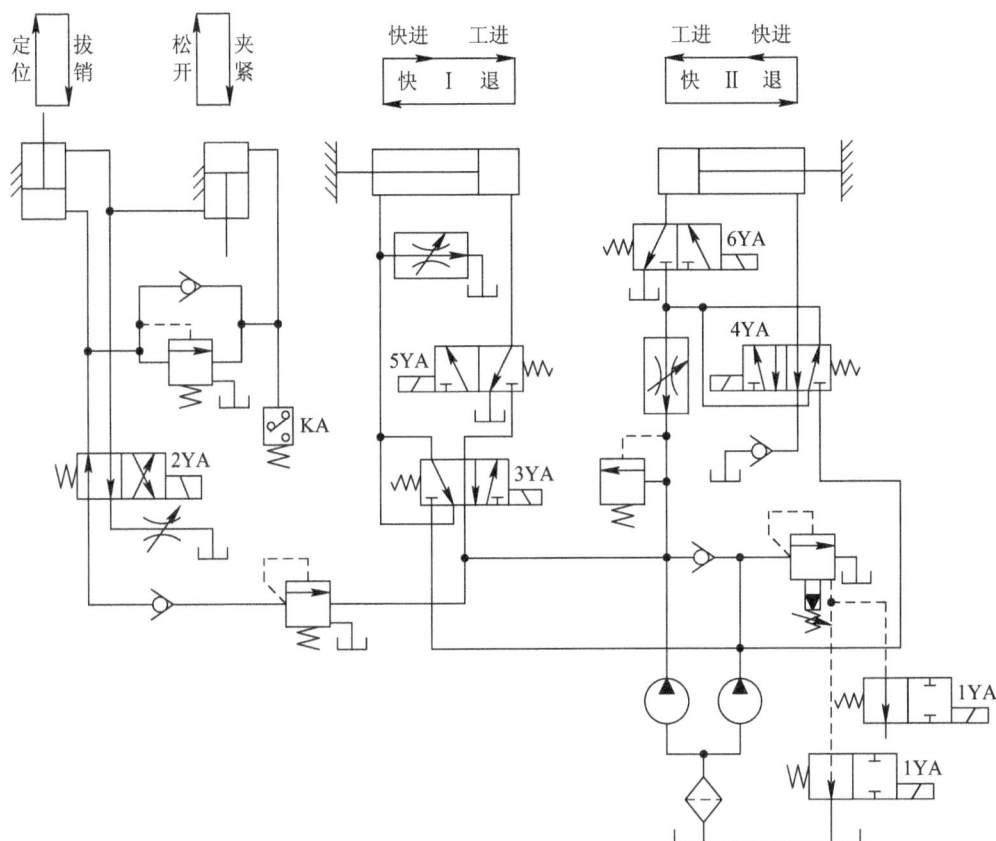

习题图 8-2

习题表 8-2

动作名称	电 气 元 件 状 态						
	1YA	2YA	3YA	4YA	5YA	6YA	KA
定位夹紧							
快进							
工进							
快退							
定位夹紧							
原位(卸荷)							

8-4　如习题图 8-3 所示的液压机系统，其工作循环为：快速下降→压制→快速退回→原位停止。

(1) 已知：① 液压缸无杆腔的面积 $A_1 = 100\ cm^2$，有杆腔的有效工作面积 $A_2 = 50\ cm^2$，移动部件自重 $G = 5000\ N$；② 快速下降时外负载 $F_L = 10\ 000\ N$，速度 $v_1 = 6\ m/min$；③ 压制时外负载 $F_L = 50000\ N$，速度 $v_2 = 0.2\ m/min$；④ 快速回程时外负载 $F_L = 10\ 000\ N$，速度 $v_3 = 12\ m/min$；管路压力损失、泄漏损失、液压缸的密封摩擦力及惯

性力等均忽略不计。

（2）试求：① 液压泵 1 和液压泵 2 的最大工作压力及流量；② 阀 3、4、6 各起什么作用？其调整压力各为多少？

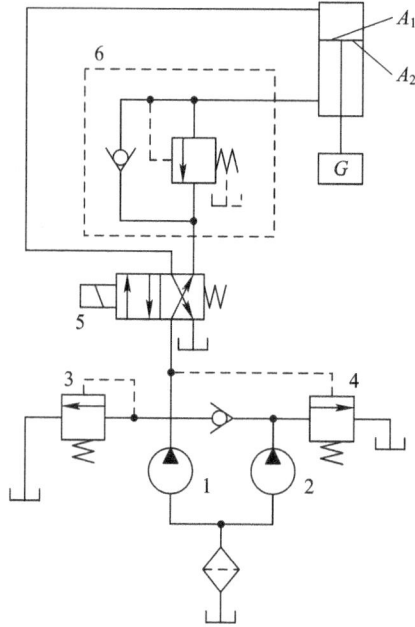

习题图 8 - 3

第9章 气压传动基本知识

⌐⌐⌐ 9.1 认识气压传动

气压传动是以空气压缩机为动力源，以压缩空气为工作介质，进行能量和信号传递的一门技术，是实现生产自动化的有效技术之一。气压传动的工作原理是利用空气压缩机把电动机或其他原动机输出的机械能转换为空气的压力能，然后在控制元件的作用下，通过执行元件把压力能转换为直线运动或回转运动形式的机械能，从而完成各种动作，并对外做功。

1. 气压传动技术的优缺点

气压传动技术被广泛应用于机械、电子、轻工、纺织、食品、医药、包装、冶金、石化、航空、交通运输等各个工业部门，组合机床、加工中心、气动机械手、生产自动线、自动检测和实验装置等已大量涌现，在提高生产效率、自动化程度、产品质量、工作可靠性和实现特殊工艺等方面显示出极大的优越性。气压传动与机械、电气、液压传动相比有以下特点：

（1）优点。

① 机器结构简单、轻便，易于安装维护；压力等级低，使用安全。

② 工作介质是在地表随处可取的空气，取之不尽、用之不竭。在大多数场合，排气可无须处理直接进入大气，不污染环境。

③ 空气的特性受温度影响小。在高温下能可靠地工作，不会发生燃烧或爆炸。温度变化时，对空气的黏度影响极小，故不会影响传动性能。

④ 空气的黏度很小(约为液压油的万分之一)，所以流动阻力小，在管道中流动的压力损失较小，便于集中供应和远距离输送。

⑤ 能容易地得到直线往复运动，并具有相当功率，速度变化范围广，既可实现高速驱动，也可实现低速驱动。一般气缸的平均速度为 $50 \sim 500$ mm/s，最低可到 $0.5 \sim 1$ mm/s，用于高压气动中最高可达 100 m/s。

⑥ 利用空气的可压缩性，可存储能量，实现集中供气。可在短时间内释放能量，以得到间歇运动中的高速响应和大冲击力。可实现缓冲，对冲击负载和过负载有较强的适应能力，气动装置在一定条件下有自我保护能力。

⑦ 工作环境适应性好，特别是在易燃、易爆、多尘埃、强磁、辐射、振动等恶劣环境中，比液压、电子、电气传动和控制优越。

（2）缺点。

① 由于空气的可压缩性较大，气压传动装置的动作稳定性较差，外载变化时，对工作

速度的影响较大。

② 由于工作压力低，气压传动装置的输出力或力矩受到限制。在结构尺寸相同的情况下，气压传动比液压传动输出的力要小得多。气压传动装置的输出力不宜大于 $10\sim40$ kN。

③ 气压传动装置中的信号传动速度比光、电控制速度慢，所以不宜用于信号传递速度要求十分高的复杂线路中。同时实现生产过程的遥控也比较困难，但对一般的机械设备，气压传动信号的传递速度是能满足工作要求的。

④ 噪声较大，尤其是在超声速排气时要加消声器。

气压传动与其他传动的性能比较如表 9-1 所示。

表 9-1　气压传动与其他传动的性能比较

传动方式		操作力	动作快慢	环境要求	构造	负载变化影响	操作距离	无级调速	工作寿命	维护	价格
气压传动		中等	较快	适应性好	简单	较大	中距离	较好	长	一般	便宜
液压传动		最大	较慢	不怕振动	复杂	有一些	短距离	良好	一般	要求高	稍贵
电传动	电气	中等	快	要求高	稍复杂	几乎没有	远距离	良好	较短	要求较高	稍贵
	电子	最小	最快	要求特高	最复杂	没有	远距离	良好	短	要求更高	最贵
机械传动		较大	一般	一般	一般	没有	短距离	较困难	一般	简单	一般

2. 气压传动技术的应用和发展

1）气压传动技术的应用

气压传动技术是生产过程自动化和机械化的最有效手段之一，具有高速高效、安全长寿、低成本、易维护、防过载等优点，在工业部门的许多领域中，正得到越来越广泛的应用。机床工业向机械工业提供"工作母机"，是机械工业的基础。现代机床工业的主流产品是数控机床，它汇集了多种学科最先进的技术，具有高效率、高精度、高自动化和高柔性的特点，并正向智能化、集成化方向发展，是当代机械制造业的基础和核心。在数控机床中，气压传动技术主要应用于以下装置中。

（1）机床部件的移动，主要用于进给运动传动，如主轴、工作台的移动等。

（2）数控机床的辅助装置中，如固定循环、自动换刀、工作台的夹紧松开、自动门的开合、吹气、工件夹紧、工件的自动上下料、搬送堆放等处，可以缩短加工辅助时间，减轻工人劳动强度，充分发挥数控设备的高效性能。

（3）自动吹屑，如工件、交换工作台、工具定位面等处。

（4）运动部件的平衡，如主轴箱的重力平衡、机械手、刀库的平衡装置等。

（5）检测功能，如工件位置的确认、刀具缺损的确认等。

2）气压传动技术的发展前景

随着国内机床的急速增长，生产自动化水平的不断提高，气压传动技术在机床行业的发展趋势将主要表现在以下几个方面。

（1）标准化。为了便于紧急维护维修，现在的用户一般会要求产品具有可替换性，甚至连安装件也都要求标准件，因此，符合 ISO、VDMA、NFE 等标准的产品将持续稳定增长。

（2）无油化、更环保。国外设备普遍采用由过滤器、减压阀和不供油润滑的阀、气缸等组成的无给油润滑气动系统，这种系统在元件需要润滑处预先封入润滑脂，无需油雾器，可长时间工作而不需补充润滑脂，可降低油耗、改善环境，成本低，维修方便，性能稳定。

（3）紧凑化、模块化、集成化。现在的设备要求在有限的空间内实现更多的功能，因此对于气压传动元件的尺寸也要求越来越紧凑、集成，促进了大量新产品的研发与制造。

（4）智能化、网络化。伴随着数控机床的智能化、网络化的发展趋势，应用于机床行业的气压传动技术的智能化、网络化也就成为必然。

（5）长寿命、高可靠性。降低故障率的最有效方法是使用可靠性好、寿命长的产品，如前文所提到的精密密封滑柱阀，采用间隙密封，滑柱阀套经硬质阳极氧化处理，使用寿命可达两亿次以上，还有 IP65 的防尘防水等级，可实现长期无故障使用。

3. 气压传动系统的组成

典型的气压传动系统由气源装置、控制元件、执行元件和辅助元件四部分组成，如图 9-1 所示。

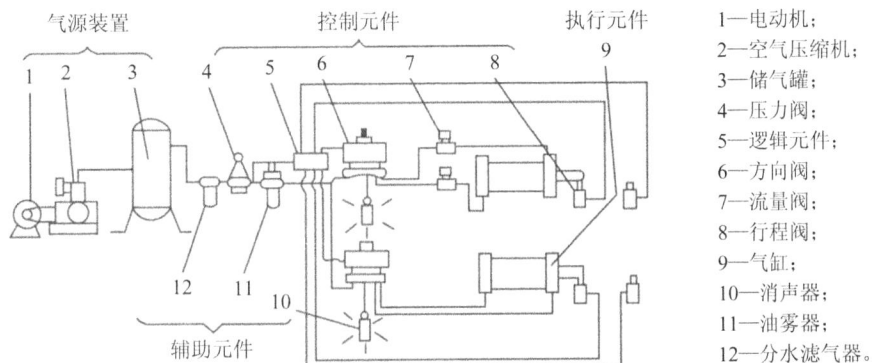

1—电动机；
2—空气压缩机；
3—储气罐；
4—压力阀；
5—逻辑元件；
6—方向阀；
7—流量阀；
8—行程阀；
9—气缸；
10—消声器；
11—油雾器；
12—分水滤气器。

图 9-1　气压传动系统的组成

（1）气源装置是获得压缩空气的装置。其主体部分是空气压缩机，它将原动机供给的机械能转变为气体的压力能。使用气动设备较多的厂矿常将气源装置集中于压气站（俗称空压站）内，由压气站再统一向各用气点分配压缩空气。

（2）控制元件是用来控制压缩空气的压力、流量和流动方向的，以便使执行机构完成预定的工作循环。它包括各种压力阀、流量阀、方向阀、射流元件、逻辑元件、传感器等。

（3）执行元件是将气体的压力能转换为机械能的一种能量转换装置。它包括实现直线往复运动的气缸和实现连续回转运动或摆动的气马达等。

（4）辅助元件是保证压缩空气的净化、元件的润滑、元件间的连接及消声等所必需的，它包括过滤器、油雾器、管接头及消声器等。

9.2　气源装置及辅件

气压传动系统中的气源装置主要为气压传动系统提供满足一定质量要求的压缩空气，它是气压传动系统的重要组成部分。由空气压缩机产生的压缩空气必须经过降温、净化、减压、稳压等一系列处理后，才能供给控制元件和执行元件使用。而用过的压缩空气排向大气时，会产生噪声，应采取措施降低噪声，改善劳动条件和环境质量。

1. 对压缩空气的要求

1）要求压缩空气具有一定的压力和足够的流量

因为压缩空气是气压传动装置的动力源，没有一定的压力不但不能保证执行机构产生足够的推力，甚至连控制机构都难以正确地动作；没有足够的流量，就不能满足对执行机构运动速度和程序的要求等。总之，若压缩空气没有一定的压力和流量，则气压传动装置的一切功能均无法实现。

2）要求压缩空气具有一定的清洁度和干燥度

清洁度是指气源中含油量、含灰尘杂质的质量及颗粒大小都要控制在很低的范围内。干燥度是指压缩空气中含水量的多少，气压传动装置要求压缩空气的含水量越低越好。由空气压缩机排出的压缩空气虽然能够满足一定的压力和流量的要求，但不能为气压传动装置所使用。因为一般气压传动设备所使用的空气压缩机都属于工作压力较低（小于 1 MPa），且用油润滑的活塞式空气压缩机。它从大气中吸入含有水分和灰尘的空气，经压缩后，空气温度均提高到 140～180℃，这时空气压缩机气缸中的润滑油也部分成为气态，这样油分、水分及灰尘便形成混合的胶体微尘与杂质混在压缩空气中一同排出。如果将此压缩空气直接输送给气压传动装置使用，将会产生下列影响。

（1）一方面混在压缩空气中的油蒸气可能聚集在储气罐、管道、气压传动系统的容器中形成易燃物，有引起爆炸的危险；另一方面，润滑油被汽化后，会形成一种有机酸，对金属设备、气压传动装置有腐蚀作用，影响设备的寿命。

（2）混在压缩空气中的杂质能沉积在管道和气压传动元件的通道内，减少了通道面积，增加了管道阻力。特别是对内径只有 0.2～0.5 mm 的某些气压传动元件会造成阻塞，使压力信号不能正确传递，整个气压传动系统不能稳定工作甚至失灵。

（3）压缩空气中含有的饱和水分在一定的条件下会凝结成水，并聚集在个别管道中。在寒冷的冬季，凝结的水会使管道及附件结冰而损坏，影响气压传动装置的正常工作。

（4）压缩空气中的灰尘等杂质对气压传动系统中做往复运动或转动的气压传动元件（如气缸、气马达、气动换向阀等）的运动副会产生研磨作用，使这些元件因漏气而降低效率，影响元件的使用寿命。

因此气源装置必须设置一些除油、除水、除尘，并使压缩空气干燥，提高压缩空气质量，进行气源净化处理的辅助设备。

2. 压缩空气站的设备组成及布置

压缩空气站的设备一般包括产生压缩空气的空气压缩机和使气源净化的辅助设备。图 9-2 所示为压缩空气站设备组成及布置示意图。

在图 9-2 中，1 是空气压缩机，用以产生压缩空气，一般由电动机带动。其吸气口装有空气过滤器以减少进入空气压缩机的杂质量。2 是后冷却器，用以降温冷却压缩空气，使净化的水凝结出来。3 是油水分离器，用以分离并排出降温冷却的水滴、油滴、杂质等。4 是储气罐，用以储存压缩空气，稳定压缩空气的压力并除去部分油分和水分。5 是干燥器，用以进一步吸收或排出压缩空气中的水分和油分，使之成为干燥空气。6 是过滤器，用以进一步过滤压缩空气中的灰尘、杂质颗粒。7 是储气罐。储气罐 4 输出的压缩空气可用

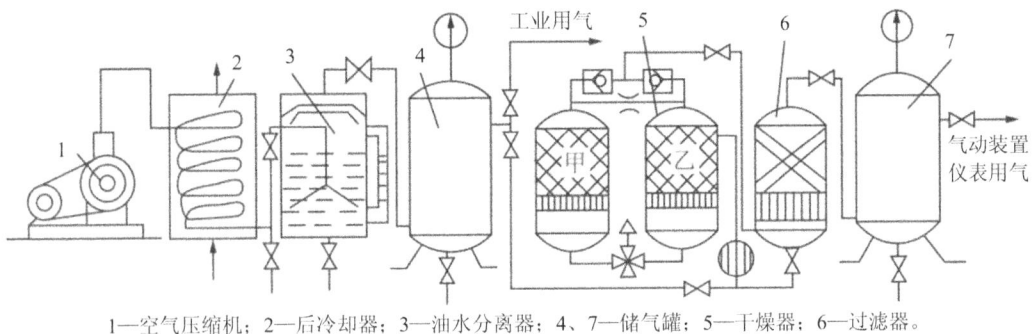

1—空气压缩机；2—后冷却器；3—油水分离器；4、7—储气罐；5—干燥器；6—过滤器。

图 9-2　压缩空气站设备组成及布置示意图

于一般要求的气压传动系统，储气罐 7 输出的压缩空气可用于要求较高的气压传动系统（如气动仪表及射流元件组成的控制回路等）。

(1) 空气压缩机的分类及选用原则。

① 分类。空气压缩机是一种气压发生装置，它是将机械能转化成气体压力能的能量转换装置，其种类很多，分类形式也有数种。如按其工作原理可分为容积型压缩机和速度型压缩机。容积型压缩机的工作原理是压缩气体的体积，使单位体积内气体分子的密度增大以提高压缩空气的压力。速度型压缩机的工作原理是提高气体分子的运动速度，然后使气体的动能转化为压力能以提高压缩空气的压力。

② 选用原则。选用空气压缩机的依据是气压传动系统所需要的工作压力和流量两个参数。一般空气压缩机为中压空气压缩机，额定排气压力为 1 MPa。另外还有低压空气压缩机，排气压力为 0.2 MPa；高压空气压缩机，排气压力为 10 MPa；超高压空气压缩机，排气压力为 100 MPa。

输出流量的选择要根据整个气压传动系统对压缩空气的需要再加一定的备用余量。空气压缩机铭牌上的流量是自由空气流量。

(2) 空气压缩机的工作原理。

气压传动系统中最常用的空气压缩机是往复活塞式，其工作原理如图 9-3 所示。当活塞 3 向右运动时，气缸 2 内活塞左腔的压力低于大气压力，吸气阀 9 被打开，空气在大气压力作用下进入气缸 2 内，这个过程称为吸气过程。当活塞向左移动时，吸气阀 9 在缸内压缩气体的作用下而关闭，缸内气体被压缩，这个过程称为压缩过程。当气缸内空气压力增高到略高于输气管内压力后，排气阀 1 被打开，压缩空气进入输气管道，这个过程称为排气过程。活塞 3 的往复运动是由电动机带动曲柄转动，通过连杆、滑块、活塞杆转化为直线往复运动而产生的。图中只表示了一个活塞一个缸的空气压缩机，大多数空气压缩机是多缸多活塞的组合。

3. 气动辅助元件

气动辅助元件分为气源净化装置和其他辅助元件两大类。

1) 气源净化装置

压缩空气净化装置一般包括后冷却器、油水分离器、储气罐、干燥器、过滤器等。

(1) 后冷却器。

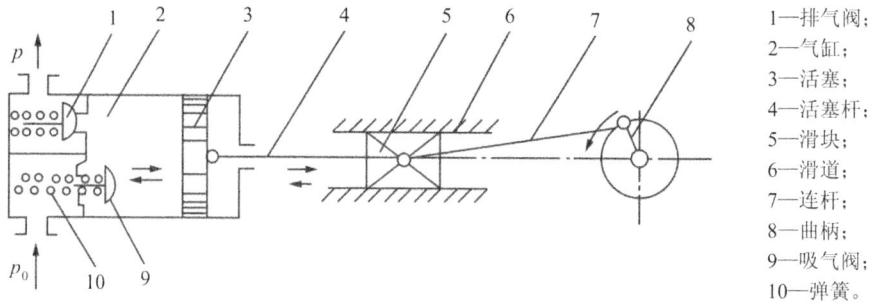

图 9-3　往复活塞式空气压缩机的工作原理

　　后冷却器安装在空气压缩机出口处的管道上。它的作用是将空气压缩机排出的压缩空气温度由 140～170℃ 降至 40～50℃。这样就可使压缩空气中的油雾和水汽迅速达到饱和，使其大部分析出并凝结成油滴和水滴，以便经油水分离器排出。后冷却器的结构形式有蛇形管式、列管式、散热片式、管套式。冷却方式有水冷和气冷两种方式，蛇形管式和列管式后冷却器的结构如图 9-4 所示。

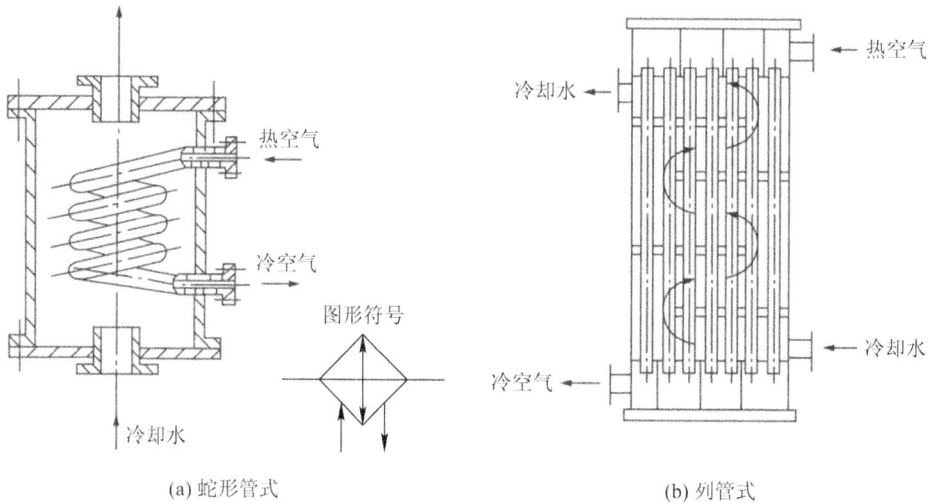

(a) 蛇形管式　　　　　　　　　　　　　　(b) 列管式

图 9-4　后冷却器

　　(2) 油水分离器。

　　油水分离器安装在后冷却器的出口管道上，它的作用是分离并排出压缩空气中凝聚的油分、水分和灰尘杂质等，使压缩空气得到初步净化。油水分离器的结构形式有环形回转式、撞击折回式、离心旋转式、水浴式及以上形式的组合使用等。

　　图 9-5 所示为撞击折回并回转式油水分离器。它的工作原理是：当压缩空气由入口进入分离器壳体后，气流先受到隔板阻挡而被撞击折回向下（如图中箭头所示流向）；之后又上升产生环形回转，这样凝聚在压缩空气中的油滴、水滴等杂质受惯性作用而分离析出，沉降于壳体底部，由放水阀定期排出。

　　为提高油水分离效果，应控制气流在回转后上升的速度不超过 0.3～0.5 m/s。

　　(3) 储气罐。

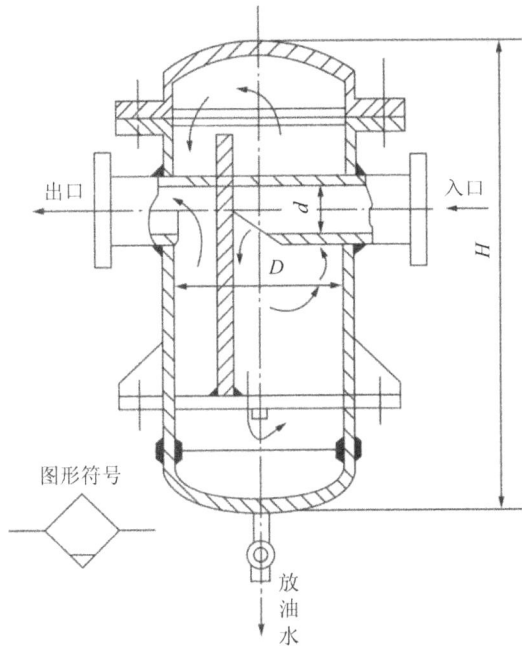

图 9-5　撞击折回并回转式油水分离器

　　储气罐有卧式和立式之分，它是钢板焊接制成的压力容器，水平或垂直地直接安装在后冷却器后面来储存压缩空气，因此，可以减少空气流的脉动。

　　储气罐的作用是储存一定数量的压缩空气；同时也是应急动力源，以解决空气压缩机的输出气量和气动设备的耗气量之间的不平衡，尽可能减少空气压缩机经常发生的"满载"与"空载"现象；消除空气压缩机排气的压力脉动，保证输出气流的连续性和平稳性；进一步分离压缩空气中的油、水等杂质。

　　储气罐一般多采用焊接结构，以立式居多，其结构如图 9-6 所示。

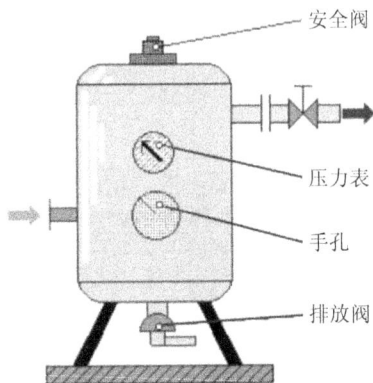

图 9-6　储气罐的结构

　　储气罐的高度一般为其内径的 2～3 倍。进气口在下，出气口在上，并尽可能加大两管口之间的距离，以利于充分分离空气中的杂质。罐上设置安全阀，其调整压力为工作压力的 110%；装设压力表指示罐内压力；设置入孔或手孔，以便清理检查内部；底部设排放油、水的接管和阀门。最好将储气罐放在阴凉处。

储气罐的尺寸大小根据空气压缩机的输出量、系统的尺寸大小及对未来需求量的变化的预测来确定。

对工厂来说，计算储气罐尺寸的原则是：储气罐容量≈空气压缩机每分钟压缩空气的输出量。

例如，空气压缩机输出 18 m³/min 的流量（自由空气），平均压力为 0.7 MPa，因此压缩空气每分钟的输出量为 18 000÷(0.7+0.1)≈2250 L，即容积为 2250 L 的储气罐是合适的。

(4) 干燥器。

经由后冷却器、油水分离器后得到的压缩空气中仍含有一定量的油、水以及少量粉尘，因此还需进行干燥处理。

用于干燥空气的方法是降低露点，到这个温度，空气完全使湿气达到饱和（即 100% 相对湿度）。露点越低，留在压缩空气中的水分就越少。

吸附式干燥器的模型如图 9-7 所示。

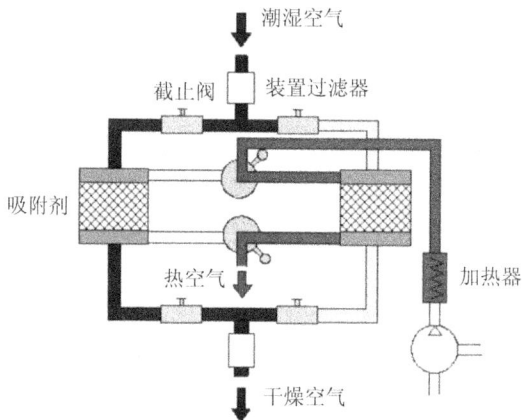

图 9-7　吸附式干燥器的模型

吸附式干燥器就是利用具有吸附性能的吸附剂（如硅胶、铝胶或分子筛等）来吸附水分而达到干燥的目的。此法的除水效果最好。例如，采用铝胶可将压缩空气干燥到含湿量为 0.05 g/m³，相当于把露点降低到 −64℃。干燥吸附剂可根据表 9-2 来选用。此外，也可用焦炭作吸附剂，效果虽然差些，但简便，成本低，还能吸附油。

表 9-2　干燥吸附剂的性能

名　称	分子式	干燥后含湿量/(g/m³)	相应的露点/℃
粒状氯化钙	$CaCl_2$	1.5	−14
棒状苛性钠	$NaOH$	0.8	−19
棒状苛性钾	KOH	0.014	−58
硅胶	$SiO_2 \cdot H_2O$	0.03	−52
铝胶(活性氧化铝)	$Al_2O_3 \cdot H_2O$	0.005	−64
分子筛		0.011~0.003	−70~−60

吸附法是干燥处理方法中应用最普遍的一种方法。

（5）过滤器。

空气的过滤是气压传动系统中的重要环节。不同的场合，对压缩空气的要求也不同。过滤器的作用是进一步滤除压缩空气中的杂质。常用的过滤器有一次性过滤器（也称简易过滤器，滤灰效率为 $50\%\sim70\%$）、二次过滤器（滤灰效率为 $70\%\sim99\%$）。在要求高的特殊场合，还可使用高效率的过滤器（滤灰效率大于 99%）。

① 一次过滤器。图 9-8 所示为一种一次过滤器，气流由切线方向进入筒内，在离心力的作用下分离出液滴，然后气体由下而上通过多片钢板/毛毡、硅胶、焦炭、滤网等过滤吸附材料，干燥清洁的空气从筒顶输出。

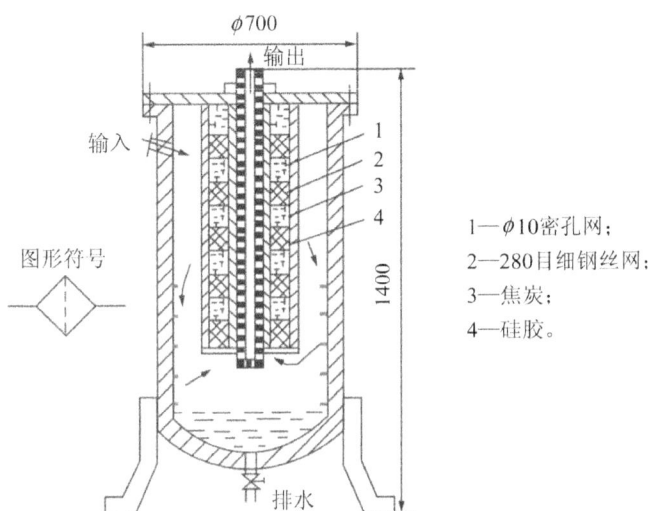

1—ϕ10密孔网；
2—280目细钢丝网；
3—焦炭；
4—硅胶。

图 9-8　一次过滤器的结构

② 分水滤气器。分水滤气器的滤灰能力较强，属于二次过滤器。它和减压阀、油雾器一起称为气动三联件，是气压传动系统中不可缺少的辅助元件。普通分水滤气器的结构如图 9-9 所示。其工作原理是：压缩空气从输入口进入后，被引入旋风叶子 1，旋风叶子上有很多小缺口，使空气沿切线反向产生强烈的旋转，这样夹杂在气体中的较大水滴、油滴、灰尘（主要是水滴）便获得较大的离心力，并高速与存水杯 3 的内壁碰撞，而从气体中分离出来，沉淀于存水杯 3 中，然后气体通过中间的滤芯 2，部分灰尘、雾状水被滤芯 2 拦截而滤去，洁净的空气便从输出口输出。挡水板 4 是防止气体旋涡将杯中积存的污水卷起而破坏过滤作用。为保证分水滤气器正常工作，必须及时将存水杯中的污水通过排水阀 5 放掉。在某些人工排水不方便的场合，可采用自动排水式分水滤气器。

存水杯由透明材料制成，便于观察工作情况、污水情况和滤芯污染情况。滤芯目前采用铜粒烧结而成。发现油泥过多，可采用酒精清洗，干燥后再装上，可继续使用。但是这种过滤器只能滤除固体和液体杂质，因此，使用时应尽可能装在能使空气中的水分变成液态的部位或防止液体进入的部位，如气动设备的气源入口处。

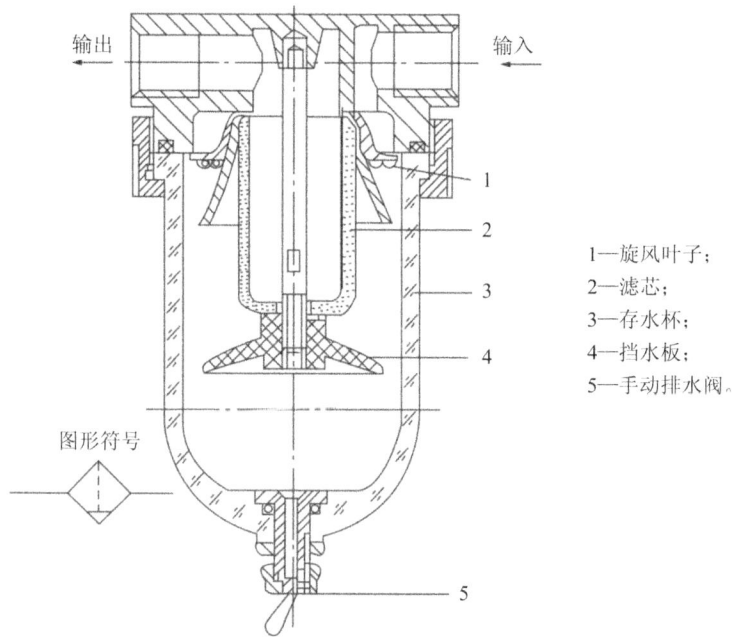

1—旋风叶子；
2—滤芯；
3—存水杯；
4—挡水板；
5—手动排水阀。

图形符号

图 9-9　普通分水滤气器的结构

2）其他辅助元件

（1）油雾器。

油雾器是一种特殊的注油装置。它以空气为动力，使润滑油雾化后，注入空气流中，并随空气进入需要润滑的部件，达到润滑的目的。

图 9-10 所示为普通油雾器（也称一次油雾器）的结构简图。当压缩空气由输入口进入后，通过喷嘴 1 下端的小孔进入阀座 4 的腔室内，在截止阀的钢球 2 上下表面形成压差，由于泄漏和弹簧 3 的作用，而使钢球处于中间位置，压缩空气进入存油杯 5 的上腔使油面受压，压力油经吸油管 6 将单向阀 7 的钢球顶起，钢球上部管道有一个方形小孔，钢球不能将上部管道封死，压力油不断流入视油器 9 内，再滴入喷嘴 1 中，被主管气流从上面小孔引射出来，雾化后从输出口输出。节流阀 8 可以调节流量，使滴油量在每分钟 0～120 滴内变化。

二次油雾器能使油滴在雾化器内进行两次雾化，使油雾粒度更小、更均匀，输送距离更远。二次雾化粒径可达 5 μm。

油雾器的选择主要是根据气压传动系统所需额定流量及油雾粒径大小来进行。所需油雾粒径在 50 μm 左右选用一次油雾器。若需油雾粒径很小可选用二次油雾器。油雾器一般应配置在滤气器和减压阀之后，用气设备之前较近处。

（2）消声器。

在气压传动系统中，气缸、气阀等元件工作时，排气速度较高，气体体积急剧膨胀，会产生刺耳的噪声。噪声的强弱随排气的速度、排量和空气通道的形状而变化。排气的速度和功率越大，噪声也越大，一般可达 100～120 dB，为了降低噪声可以在排气口安装消声器。

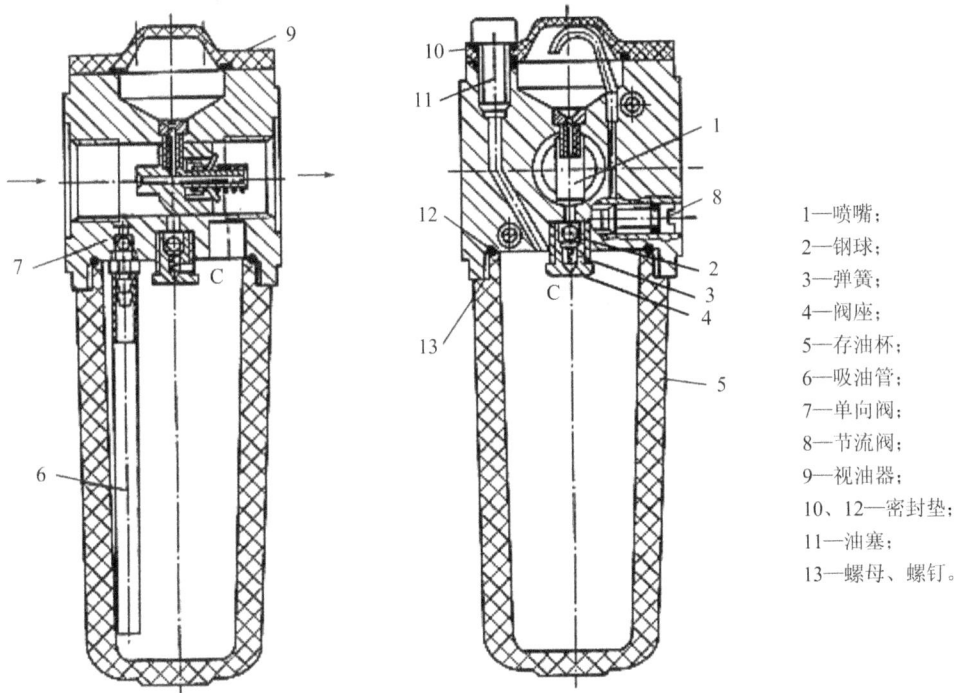

图 9-10　普通油雾器(一次油雾器)的结构简图

1—喷嘴；
2—钢球；
3—弹簧；
4—阀座；
5—存油杯；
6—吸油管；
7—单向阀；
8—节流阀；
9—视油器；
10、12—密封垫；
11—油塞；
13—螺母、螺钉。

消声器就是通过阻尼或增加排气面积来降低排气速度和功率，从而降低噪声的。

气动元件使用的消声器一般有三种类型：吸收型消声器、膨胀干涉型消声器和膨胀干涉吸收型消声器。常用的是吸收型消声器。图 9-11 所示为吸收型消声器的结构简图。这种消声器主要依靠吸音材料消声。消声罩 2 为多孔的吸音材料，一般用聚苯乙烯或铜珠烧结而成。当消声器的通径小于 20 mm 时，多用聚苯乙烯作吸音材料制成消声罩，当消声器的通径大于 20 mm 时，消声罩多用铜珠烧结，以增加强度。其消声原理是：当有压气体通过消声罩时，气流受到阻力，声能量被部分吸收而转化为热能，从而降低了噪声强度。

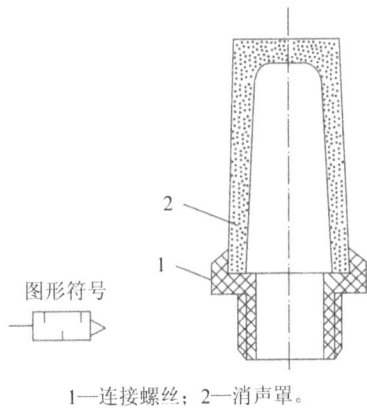

图形符号

1—连接螺丝；2—消声罩。

图 9-11　吸收型消声器的结构简图

吸收型消声器结构简单，具有消除中、高频噪声的良好性能。消声效果大于 20 dB。在气压传动系统中，排气噪声主要是中、高频噪声，尤其是高频噪声，所以采用这种消声器是合适的。在主要是中、低频噪声的场合，应使用膨胀干涉型消声器。

（3）管道连接件。

管道连接件包括管子和各种管接头。有了管子和各种管接头，才能把气压传动控制元件、执行元件及辅助元件等连接成一个完整的气压传动控制系统，因此，实际应用中，管道连接件是不可缺少的。

管子可分为硬管和软管两种。如总气管和支气管等一些固定不动的、不需要经常装拆的地方，使用硬管。连接运动部件和临时使用、希望装拆方便的管路应使用软管。硬管有铁管、铜管、黄铜管、紫铜管和硬塑料管等；软管有塑料管、尼龙管、橡胶管、金属编织塑料管及挠性金属导管等。常用的是紫铜管和尼龙管。

气压传动系统中使用的管接头的结构及工作原理与液压管接头基本相似，分为卡套式/扩口螺纹式、卡箍式、插入快换式等。

9.3　气动元件认识和气动回路实验

1. 实验目的

(1) 掌握气压传动元件在气压传动控制回路中的应用。

(2) 通过装拆气压回路了解调速回路和手动循环控制回路的组成及性能。

(3) 能利用现有气压元件拟订其他方案，并进行比较。

2. 实验内容

(1) 认识气压传动元件，组装具有调速功能的手动循环控制气压传动回路。

(2) 认识气压传动元件，组装逻辑与功能的间接控制气压传动回路。

3. 实验装置

气压传动回路实验台。

4. 实验原理

如图 9-12 所示，用二位五通双气控换向阀 1V3 控制气缸 1A1 运动，手动换向阀 1S1 和 1S2 控制 1V3 阀换位，气缸运动速度可用单向节流阀 1V1 和 1V2 调节。

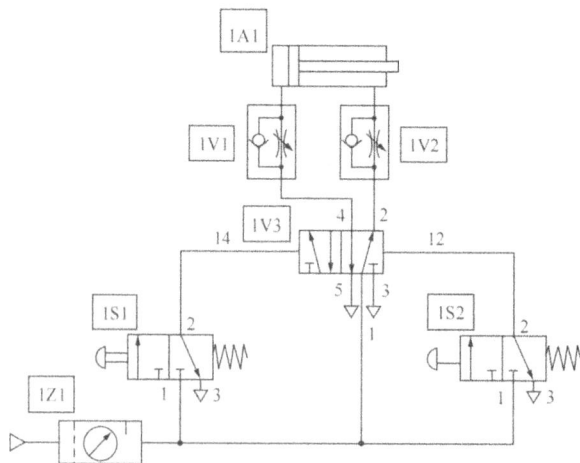

图 9-12　二位五通双气控换向阀

如图 9-13 所示，用二位五通单气控换向阀 1V1 控制气缸 1A1 运动，手动换向阀 1S1 和机动换向阀 1S2 同时动作时控制 1V1 阀换位，双压阀 1V2 用于与逻辑运算。

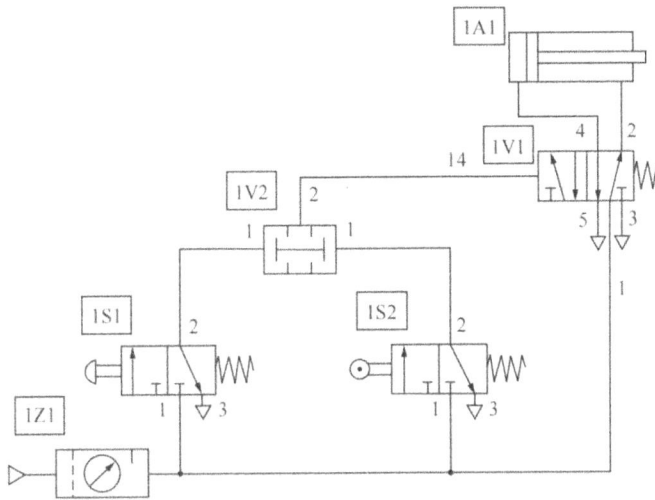

图 9-13　二位五通单气控换向阀

5．实验步骤

（1）按需要选择气压元件；

（2）根据系统原理图连接管道；

（3）接通压缩空气源；

（4）实现所要求的调速功能和循环动作；

（5）拆卸，并将元件放好。

6．实验报告

（1）画出回路图；

（2）叙述实验所用气压传动元件的功能特点；

（3）叙述气压传动回路的工作原理；

（4）回答思考题。

习　题　9

9-1　气动三联件具体指什么？

9-2　单向节流阀在气路中如何安装？

9-3　用单气控换向阀与双气控换向阀控制双作用气缸有什么不同的特点？

9-4　什么叫气压传动？气压传动系统共包括几部分？各有什么功能？

9-5　气压传动中为什么要设置气动三联件？

9-6　简单说明与进气节流调速相比采用排气节流调速方式的优点。

9-7　气压传动系统对压缩空气有哪些质量要求？主要依靠哪些设备保证气压传动系统的压缩空气质量？并简述这些设备的工作原理。

9-8 如习题图9-1所示,下列供气系统有何错误?应怎样正确布置?

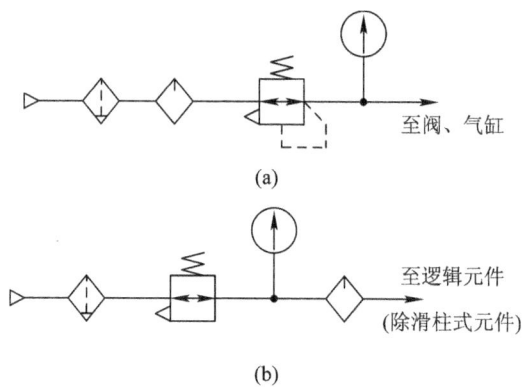

(a)

至逻辑元件

(除滑柱式元件)

(b)

习题图9-1

第10章 气动执行元件

气动执行元件是将压缩空气的压力能转化为机械能的能量转换装置,它包括气缸和气马达。气缸用于实现直线往复运动,气马达用于实现旋转运动。气缸的结构简单,成本低,可以在易燃、易爆的场合安全工作,但是空气的可压缩性使得它的运动速度和位置控制的精度不高。

10.1 气动执行元件概述

1. 气缸

1) 气缸的分类

气缸的分类有以下几种。

(1) 按压缩空气对活塞端面的作用力分为单作用气缸、双作用气缸。

(2) 按气缸的结构特征分为活塞式气缸、薄膜式气缸、伸缩式气缸。

(3) 按气缸的安装形式分为固定式气缸、轴销式气缸、回转式气缸、嵌入式气缸。

(4) 按气缸的功能分为普通气缸、缓冲气缸、气-液阻尼气缸、摆动气缸、冲击气缸、步进气缸。

2) 气缸的结构

(1) 活塞式气缸。

活塞式气缸的结构和工作原理与液压缸基本类似,其结构和参数已系列化、标准化、通用化,是目前应用最为广泛的一种气缸。图 10 - 1 所示为 QGA 系列无缓冲标准型气缸的结构。其中,D 为气缸内径,d 为活塞杆直径,s 为气缸最大行程,L_1 为气缸回缩至终点最大长度,L_2 为缸体长度,L_3 为气缸进气口与出气口的长度。

(2) 薄膜式气缸。

薄膜式气缸分为单作用式和双作用式两种。单作用式薄膜气缸的结构如图 10 - 2 所示,其工作原理是:当压缩空气进入气缸的左腔时,膜片 3 在气压作用下产生变形使活塞杆 2 伸出,撤掉压缩空气后,活塞杆 2 在弹簧的作用下缩回,使膜片复位。活塞的位移较小,一般小于 40 mm。这种气缸结构紧凑、质量轻、密封性能好、维修方便、制造成本低,广泛应用于各种自锁机构及夹具。

(3) 气-液阻尼气缸。

气-液阻尼气缸由气缸和液压缸组合而成,它以压缩空气为能源,利用油液的不可压缩性控制流量,来获得活塞的平稳运动和调节活塞的运动速度。与气缸相比,它传动平稳,停位准确,噪声小。与液压缸相比,它不需要液压源,经济性好。它同时具有气压传动和液压传动的优点,因此得到了越来越广泛的应用。

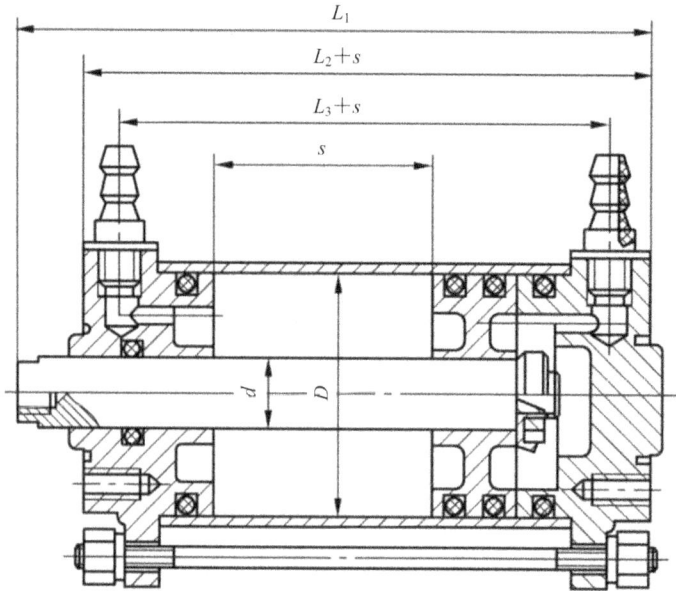

图 10-1　QGA 系列无缓冲标准型气缸的结构

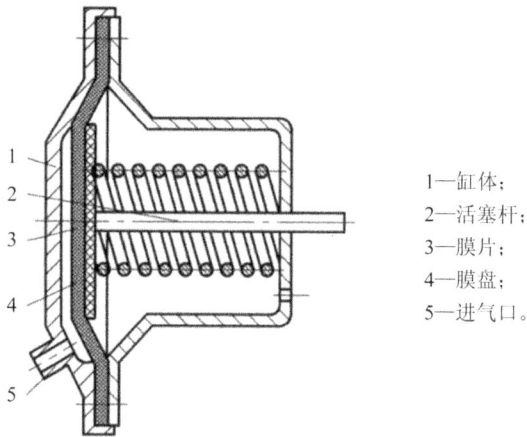

1—缸体；
2—活塞杆；
3—膜片；
4—膜盘；
5—进气口。

图 10-2　单作用式薄膜气缸的结构

图 10-3 所示为串联式气-液阻尼缸的工作原理。液压缸和气缸串联成一体，两个活塞固定在一个活塞杆上。当气缸右腔进气时，带动液压缸活塞向左运动。此时液压缸左腔排油，油液只能经节流阀缓慢流回右腔，调节节流阀，就能调节活塞的运动速度。当压缩空气进入气缸的左腔时，液压缸右腔排油，单向阀开启，活塞快速退回。

（4）冲击气缸。

与普通气缸相比，冲击气缸增加了蓄能腔及带有喷嘴和具有排气小孔的中盖。冲击气缸能产生相当大的冲力，可充当冲床使用。图 10-4 所示为普通型冲击气缸的结构。其工作原理是：当压缩空气从进气口 2 进入 A 腔时，其压力只能通过喷嘴口 3 作用在活塞 6 上，此时作用面积小，还不能克服 C 腔的排气压力所产生的向上推力及活塞与缸体的摩擦

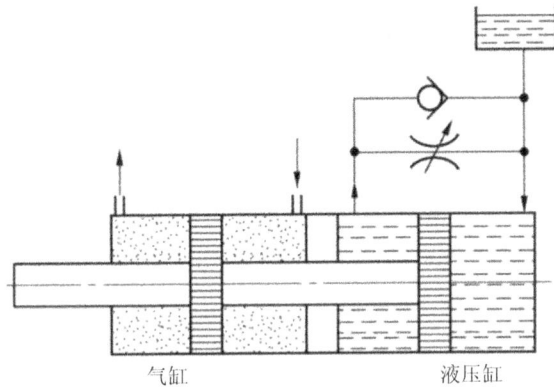

图 10-3　串联式气-液阻尼缸的工作原理

力，喷嘴处于关闭状态，从而使 A 腔内压力升高。当 A 腔内压力升高到能使活塞向下移动时，活塞下移离开喷嘴，喷嘴打开，A 腔中的压缩空气通过喷嘴口突然作用于活塞的全面积上，此时活塞一侧的压力可达活塞杆一侧压力的几倍乃至几十倍，使活塞上作用着很大的向下推力。活塞在此推力的作用下迅速加速，在很短的时间内以极高的速度向下冲击，从而获得很大的动能。

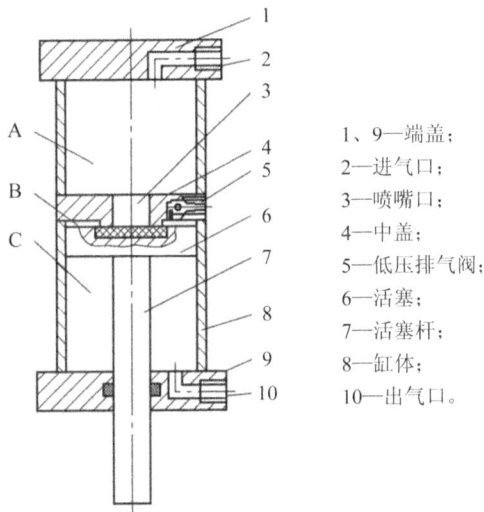

1、9—端盖；
2—进气口；
3—喷嘴口；
4—中盖；
5—低压排气阀；
6—活塞；
7—活塞杆；
8—缸体；
10—出气口。

图 10-4　普通型冲击气缸的结构示意图

冲击气缸的用途广泛，可用于锻造、冲压、下料、铆接、压配、破碎等多种作业。

2. 气马达

1) 气马达的工作原理

气马达是将压缩空气的压力能转换成旋转运动的机械能的能量转换装置，按结构形式可分为叶片式、活塞式、齿轮式等，最为常用的是叶片式和活塞式两种。叶片式气马达制造简单，结构紧凑，但低速启动转矩小，低速性能不好，适宜性能要求低或中等功率的机械，目前在矿山机械及风动工具中应用普遍。活塞式气马达在低速情况下有较大的输出功率，它的低速性能好，适宜载荷较大和要求低速转矩大的机械，如起重机、绞车绞盘、拉管机等。

图 10-5 所示为叶片式气马达的工作原理(其工作原理与液压马达相似)。当压缩空气从进气口 A 进入定子 1 与转子 2 之间的密封容腔内后，立即喷向叶片 I 和叶片 II，作用在叶片的外伸部分，两叶片外伸部分的长度不等，故得到一个逆时针的转矩，从而带动转子做逆时针的转动，输出旋转的机械能，做完功的气体从排气口 C 排出，残余气体则经 B 口排出(称为二次排气)；若 A、B 互换，则转子反转。转子转动时产生的离心力和叶片底部的气压力、弹簧力使得叶片紧紧地抵在定子的内壁上，以保证密封，提高容积效率。

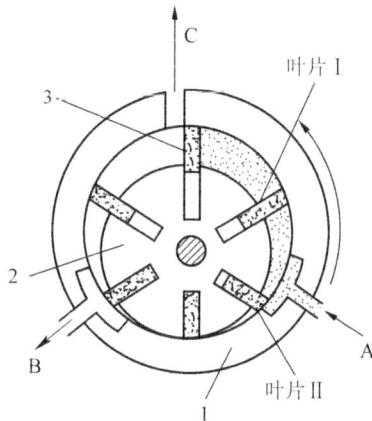

1—定子；2—转子；3—叶片。

图 10-5 叶片式气马达的工作原理

2) 气马达的选用

选择气马达主要从负载状态出发，在变负载场合，主要考虑速度的范围和所需的转矩；在均衡负载场合，则主要考虑工作速度。叶片式气马达比活塞式气马达转速高，当工作速度低于空载最大转速的 25% 时，最好选用活塞式气马达。摆动式气马达一般可按工作要求自行设计。

气马达使用时应在气源入口处设置油雾器，并定期补油，以保证气马达得到良好的润滑。

10.2 气动控制元件

气动系统的控制元件主要是控制阀，它用来控制和调节压缩空气的方向、压力和流量，按其作用和功能可分为方向控制阀、压力控制阀和流量控制阀。

1. 方向控制阀

方向控制阀按压缩空气在阀内的作用方向，可分为单向型控制阀和换向型控制阀。

1) 单向型控制阀

(1) 单向阀。气动单向阀的工作原理、结构和用途与液压单向阀基本相同，用来控制气流只能一个方向流动而不能反向流动。其结构和图形符号如图 10-6 所示。

(2) 梭阀。梭阀是两个单向阀的组合，其作用相当于"或门"。图 10-7 所示为梭阀的工

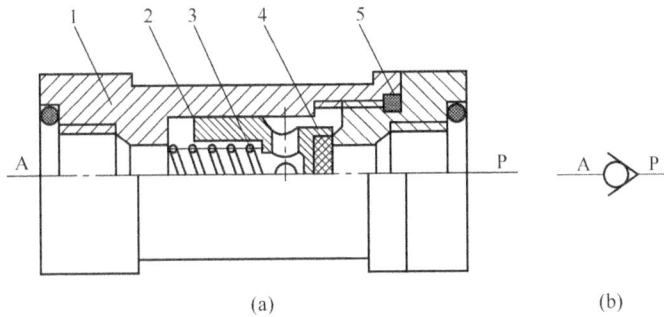

1—阀套；2—阀芯；3—弹簧；4—密封垫；5—密封圈。

图 10-6　单向阀的结构和图形符号

作原理和图形符号。当 P_1 进气时，阀芯被推向右边，P_1 与 A 相通，气流从 P_1 进入 A 腔，如图 10-7(a)所示；反之，当 P_2 进气时，阀芯被推向左边，P_2 与 A 相通，于是，气流从 P_2 进入 A 腔，如图 10-7(b)所示；当 P_1、P_2 同时进气时，哪端压力高，A 就与哪端相通，另一端就自动关闭。图 10-7(c)所示为图形符号。

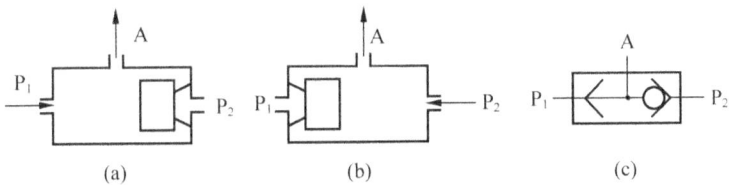

图 10-7　梭阀的工作原理和图形符号

图 10-8 所示为梭阀在手动-自动回路上的应用。通过梭阀的作用，可以使手动阀和电磁阀分别单独控制气控换向阀的换向，从而控制气缸的运动方向。

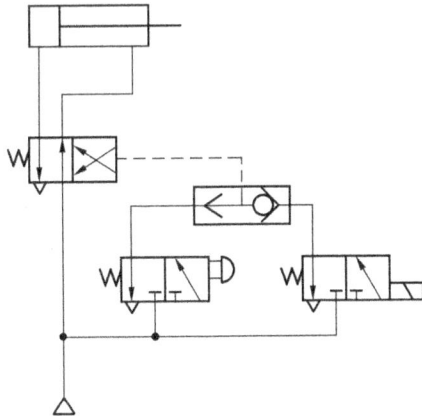

图 10-8　梭阀在手动-自动回路上的应用

（3）双压阀。双压阀是两个单向阀的组合，其作用相当于"与门"。图 10-9 所示为双压阀的工作原理和图形符号。当 P_1 进气时，阀芯被推向右边，A 无输出，如图 10-9(a)所示；当 P_2 进气时，阀芯被推向左边，A 无输出，如图 10-9(b)所示；当 P_1 与 P_2 同时进气时，A 有输出，如图 10-9(c)所示，若两端气体压力不等，则气压低的通过 A 输出。图

10-9(d)所示为双压阀的图形符号。

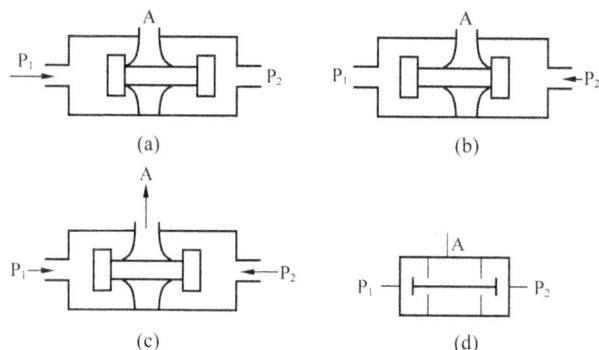

图 10-9 双压阀的工作原理和图形符号

图 10-10 所示为双压阀在互锁回路中的应用。只有当工件的定位信号 1 和夹紧信号 2 同时存在时，双压阀才有输出，使换向阀换向，从而使气缸运动。

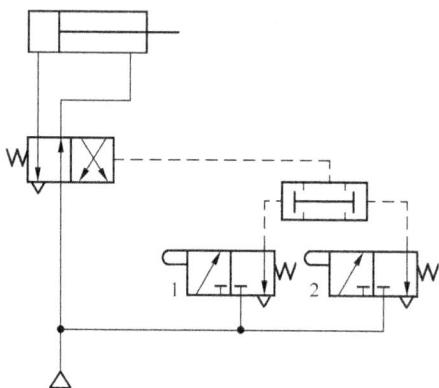

图 10-10 双压阀在互锁回路中的应用

（4）快速排气阀。快速排气阀常装在换向阀和气缸之间，它使气缸不通过换向阀而快速排出气体，从而加快气缸的往复运动速度，缩短工作周期。图 10-11 所示为快速排气阀的工作原理和图形符号。当 P 进气时，活塞下移，P 与 A 相通，如图 10-11(a)所示；当 P 中没有压缩空气时，在 A 与 P 压力差的作用下，活塞上移，封住 P 口，此时 A 与 O 相通，如图 10-11(b)所示，A 口的气体通过 O 口直接排入大气。图 10-11(c)所示为快速排气阀的图形符号。

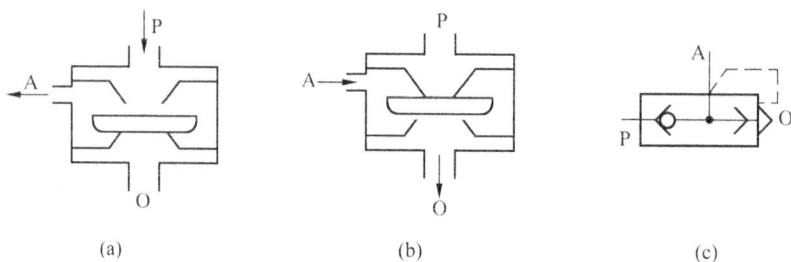

图 10-11 快速排气阀的工作原理和图形符号

图 10 - 12 所示为快速排气阀的应用。气缸排气时，直接通过快速排气阀而不通过换向阀。

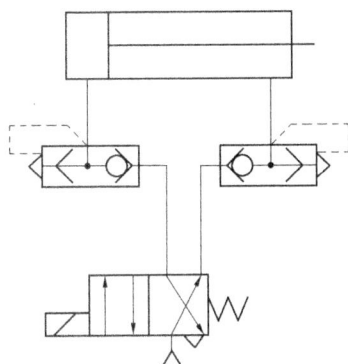

图 10 - 12　快速排气阀的应用

2) 换向型控制阀

换向型控制阀是利用主阀阀芯的运动而使气流改变运动方向的，其分类、工作原理和功用都与液压换向阀相同，表 10 - 1 所示为几类不同控制方式的换向型控制阀及其特点。

表 10 - 1　换向型控制阀及其特点

名　称	图 形 符 号	特　点
气压控制换向阀	(a) (b)	利用气体压力使主阀阀芯运动而使气流改变流向。按作用原理可分为如下几种。 (1) 加压控制：所加的气控信号压力逐渐上升，当气压增加到阀芯的动作压力时，主阀阀芯换向。 (2) 卸压控制：所加的气控信号压力逐渐减小，当气压减小到某一压力值时，主阀阀芯换向。 (3) 差压控制：主阀阀芯在两端压力差的作用下换向。 图(a)为加压或卸压控制；图(b)为差压控制
电磁控制换向阀	(a) (b) (c)	利用电磁力的作用来实现主阀阀芯的换向而使气流改变方向。其分为直动式和先导式两种。图(a)为直动式电磁阀；图(b)、图(c)为先导式电磁阀。其中，图(b)为气压加压控制，图(c)为气压泄压控制

名　称	图形符号	特　点
机动换向阀	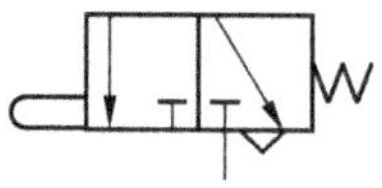 (a) 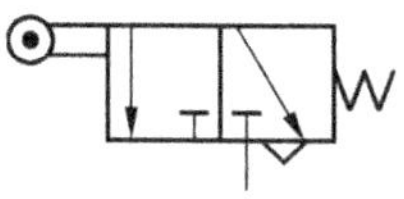 (b)	利用机械外力推动阀芯使其换向。多用于行程程序控制系统，也称行程阀。 图(a)为直动式机动控制阀；图(b)为滚轮式机动控制阀
手动换向阀	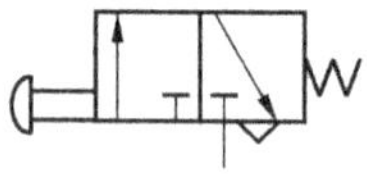 (a) 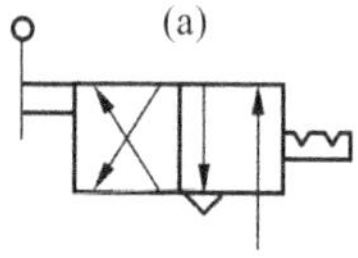 (b)	利用人工作用推动阀芯使其换向。 图(a)为按钮式；图(b)为手柄式
时间控制换向阀	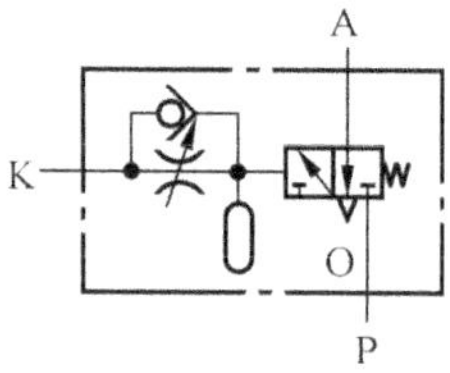 A K　　O P	使气流通过气阻、气容等延迟一定时间后再使阀芯换向

2. 压力控制阀

压力控制阀包括气压控制阀与液压控制阀，两者在工作原理及分类方法上基本相同，现介绍几种目前应用较多、具有代表性的气压控制阀。

1）减压阀

减压阀的减压和稳压原理是：靠进气口的节流作用减压，通过输出压力的负反馈，在膜片上产生的力与弹簧力平衡。调节阀口的开度，可实现对压力的控制并稳定输出压力。调节手柄可使输出压力在规定范围内变化。下面通过直动式和先导式减压阀来说明减压阀的工作原理。

（1）直动式减压阀。图10－13所示为QTY型直动式减压阀。当顺时针旋转手柄1，经调压弹簧2、3推动膜片5下凹时，首先关闭溢流孔4，随着膜片5和阀芯8下移，打开进气阀孔10，压缩空气通过进气阀孔10的节流作用，使输出压力低于输入压力，这就是减压作用。在压缩空气从输出口输出的同时，有一部分气流经过阻尼孔7进入膜片气室6，在膜片5的下方产生向上的推力，当此力与弹簧向下的作用力平衡时，进气节流阀口通流面积就稳定在某一值上，减压阀就有确定的压力值输出。如果输入压缩空气的压力升高，瞬间输出压力也随之升高，膜片气室内的压力也升高，破坏了原有的平衡，使膜片 5 上移，同时阀芯 8 在弹簧 9 的作用下也随之上移，进气阀孔 10 开度减小，即节流阀口的通流面积减小，节流能力增强，压缩空气输出压力下降，使膜片两端的作用力重新平衡，输出压力恢复到接近原来的调定值。反之，输入压缩空气的压力下降时，进气节流阀口开度增大，节流作用减小，输出压力上升，通过反馈，使输出压力稳定地接近原来的调定值。当输入压缩空气的压力低于调定值时，减压阀不起作用。

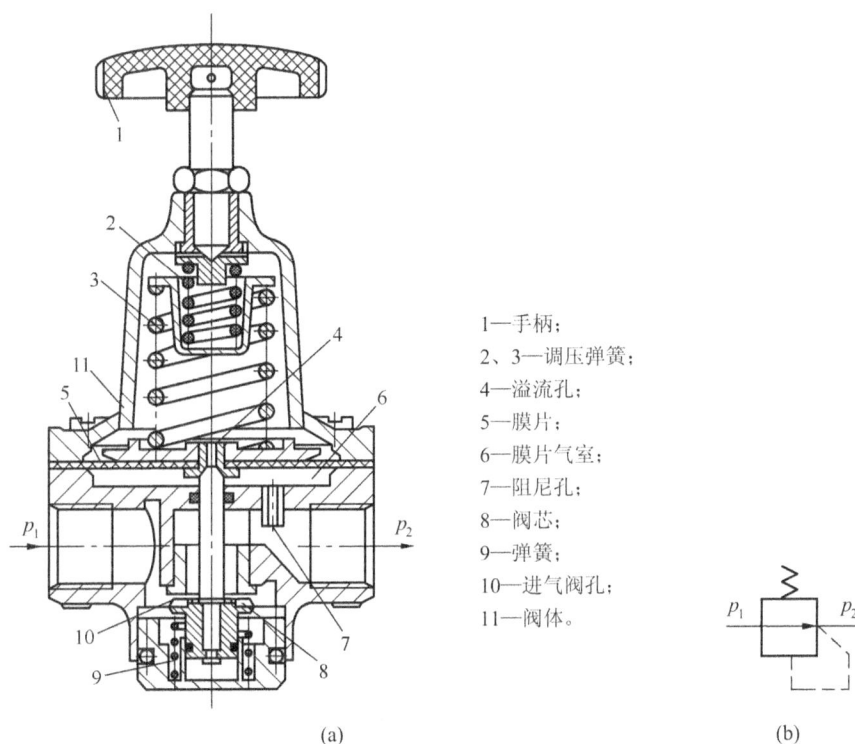

1—手柄；
2、3—调压弹簧；
4—溢流孔；
5—膜片；
6—膜片气室；
7—阻尼孔；
8—阀芯；
9—弹簧；
10—进气阀孔；
11—阀体。

(a)　　　(b)

图 10-13　QTY 型直动式减压阀

　　(2) 先导式减压阀。图 10-14 所示为先导式减压阀，它由先导阀和主阀两部分组成。当压缩空气从进气口流入阀体后，气流的一部分经阀口 9 流向输出口，另一部分经恒节流孔 1 进入中气室 5，经喷嘴 2、挡板 3、上气室 4、右侧孔道反馈至下气室 6，再经阀杆 7 的中心孔及排气孔 8 排至大气。把手柄旋到一定位置，使喷嘴、挡板的距离在工作范围内，减压阀就进入工作状态。中气室 5 的压力随喷嘴与挡板间距离的减小而增大，此压力在膜片上产生的作用力相当于直动式减压阀的弹簧力。调节手柄控制喷嘴与挡板间的距离，即能实现减压阀在规定的范围内工作。当输入压力瞬时升高时，输出压力也相应升高，通过孔口的气流使下气室 6 内的压力也升高，破坏了膜片原有的平衡，使阀杆 7 上移，节流阀口减小，节流作用增强，输出压力下降，使膜片两端的作用力重新平衡，输出压力恢复到原有的调定值。当输出压力瞬时下降时，经喷嘴、挡板的放大，也会引起中气室 5 的压力明显升高，而使阀杆下移，阀口开大，输出压力上升，并且稳定在原有的调定值上。

　　(3) 减压阀的选择。

　　① 要求调压精度高的系统，应选择先导式减压阀；无特殊调压精度要求的系统，可选

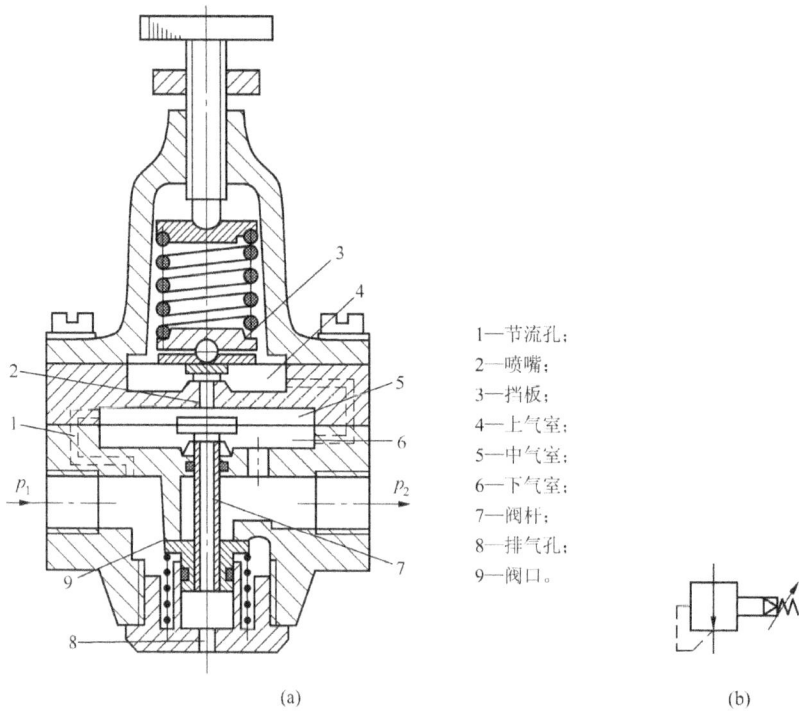

1—节流孔；
2—喷嘴；
3—挡板；
4—上气室；
5—中气室；
6—下气室；
7—阀杆；
8—排气孔；
9—阀口。

图 10 - 14   先导式减压阀

择直动式减压阀。

② 根据最大输出流量确定减压阀通径。

③ 根据气源压力确定减压阀额定输入压力。最低输入压力应大于最高输出压力 0.1 MPa。

④ 减压阀若串联在回路中，为提高使用寿命，则常安装在分水滤气器之后、油雾器之前。

⑤ 减压阀不用时，应旋松手柄，放松弹簧，避免膜片长期受压变形。

⑥ 图 10 - 15 所示为减压阀的应用，该回路常用于气动设备之前，可根据需要由同一气源系统得到两种工作压力，也称为二次压力控制回路。

图 10 - 15(a)所示是由空气过滤器、减压器和油雾器组成的二次压力控制回路，但要注意，供给逻辑元件的压缩空气不要加入润滑油。图 10 - 15(b)所示是利用两个减压阀和一个换向阀来输出低压或高压气源，若去掉换向阀，则可以同时输出高、低压压缩空气。

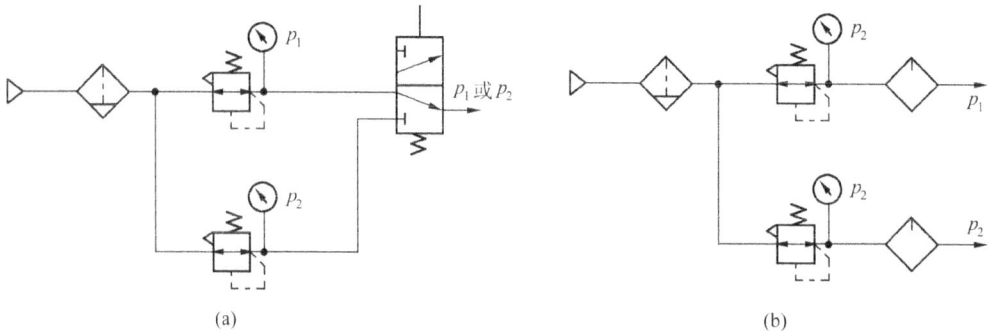

图 10 - 15   减压阀的应用

2) 溢流阀

溢流阀也称安全阀,有直动式和先导式两种结构。直动式溢流阀如图 10-16 所示,先导式溢流阀如图 10-17 所示。将溢流阀 P 口与系统相连通,O 口通大气,当系统内压缩空气的压力大于溢流阀的调定压力时,气体推开阀芯,经过阀口从 O 口排至大气,使系统压力稳定在调定值,保证系统安全运行。当系统压力低于调定值时,在弹簧的作用下阀口关闭,排气口没有流量溢出。

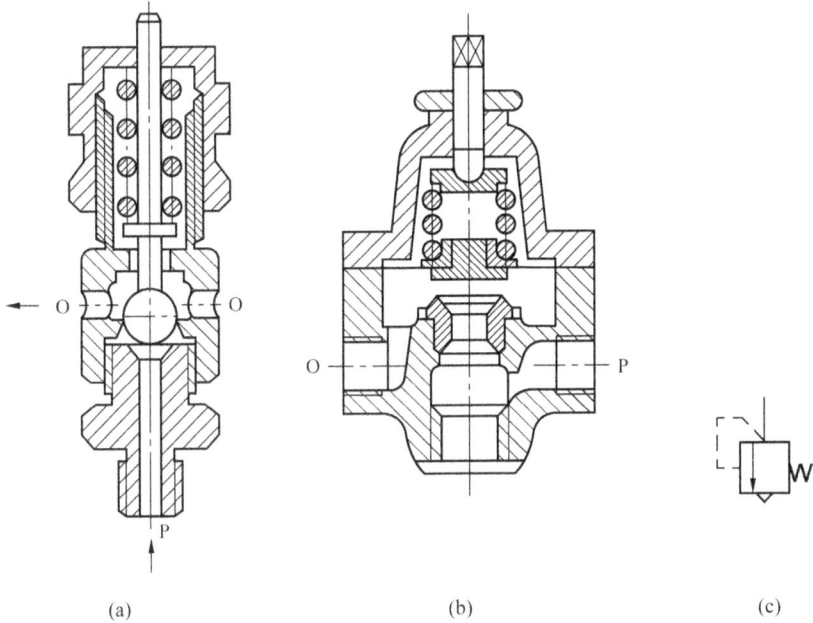

(a)　　　　　　　　(b)　　　　　　　　(c)

图 10-16　直动式溢流阀

调整弹簧的预压缩量,就可设定开启压力的大小。图 10-17 中的控制口 K 可接收来自小型直动式减压阀所提供的控制信号,并用该信号的压力代替弹簧实现对溢流阀开启压力的控制。在选用溢流阀时,应使其最高工作压力略高于所需控制的压力。

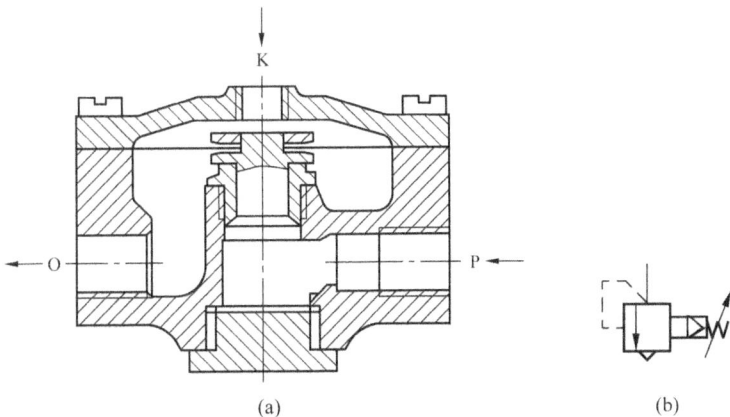

(a)　　　　　　　　　　　　(b)

图 10-17　先导式溢流阀

图 10 - 18 所示为溢流阀的应用。图中溢流阀与减压阀组合起来起补充溢流和稳压的作用，溢流阀的调压值比减压阀的调压值高，当气缸右行时，溢流阀可补充减压阀排气口的溢流。

3）顺序阀

顺序阀常与单向阀并联组合成一体，称为单向顺序阀。图 10 - 19 所示为单向顺序阀的工作原理及图形符号。压缩空气从 P 口进入阀左腔 4 作用在阀板 3 上，当气体推力小于弹簧力时，阀处于关闭状态，A 口无输出。当气体推力大于弹簧力时，阀板被顶起，阀呈开启状态，压缩空气经 A 口进入阀后系统。此时

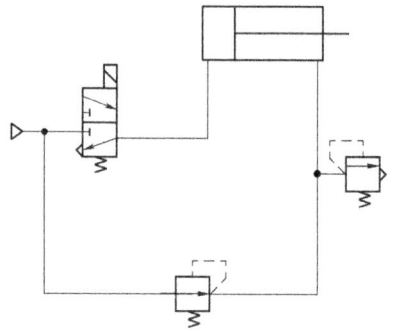

图 10 - 18　溢流阀的应用

单向阀是关闭的。当切换气源后，阀左腔 4 内的压力下降，顺序阀关闭，单向阀打开，使阀后系统经单向阀向外排气。图 10 - 20 所示为单向顺序阀的结构。

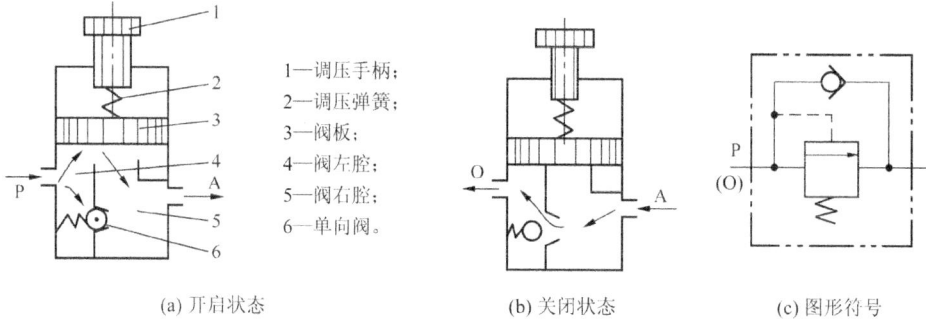

1—调压手柄；
2—调压弹簧；
3—阀板；
4—阀左腔；
5—阀右腔；
6—单向阀。

(a) 开启状态　　　　(b) 关闭状态　　　　(c) 图形符号

图 10 - 19　单向顺序阀的工作原理及图形符号

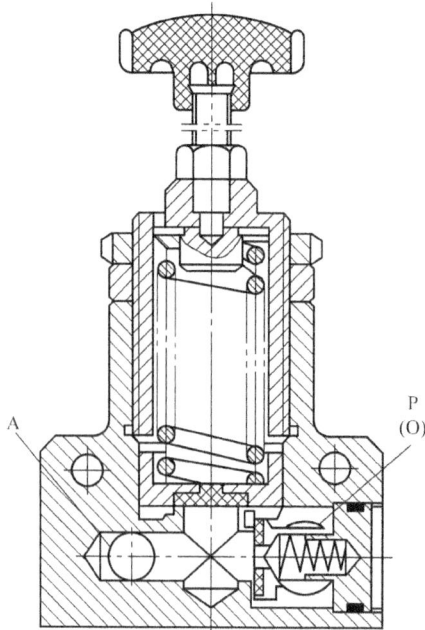

图 10 - 20　单向顺序阀的结构

图 10 - 21 所示为单向顺序阀的应用,图中利用单向顺序阀控制气缸完成一次往复动作。其工作原理是:当手动换向阀 1 输入一个信号后,气源经手动换向阀 1 输出一个脉冲信号,使气动换向阀 2 切换到右位工作,气缸活塞杆则伸出,待活塞杆伸出到终点,气缸左腔压力升高到单向顺序阀的调定值时,单向顺序阀输出气动信号,气动换向阀 2 切换到左位工作,使气缸右腔进气、左腔排气,活塞杆缩回,同时作为气动信号的压缩气体,经单向顺序阀 3 回到气动换向阀 2 的排气口排气,气缸完成了一次工作循环。

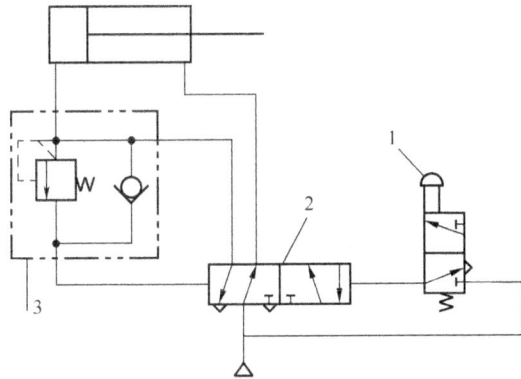

1—手动换向阀; 2—气动换向阀; 3—单向顺序阀。

图 10 - 21　单向顺序阀的应用

3. 流量控制阀

1) 节流阀

图 10 - 22 所示为节流阀的结构和图形符号。节流阀由阀体、阀座、阀芯和调压螺杆组成。气体从输入口 P 进入阀内,经过阀座与阀芯间的节流通道从输出口 A 输出。通过调节调压螺杆使阀芯上下移动,改变节流口通流面积,实现流量的调节。

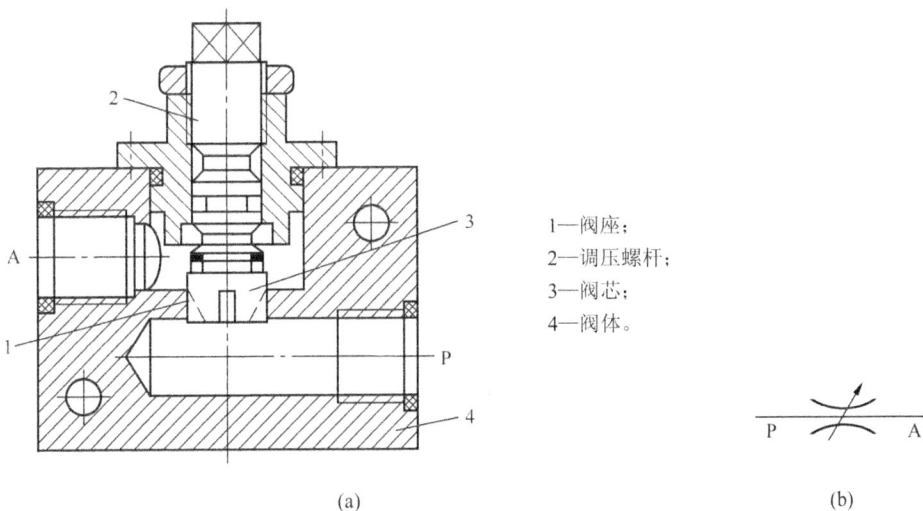

1—阀座;
2—调压螺杆;
3—阀芯;
4—阀体。

(a)   (b)

图 10 - 22　节流阀的结构和图形符号

2）单向节流阀

图 10-23 所示为单向节流阀的工作原理。当压缩空气正向流动时（P→A），单向节流阀在弹簧和气压作用下关闭，气流经节流阀的节流后从 A 口流出；而当气流反向流动时（A→O），单向节流阀被气体推开，大部分气体从阻力小、通流面积大的单向节流阀流过，较少部分气体经节流口流过，汇集到 O 口排出。图 10-24 所示为单向节流阀的结构和图形符号。

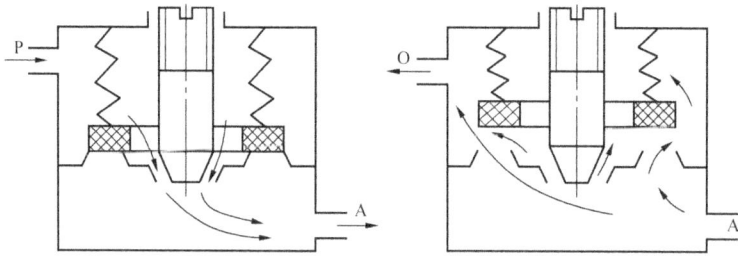

图 10-23　单向节流阀的工作原理

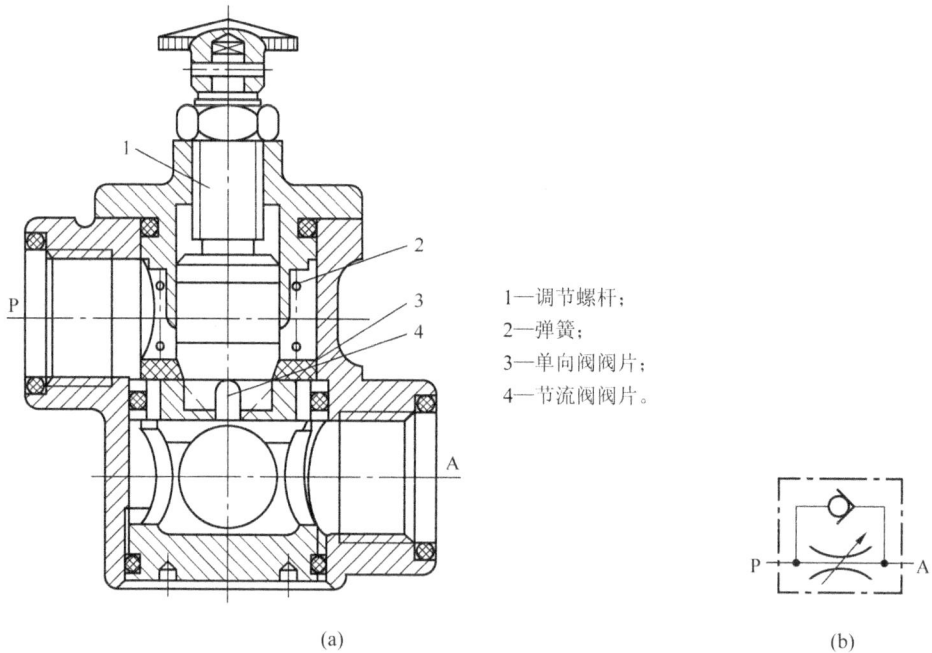

1—调节螺杆；
2—弹簧；
3—单向阀阀片；
4—节流阀阀片。

(a) (b)

图 10-24　单向节流阀的结构和图形符号

3）排气节流阀

排气节流阀的工作原理与液压系统中的普通节流阀相同，在气动系统中一般均安装在气动元件的排气口处，或者安装在气动换向阀的排气口处，用来控制执行元件的运动速度并降低排气的噪声。图 10-25 所示为排气节流阀的结构，调节旋柄可控制气体排放速度。

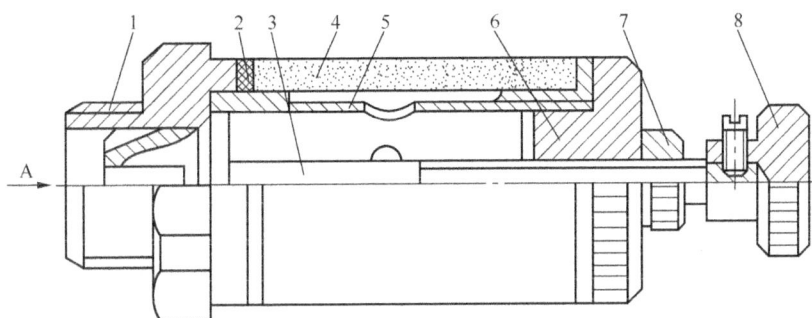

1—阀座；2—密封圈；3—阀芯；4—消声套；5—阀套；6—锁紧法兰；7—锁紧螺母；8—旋柄。

图 10-25　排气节流阀的结构

⊓⊓⊓ 10.3　压印装置控制系统维护实训

1. 实训目的

（1）了解气动系统日常维护的内容。

（2）了解气动系统故障分析的方法。

（3）能初步进行气动系统常规维护。

（4）能初步进行气动系统故障分析。

2. 项目分析

图 10-26 所示为压印装置的工作示意图。它的工作过程：当按下启动按钮后，打印气缸伸出对工件进行打印，从第二次开始，每次打印都延迟一段时间，等操作者把工件放好后，才对工件进行打印。现要求对压印装置进行日常的维护；另外如果发现当按下启动按钮后，气缸不工作，要求对系统进行故障判断。

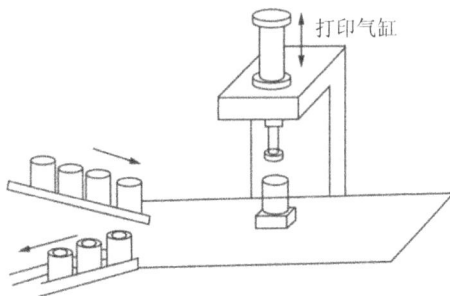

图 10-26　压印装置的工作示意图

要对压印装置进行日常维护，就必须掌握气动系统日常维护的内容及要求；要对系统进行故障诊断，就应掌握故障诊断的方法及步骤。

3. 项目实施

在实际应用中，为了从各种可能的常见故障推理中找出故障的真实原因，可根据上述推理原则和推理方法，画出故障诊断逻辑推理框图，以便于快速、准确地找到故障的真实原因。

1）压印装置气动控制原理图的分析

在绘制故障诊断逻辑推理框图时，首先要对气动控制原理图进行仔细分析，分析压缩空气的工作路线，以及各元器件的控制状态，初步确定哪些元器件可能是故障产生的原因。

图 10-27 所示为压印装置的气动控制原理图。当按下启动按钮后，由于延时阀 1.6 已有输出，因此双压阀 1.8 有压缩空气输出，使主控阀 1.1 换向，压缩空气由主控阀的左位经单向节流阀 1.02 进入气缸 1.0 的左腔，使气缸 1.0 伸出。

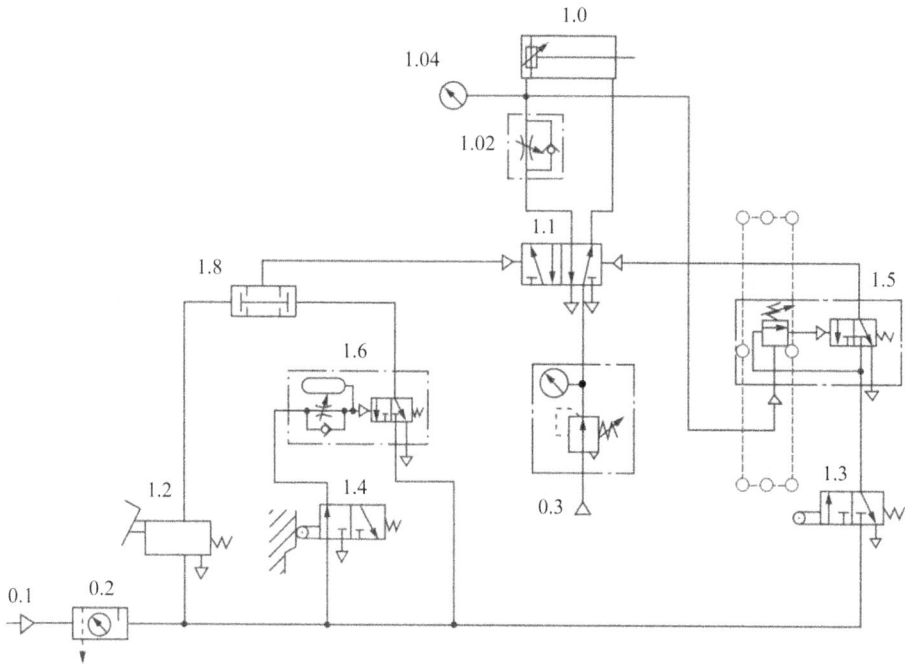

图 10-27　压印装置气动控制原理图

若踏下启动按钮，气缸不动作，则可能产生故障的元器件为气缸 1.0、单向节流阀 1.02、主控阀 1.1、压力控制阀 0.3、双压阀 1.8、延时阀 1.6、行程阀 1.4 及启动按钮 1.2。

2）绘制故障诊断逻辑推理框图

图 10-28 所示为压印装置踏下启动按钮后气缸不动作的故障诊断逻辑推理框图。

首先查看单向节流阀 1.02 是否有压缩空气输出，如果有压缩空气输出，就是气缸有故障，如果没有压缩空气输出，则有两种情况：一种是单向节流阀 1.02 有故障，另一种是主控阀 1.1 有故障。

在判别主控阀时，首先应当检查主控阀是否换向，如未换向则应当是控制信号没有输出或主控阀有故障，而主控阀换向则可能是主控阀 1.1 有故障或压力调节阀 0.3 有故障。

如果主控阀未换向，则原因是没有控制信号输出，也就是双压阀 1.8 没有压缩空气输出。双压阀没有压缩空气输出，有 3 种情况：第一种是双压阀 1.8 有故障；第二种是启动按钮有故障；第三种是延时阀没有信号输出，此时又存在两种情况，一是延时阀存在故障，二是行程阀存在故障。

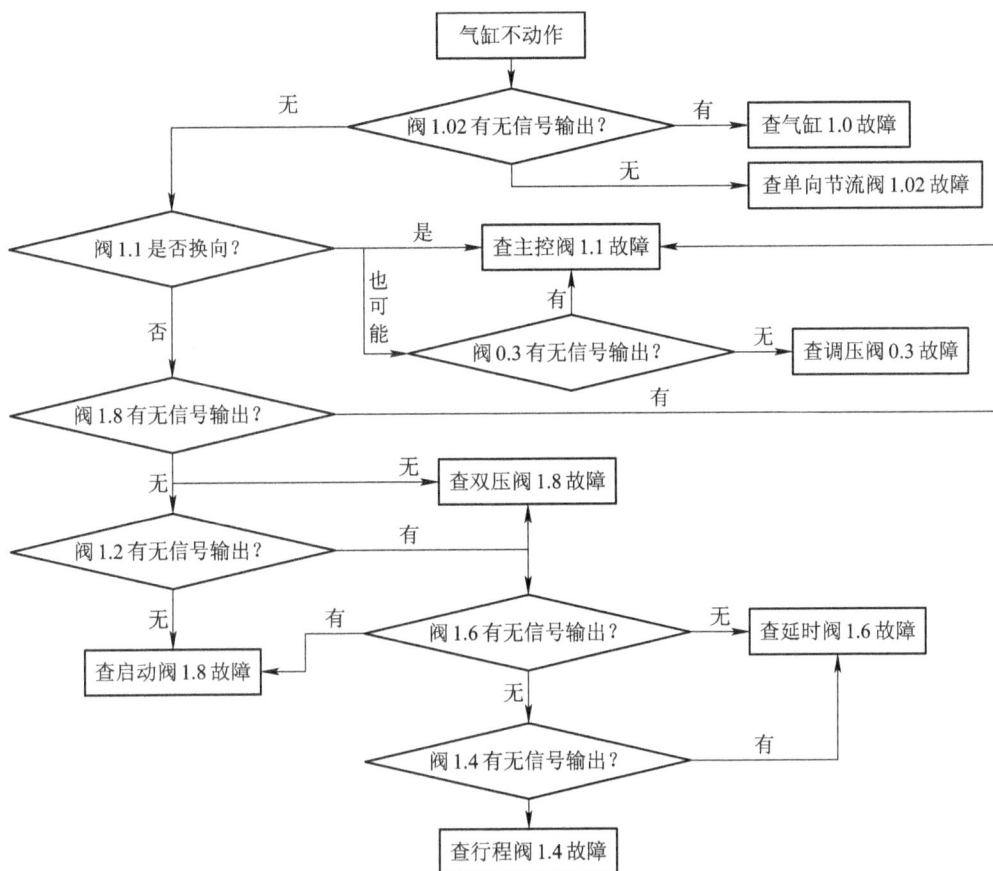

图 10-28 压印装置故障诊断逻辑推理框图

在检查过程中，还要注意管子的堵塞和管子的连接状况，有时往往是管子堵塞或管接头没有正确连接所引起的故障。另外，要注意输出压缩空气的压力，有时可能有压缩空气输出，但压力较小，这主要是由泄漏引起的。检查漏气时常采用的方法是在各检查点涂肥皂液。

当系统中有延时阀时，还要注意延时阀的节流口是否关闭或者节流调节是否过小，节流口关闭或调节过小也会使延时阀延时过长而没有输出。

4. 操作步骤

(1) 分析压印装置的动作状态。

(2) 在操作台上连接回路图，检查动作。

(3) 若压印装置出现气缸伸出后不回程的故障，则绘制出它的逻辑推理框图。

(4) 对照逻辑推理框图分析有可能产生的故障原因。

10.4 送料装置的控制系统设计

1. 项目分析

图 10-29 所示为送料装置的工作示意图。工作要求：当工件加工完成后，按下按钮，

送料气缸伸出，把未加工工件送入加工位置，松开按钮气缸收回，以待把下一个未加工工件送到加工位置。试根据上述要求，设计送料装置的控制系统回路。

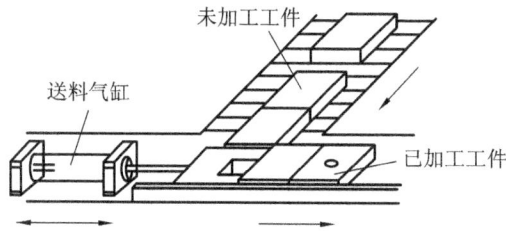

图 10-29 送料装置的工作示意图

2. 工作原理分析

在项目中要求气缸能够伸出、收回到指定位置，即气缸能够左右移动，这就需要使用方向控制阀对该机构实行方向控制。因而要完成送料装置的系统回路设计必须对方向控制阀的控制方法、职能符号等有全面的了解。

3. 项目实施

下面根据项目要求，设计送料装置的控制系统回路，并在操作实验台上完成回路的连接，以检验设计的正确性。

1) 气缸的直接控制

图 10-30 所示为根据送料装置的工作要求设计出的控制系统回路。要判断这种控制方法是否正确，能否满足送料装置的工作要求，还要对该回路进行分析。

如图 10-30(a)所示，在初始位置时，在弹簧力的作用下，5/2 阀右位接入系统，压缩空气经阀的进气口 1 到达工作口 4，进入气缸的右腔，活塞收回；按下按钮，5/2 阀左位接入系统，如图 10-30(b)所示，压缩空气从阀的进气口 1 到达工作口 2，压缩空气进入气缸的左腔，使活塞杆伸出；释放按钮，在弹簧力的作用下，5/2 阀右位接入系统，活塞杆收缩回到初始位置。

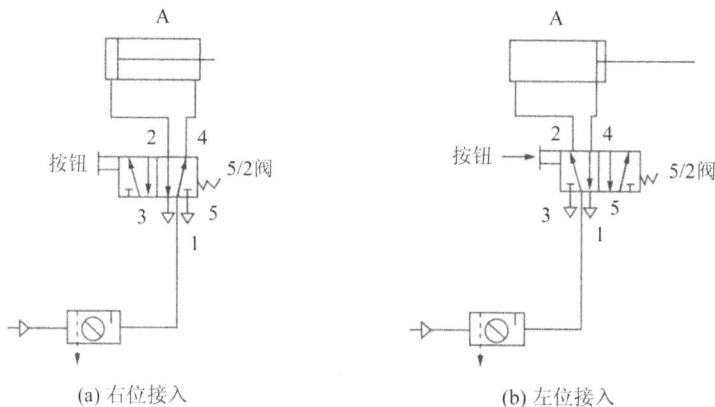

图 10-30 送料装置直接控制系统回路

通过分析可以看出，如图 10-30 所示的控制方法可以满足送料装置的工作要求，这种由一个阀直接控制气缸动作的方法称为直接控制法。直接控制法一般用于驱动气缸所需的气流较小，控制阀的尺寸及所需操作力也较小的场合。

2）气缸的间接控制

图 10-31 所示的控制系统回路也能满足送料装置的工作要求。如图 10-31(a)所示，在初始位置时，5/2 阀右位接入系统，压缩空气经阀的进气口 1 到达工作口 4，进入气缸的右腔，活塞收回；按下按钮，如图 10-31(b)所示，压缩空气经 3/2 阀的左位作用在 5/2 阀上，5/2 阀左位接入系统，压缩空气进入气缸的左腔，活塞杆伸出；释放按钮，在弹簧力的作用下，5/2 阀右位接入系统，活塞杆回到初始位置。

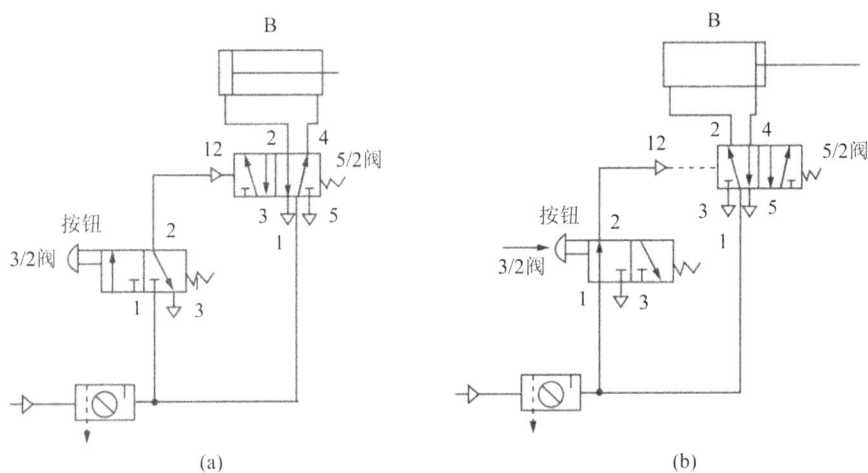

图 10-31　送料装置间接控制系统回路

这种用一个较小的控制元件(3/2 阀)作为操作控制元件，而利用压缩空气来克服口径大、流量大的主控元件(5/2 阀)的开启阻力的方法称为间接控制法。间接控制法一般用于控制高速或大口径的气缸。这种控制方法可以用较小的操作力得到较大的开启力，容易实现远程控制。

在气动控制技术中，一般要求一个执行元件对应一个方向控制阀来控制其运动方向，这个方向控制阀称为主控阀或末级控制元件。

4. 操作步骤

(1) 正确分析气动控制系统回路，找出需要的元器件。

(2) 在操作台上合理布局，连接出正确的控制系统回路。

(3) 检验气缸的动作是否符合送料装置的动作要求。

(4) 如将按钮按下一段极短暂的时间，然后立即释放，气缸会发生什么情况。

习　题　10

10-1　简述气动系统的结构及各组成部分的作用。

10-2　储气罐的作用是什么？

10-3　气动方向控制阀有哪几种类型？各自的功能是什么？

10-4   识别习题图 10-1 所示的气压传动回路,试说明该气动回路的工作原理。

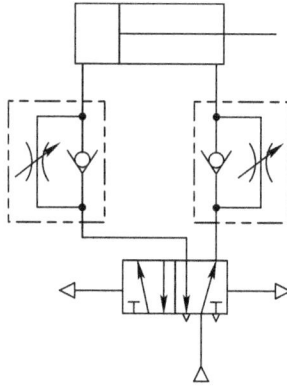

习题图 10-1

10-5   识别习题图 10-2 所示的气压传动回路。试说明该气动回路的工作原理。

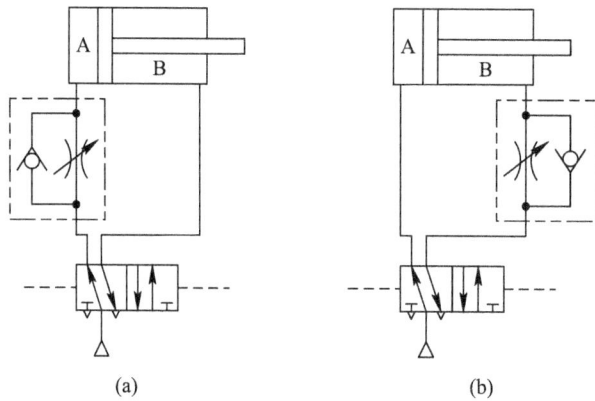

(a)   (b)

习题图 10-2

10-6   如习题图 10-3 所示,说明高低压转换回路原理。

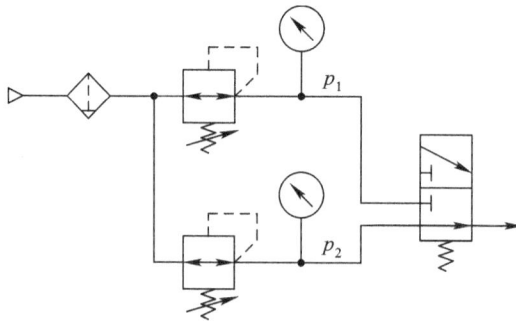

习题图 10-3

10-7   如习题图 10-4 所示,说明气-液转换速度控制回路工作过程。

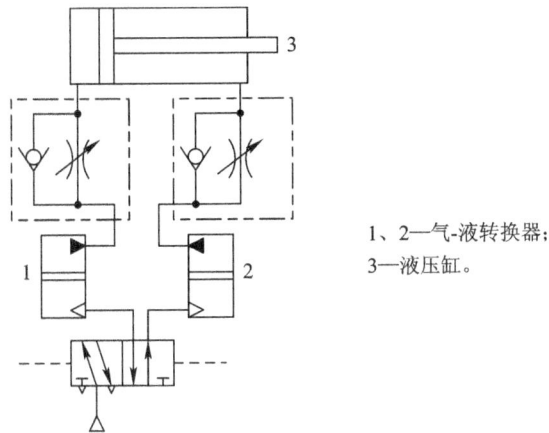

1、2—气-液转换器；
3—液压缸。

习题图 10-4

10-8　设计四缸互锁回路。

10-9　如习题图 10-5 所示，双手操作回路是为保护操作者双手而设计的。但若一个操作阀弹簧折断，则回路失去保护功能。试设计另一个双手操作回路，克服上述缺点。

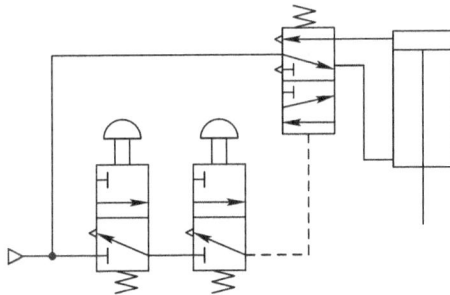

习题图 10-5

10-10　设计一个气压传动逻辑回路控制一个单作用气缸，要求被控单作用气缸实现如下逻辑功能：$S=ab+ab$，其中 a、b 为两个输入信号。

第11章 气动基本回路综合分析

气压传动回路与液压传动回路一样，都是由一些相关的气压传动元件组成的，并能完成气压传动系统的某一特定的功能。气动基本回路有控制回路、换向控制回路、压力控制回路、行程控制回路、同步回路等。

11.1 气动控制回路

气动控制回路按控制功能来分，可以分为速度控制回路、顺序动作回路、安全保护回路、气-液联动速度控制回路等。

11.1.1 速度控制回路

1. 单向调速回路

图 11-1(a)所示为供气节流调速回路，图 11-1(b)所示为排气节流调速回路。二者都是由单向节流阀控制其供气或排气量，以此来控制气缸的运动速度的。

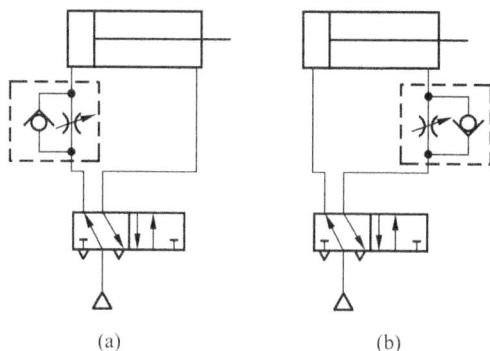

(a)   (b)

图 11-1　单向调速回路

2. 双向调速回路

在气缸的进、排气口均设置单向节流阀，其气缸的活塞的两个运动方向上的速度都可以调节。图 11-2(a)所示为供气节流调速回路，图 11-2(b)所示为排气节流调速回路，图 11-2(c)所示为双向节流阀与换向阀配合使用的排气调速回路。

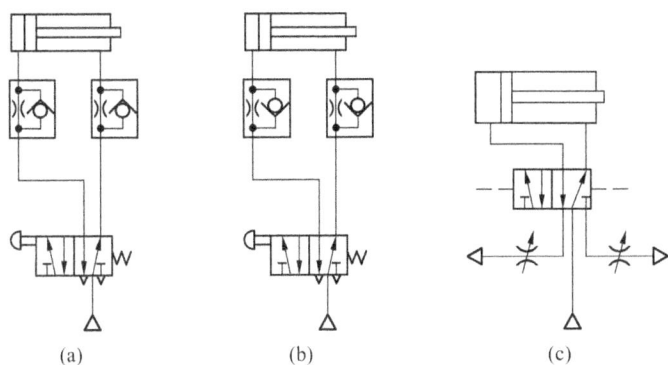

图 11-2　双向调速回路

3. 速度换接回路

图 11-3 所示为二位二通行程阀控制的速度换接回路。当三位五通电磁阀左端电磁铁通电时，气缸左腔进气，右腔直接经过二位二通行程阀排气，活塞杆快速前进，当活塞带动撞块压下行程阀时，行程阀关闭，气缸右腔只能通过单向节流阀再经过电磁阀排气，排气量受到节流阀的控制，活塞运动速度减慢，从而实现速度的换接。

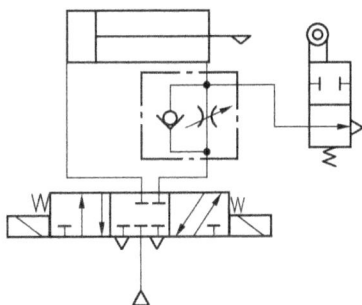

图 11-3　速度换接回路

4. 缓冲回路

一般气动执行元件的运动速度较快，为了避免活塞在到达终点时与缸盖发生碰撞，产生冲击和噪声，影响设备的工作精度以至损坏零件，在气压传动系统中常使用缓冲回路，以此来降低活塞到达终点时的速度。图 11-3 所示的二位二通行程阀控制的速度换接回路同样可以作为缓冲回路使用。

11.1.2　顺序动作回路

顺序动作是指在气压传动回路中，各个气缸按一定程序完成各自的动作。如单缸有单往复动作、二次往复动作、连续往复动作等，双缸及多缸有单往复动作及多往复动作，以及各缸按一定顺序先后动作等。

1. 单往复动作回路

图 11-4 所示为行程阀控制的单往复动作回路。按下行程阀 1，换向阀 3 换向，活塞向

右前进,当活塞杆带动撞块压下行程阀 2 时,换向阀 3 复位,活塞自动返回。

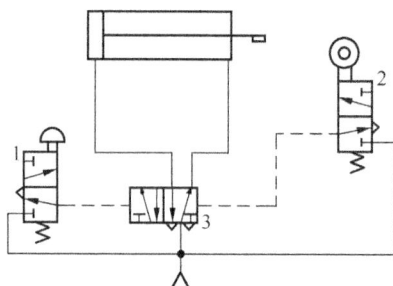

图 11-4　单往复动作回路

2. 连续往复动作回路

图 11-5 所示为连续往复动作回路。按下手动阀 1,控制气体经行程阀 3 到达换向阀 4 的右端,使换向阀 4 换向,活塞向右前进。此时由于行程阀 3 复位而将控制气路断开,换向阀 4 不能复位。当活塞行至终点压下行程阀 2 时,换向阀 4 的控制气体经行程阀 2 排出,换向阀 4 复位,活塞返回。当活塞到达终点压下行程阀 3 时,换向阀 4 换向,重复上一循环动作。只有断开手动阀 1,才能结束此循环。

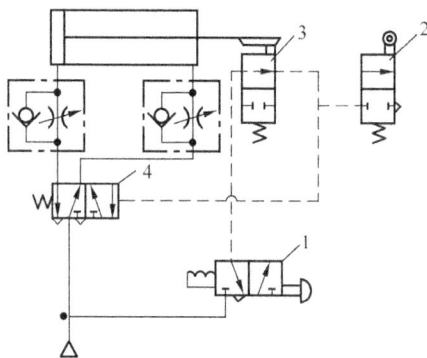

图 11-5　连续往复动作回路

11.1.3　安全保护回路

1. 双手操作安全回路

在锻造、冲压机械中必须有安全保护回路,以保证操作人员双手的安全。如图 11-6 所示,只有同时操作手动阀 1 和 2,换向阀 3 才换向,气缸活塞才能下落。注意,手动阀 1 和 2 应安装在单手不能同时操作的位置上。

2. 过载保护回路

图 11-7 所示为过载保护回路。当气缸活塞向右运动,左腔压力升高超过预定值时,顺序阀 3 打开,控制气流经梭阀使换向阀 1 置于右位,使活塞返回,防止系统过载。

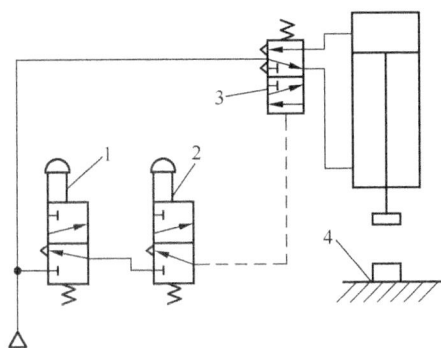

图 11-6　双手操作安全回路

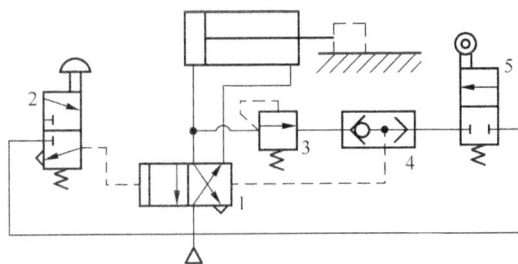

图 11-7　过载保护回路

11.1.4　气-液联动速度控制回路

由于气体的可压缩性,运动速度不稳定,定位精度不高,在气动调速、定位不能满足要求的场合,可采用气-液联动。

图 11-8 所示为气-液阻尼缸调速回路。通过调节两个单向节流阀,利用油液的不可压缩性,实现两个方向上的无级调速。

图 11-9 所示为气-液增压回路。利用气-液增压缸 1 把较低的气压变为较高的液压力。该回路中用单向节流阀调节气-液缸 2 的前进速度,返回时用气压驱动,因通过单向阀回油,因而能实现快速返回。

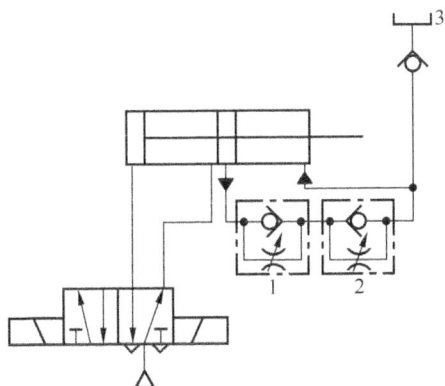

图 11-8　气-液阻尼缸调速回路

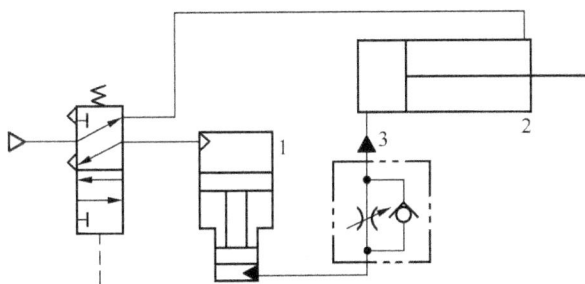

图 11-9　气-液增压回路

11.2 气动换向控制回路

气动换向控制回路是利用压缩空气作为动力源来控制气动执行元件(如气缸或气动马达)运动方向的系统。气动换向控制回路在工业自动化、制造和各种机械系统中应用广泛,是一种高效、可靠和经济的自动化控制解决方案,了解其工作原理、结构组成和应用场景,有助于更好地设计和维护气动系统,提高其工作效率和可靠性。气动换向控制回路可分为单作用气缸换向回路和双作用气缸换向回路等。

1. 单作用气缸换向回路

图 11 - 10(a)所示为常用的二位三通阀控制回路,当电磁铁通电时靠气压使活塞杆伸出,断电时靠弹簧作用缩回。

图 11 - 10(b)所示为由三位五通阀控制回路。该阀具有自动对中功能,可使气缸停在任意位置,但定位精度不高、定位时间不长。

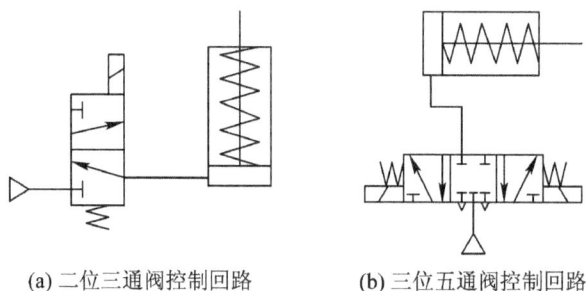

(a) 二位三通阀控制回路   (b) 三位五通阀控制回路

图 11 - 10   单作用气缸换向回路

2. 双作用气缸换向回路

图 11 - 11 所示为二位五通阀换向回路,当换向阀处在右位时,气缸活塞杆伸出;当换向阀处在左位时,气缸活塞杆缩回。

图 11 - 12 所示为三位五通阀换向回路。该回路有中停功能,但定位精度不高。

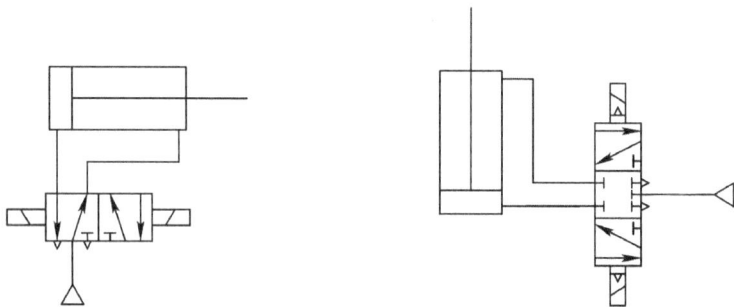

图 11 - 11   二位五通阀换向回路   图 11 - 12   三位五通阀换向回路

11.3　气动压力控制回路

气动压力控制回路是通过调节压缩空气的压力来实现对气动执行元件的控制和调节的系统。在工业和自动化设备中获得了广泛的应用，尤其是在需要精确压力控制的场合，通过精密控制和反馈机制，能够实现高精度的压力控制。通过气动压力控制阀和气动溢流阀等元件，能有效防止气压过高或过低而导致的系统故障。常用的气动压力控制回路有气源压力控制回路、工作压力控制回路、高低压转换回路、过载保护回路和增压回路等。

1. 气源压力控制回路

如图 11-13 所示，气源压力控制回路用于控制气源系统中气罐的压力，使之不超过调定的压力值和不低于调定的最低压力值。常用外控溢流阀或电接点压力表来控制空气压缩机的转、停，使储气罐内的压力保持在规定的范围内。采用外控溢流阀结构简单，工作可靠，但气量浪费大；采用电接点压力表对电动机的控制要求较高，常用于对小型空气压缩机的控制。

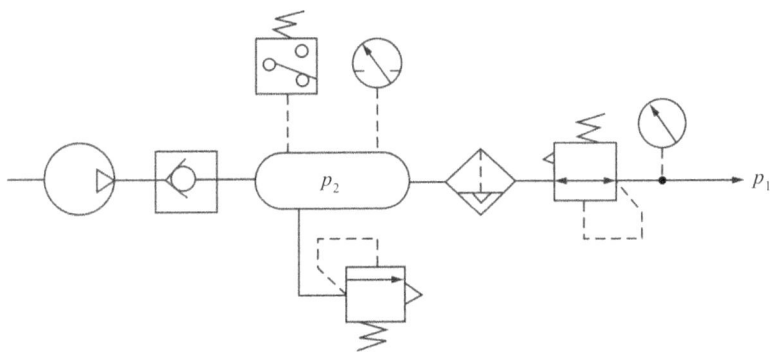

图 11-13　气源压力控制回路

2. 工作压力控制回路

为使气压传动系统得到稳定的工作压力，可采用如图 11-14(a)所示的基本回路。从压缩空气站出来的压缩空气，经分水滤气器、减压阀、油雾器供给气压传动设备使用。调节溢流式减压阀能得到气压传动设备所需的工作压力。

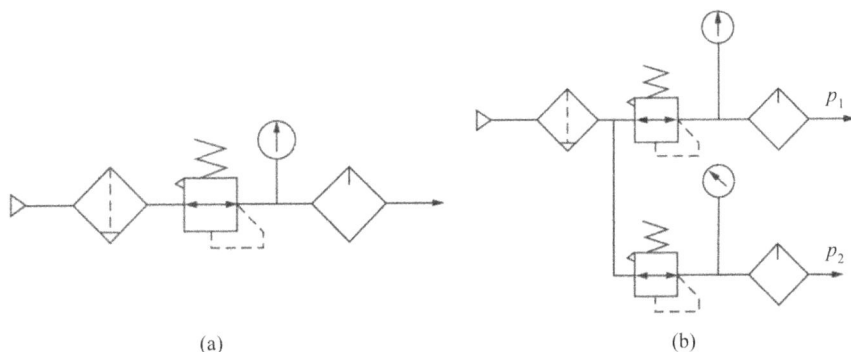

(a)　　　　　　　　　　　(b)

图 11-14　工作压力控制回路

如回路中需要多种不同的工作压力,可采用如图 11 - 14(b)所示的回路。

3. 高低压转换回路

在气压传动系统中为实现高低压切换,可采用如图 11 - 15 所示的利用换向阀和减压阀实现的高低压转换回路。

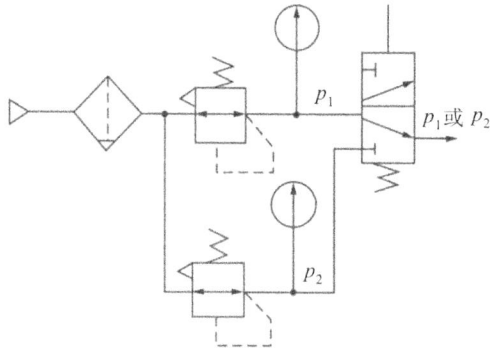

图 11 - 15 高低压转换回路

4. 过载保护回路

图 11 - 16 所示为过载保护回路。当活塞右行遇到障碍或其他原因使气缸过载时,左腔压力升高,当超过预定值时,打开顺序阀 3,使换向阀 4 换向,阀 1、2 同时复位,气缸活塞返回,从而保护设备安全。

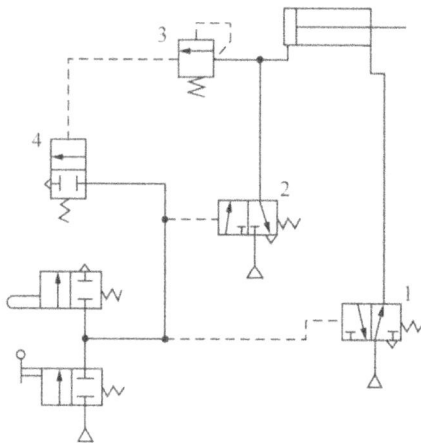

1、2—气控阀;3—顺序阀;4—换向阀。

图 11 - 16 过载保护回路

5. 增压回路

一般的气压传动系统的工作压力比较低,但在有些场合,由于气缸尺寸的限制得不到应有的输出力,或局部需要使用高压的场合,可使用增压回路。图 11 - 17 所示为采用增压缸的增压回路。

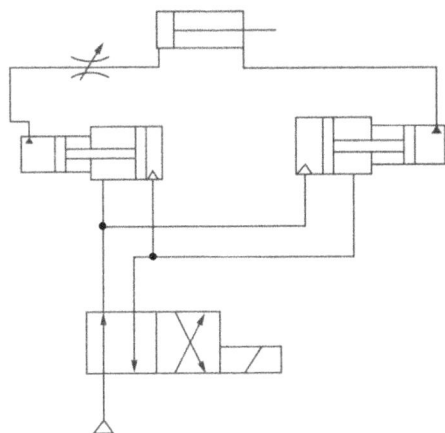

图 11-17 采用增压缸的增压回路

11.4 机床夹具气动夹紧系统

机床夹具气动夹紧系统采用压缩空气控制工作，将气体的能量转换成机械能来实现夹紧的目的。气动夹紧具有动作灵活、时间短，夹紧力能够瞬时达到设定值等优点。

1. 认识机床夹具的气动夹紧系统

图 11-18 所示为机床夹具的气动夹紧系统回路原理。该系统在工作中，要求完成以下动作过程：垂直气缸 A 先下降将工件压紧，两侧水平气缸 B、C 再同时对工件夹紧，然后对工件进行切削加工。加工完毕后，各夹紧气缸退回原位，松开工件。

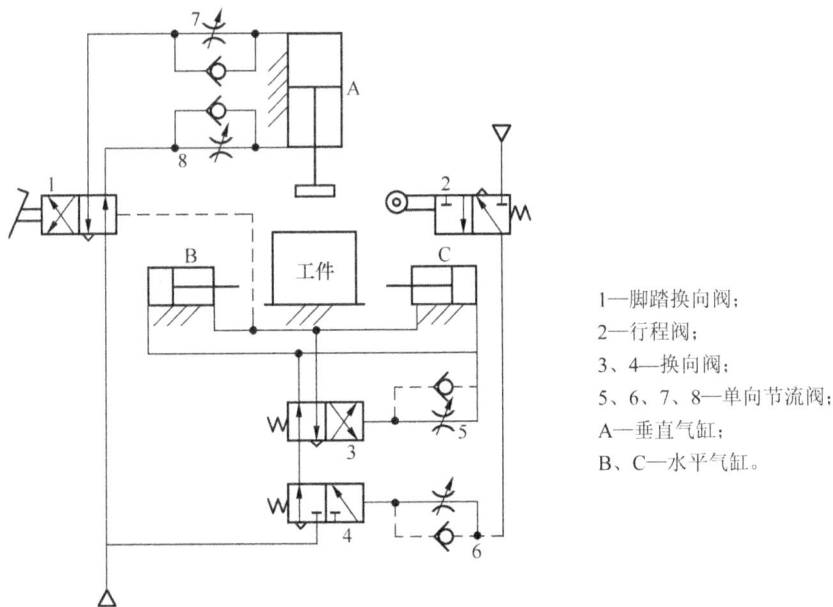

1—脚踏换向阀；
2—行程阀；
3、4—换向阀；
5、6、7、8—单向节流阀；
A—垂直气缸；
B、C—水平气缸。

图 11-18 机床夹具的气动夹紧系统回路原理

2. 机床夹具的气动夹紧系统的工作原理

机床夹具的气动夹紧系统的工作原理如下。

（1）压紧工件：踏下脚踏换向阀 1，使其置于左位，压缩空气经阀 1 左位，再经单向节流阀 7 进入气缸 A 的上腔，缸 A 下腔经单向节流阀 8，再经阀 1 左位进行排气，气缸 A 下行实现对工件的压紧。

（2）两侧夹紧工件：当气缸 A 下移到预定位置时，压下行程阀 2，使其置于左位，控制气体经阀 2 和单向节流阀 6 使换向阀 4 换向，置于右位，此时系统中的气路走向是：压缩空气经阀 4 和阀 3 进入到气缸 B 的左腔和气缸 C 的右腔，气缸 B 的右腔和气缸 C 的左腔经阀 3 进行排气，从而使气缸 B 和气缸 C 的活塞杆伸出，实现从两侧夹紧工件。

（3）松开工件，退回原位：在气缸 B 和气缸 C 伸出夹紧工件的同时，一部分压缩空气作为控制气体通过单向节流阀 5 到达换向阀 3 的右端，经一段时间后，换向阀 3 换向，置于右位，从而使气缸 B 和气缸 C 退回，松开工件。

在气缸 B 和气缸 C 松开工件的同时，压缩空气经换向阀 3 进入脚踏换向阀 1 的右端，成为阀 1 的控制气体，使阀 1 换向，置于右位，从而使气缸 A 退回，松开工件。

在系统中，当调节单向节流阀 6 时，可以控制换向阀 4 的换向时间，确保气缸 A 先压紧；调节单向节流阀 5 时，可以控制换向阀 3 的换向时间，确保有足够的切削加工时间；调节单向节流阀 7、8 时，可以调节气缸 A 上、下运动的速度。

11.5　气动机械手系统

气动机械手是自动生产设备和生产线上的重要装置之一，它可以根据各种自动化设备的工作需要，按照预定的控制程序动作。

1. 气动机械手的组成

某专用设备上的气动机械手的结构如图 11-19 所示。其由夹紧缸、长臂伸缩缸、立柱升降缸和立柱回转缸组成。

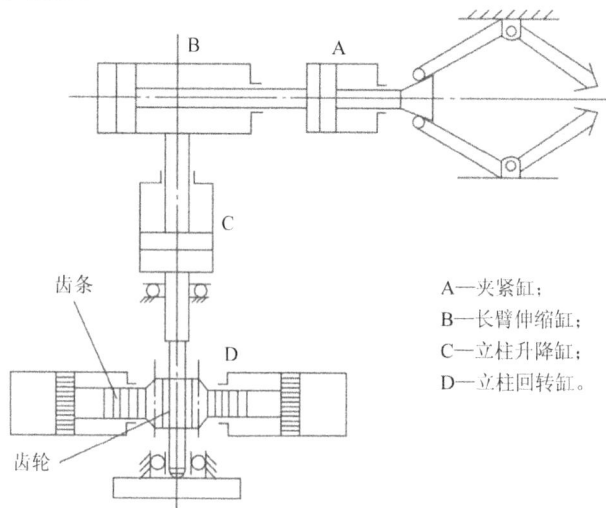

图 11-19　气动机械手的结构示意图

2. 气动机械手的工作原理

图 11-20 所示为气动机械手的工作原理。若要求该机械手的动作顺序为：立柱下降 C_0→伸臂 B_1→夹紧工件 A_0→缩臂 B_0→立柱顺时针转 D_1→立柱上升 C_1→放开工件 A_1→立柱逆时针转 D_0。则该气动机械手系统的工作循环如下：

(1) 按下启动阀 q，主控阀 c 处于左位，C 缸活塞杆退回，得到 C_0。

(2) 当 C 缸活塞杆上的挡铁碰到 c_0 时，主控阀 b 处于左位，B 缸活塞杆伸出，得到 B_1。

(3) 当 B 缸活塞杆上的挡铁碰到 b_1 时，主控阀 a 处于左位，A 缸活塞杆退回，得到 A_0。

(4) 当 A 缸活塞杆上的挡铁碰到 a_0 时，主控阀 b 处于右位，B 缸活塞杆退回，得到 B_0。

(5) 当 B 缸活塞杆上的挡铁碰到 b_0 时，主控阀 d 处于左位，D 缸活塞杆往右，得到 D_1。

(6) 当 D 缸活塞杆上的挡铁碰到 d_1 时，主控阀 c 处于右位，C 缸活塞杆伸出，得到 C_1。

(7) 当 C 缸活塞杆上的挡铁碰到 c_1 时，主控阀 a 处于右位，A 缸活塞杆伸出，得到 A_1。

(8) 当 A 缸活塞杆上的挡铁碰到 a_1 时，主控阀 d 处于右位，D 缸活塞杆往左，得到 D_0。

(9) 当 D 缸活塞杆上的挡铁碰到 d_0 时，控制气经阀 q 使主控阀 c 处于左位，于是重新开始一个新的循环。

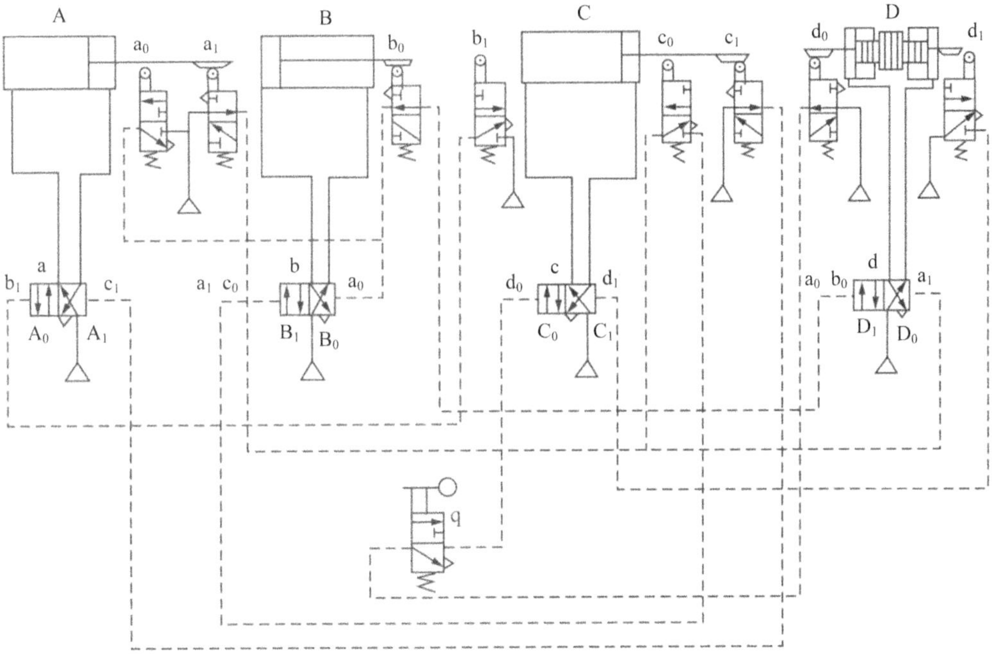

图 11-20　气动机械手的工作原理

11.6 气压传动回路设计与安装实验

1. 实验目的

(1) 加深认识气压传动基本回路及典型气压传动系统的组合形式和基本结构。

(2) 掌握气源装置及气动三联件的工作原理和主要作用。

（3）培养设计、安装、连接和调试气压传动回路的实践能力。

2．实验设备及工具

气压传动回路实验台。

3．实验内容

（1）气压系统设计。

① 单作用气缸的换向回路；② 双作用气缸的换向回路；③ 单作用气缸速度控制回路；④ 双作用气缸单向调速回路；⑤ 双作用气缸双向调速回路；⑥ 速度换接回路；⑦ 缓冲回路；⑧ 二次压力控制回路；⑨ 高低压转换回路；⑩ 计数回路；⑪ 延时回路；⑫ 过载保护回路；⑬ 互锁回路；⑭ 单缸单往复控制回路；⑮ 单缸连续往复动作回路；⑯ 直线缸、旋转缸顺序动作回路；⑰ 多缸顺序动作回路；⑱ 双缸同步动作回路；⑲ 四缸联运回路；⑳ 卸荷回路或门型梭阀的应用回路、快速排气阀应用回路。

（2）电气控制系统设计。

根据所设计的气压系统要求，设计出电气控制系统或 PLC 控制系统。

① PLC 指令编程、梯形图编程学习。

② PLC 编程软件的学习与使用。

③ PLC 与计算机的通信、在线调试。

④ PLC 与气压传动相结合的控制实验。

4．实验要求

（1）实验系统要符合设计规范，安全可靠，实践性强。

（2）每组一题，不能重复。

（3）安装调试系统时，注意人身安全和设备安全。

（4）安装完毕后，仔细校对回路和元件，经指导教师同意后方可开机。

（5）实验结果以表格或性能曲线表示。

5．实验步骤

以多缸顺序动作回路为例（如图 11 - 21 所示），其实验步骤如下。

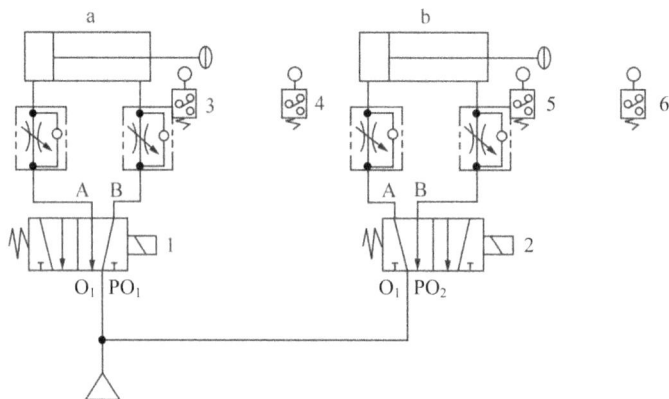

图 11 - 21　多缸顺序动作回路

（1）设计利用单向节流阀和行程开关的气压传动连续动作回路。

（2）将回路所需元器件的安装插头正确地插接在实验台插孔内，将电源、电磁阀及行程开关的连线正确地插接到电气控制面板上的 PLC 控制单元或继电器控制单元的相应插座内，经检查确定无误后接通电源，启动电气控制面板上的电源开关；根据本实验台的性能，实验时，所加气压信号或气源压力不要过大，一般以 0.4 MPa 为宜。

（3）观察并分析多缸顺序动作回路的整个运行过程。

6．实验报告

（1）设计题目及参数。

（2）给出气压系统原理图。

（3）给出电气控制原理图或 PLC 控制原理图。

习　题　11

11－1　气压传动常用的回路有哪些？分析其原理和特点。

11－2　试设计一个能完成"快进→工进→快退"的自动工作循环回路。

11－3　分析习题图 11－1 所示回路的工作过程，并指出元件的名称。

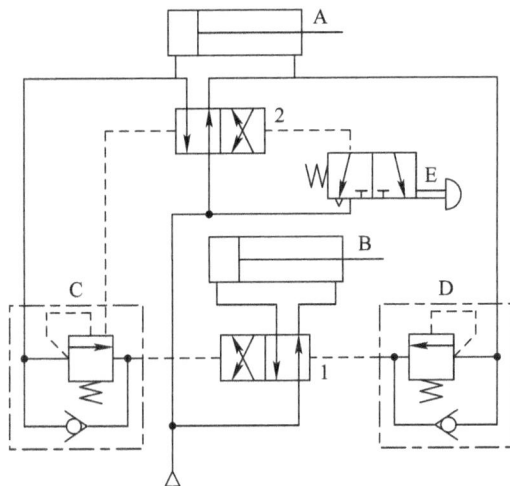

习题图 11－1

本附录摘自 GB/T 786.1—2021/ISO 1219-1:2012。

表 1　基本符号、管路及连接

名　称	符　号	名　称	符　号
工作管路	——————	管端连接于油箱底部	
控制管路	- - - - - -	密闭式油箱	
连接管路		直接排气	
交叉管路		带连接排气	
柔性管路		带单向阀快换接头	
组合元件线	- · - · - · -	不带单向阀快换接头	
管口在液面以上的油箱		单通路旋转接头	
管口在液面以下的油箱		三通路旋转接头	

表2　控制机构和控制方法

名　　称	符　号	名　　称	符　号
按钮式人力控制		踏板式人力控制	
手柄式人力控制		顶杆式机械控制	
弹簧控制		施压先导控制	
单向滚轮式机械控制		液压二级先导控制	
单作用电磁控制		气-液先导控制	
双作用电磁控制		内部压力控制	
电动机旋转控制		电-液先导控制	
加压或卸压控制		电-气先导控制	
液轮式机械控制		液压先导控制	
外部压力控制		电反馈控制	
气压先导控制		差动控制	

表3　泵、马达和缸

名　称	符　号	名　称	符　号
单向定量液压泵		液压整体式 传动装置	
双向定量液压泵		摆动马达	
单向变量液压泵		单作用弹簧复位缸	
双向变量液压泵		单作用伸缩缸	
单向定量马达		单向变量马达	
双向定量马达		双向变量马达	
定量液压泵-马达		单向缓冲缸	
变量液压泵-马达		双向缓冲缸	
双作用单活塞杆缸		双作用伸缩缸	
双作用双活塞杆缸		增压器	

表 4　控制元件

名　称	符　号	名　称	符　号
直动型溢流阀		溢流减压阀	
先导型溢流阀		先导型比例电磁式溢流阀	
先导型比例电磁溢流阀		定比减压阀	
卸荷溢流阀		定差减压阀	
双向溢流阀		直动型顺序阀	
直动型减压阀		先导型顺序阀	
先导型减压阀		单向顺序阀（平衡阀）	
直动型卸荷阀		集流阀	
制动阀		分流集流阀	

续表

名　　称	符　　号	名　　称	符　　号
不可调节流阀		单向阀	
可调节流阀		液控单向阀	
可调单向节流阀		液压锁	
减速阀		或门型梭阀	
带消声器的节流阀		与门型梭阀	
调速阀		快速排气阀	
温度补偿调速阀		二位二通换向阀	
旁通型调速阀		二位三通换向阀	
单向调速阀		三位四通换向阀	
分流阀		三位五通换向阀	
三位四通换向阀		四通电流伺服阀	
三位五通换向阀			

表 5 辅 助 元 件

名 称	符 号	名 称	符 号
过滤器	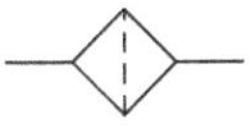	气缸	
磁芯过滤器	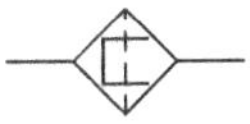	压力计	
污染指示过滤器	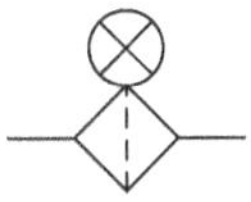	液面计	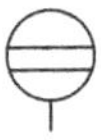
分水排水器	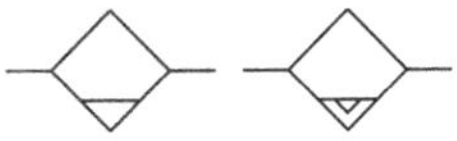	温度计	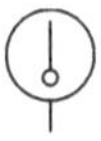
空气过滤器	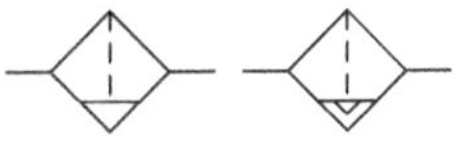	流量计	
除油器	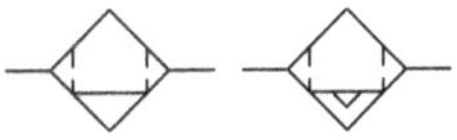	压力继电器	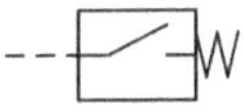
空气干燥器	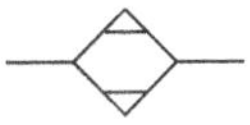	消声器	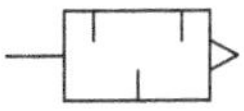
油雾器	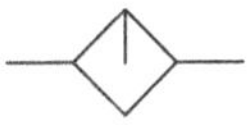	液压源	
气源调节装置	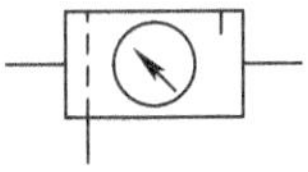	气压源	
冷却器	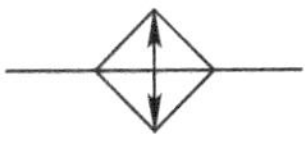	电动机	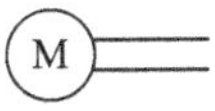
加热器		原动机	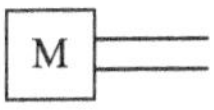
蓄能器		气-液转换器	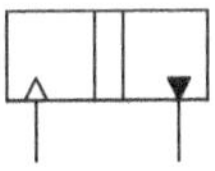

参 考 文 献

[1] 赵红梅，张双侠. 液压与气动传动[M]. 北京：中国农业大学出版社. 2022.

[2] 崔卫星，马皓，史彬锋. 液压传动技术与应用[M]. 长春：吉林科学技术出版社. 2021.

[3] 宫晓凯，刘恩宇. 液压与气动技术(中英双语版)[M]. 北京：中国铁道出版社. 2023.

[4] 张戌社，宁辰校. 液压识图实例详解[M]. 北京：化学工业出版社. 2023.

[5] 张雨新. 液压与气动控制技术[M]. 2版. 北京：电子工业出版社. 2023.

[6] 左健民. 液压与气动技术[M]. 北京：机械工业出版社. 2023.

[7] 张雨新，孙达明. 液压与气动控制技术[M]. 北京：电子工业出版社. 2023.

[8] 庄汉清. 气动与液压控制技术[M]. 北京：电子工业出版社. 2017.

[9] 许亚南. 气动与液压控制技术[M]. 北京：高等教育出版社. 2008.

[10] 杜巧连，沈伟. 液压与气动控制[M]. 北京：科学出版社. 2017.

[11] 李志，韩海燕，李建设. 液压与气压传动[M]. 北京：北京航空航天大学出版社. 2022.

[12] 张帆，李梅红. 液压与气动控制及应用[M]. 北京：北京理工大学出版社. 2018.

[13] 朱梅. 液压与气动技术[M]. 6版. 西安：西安电子科技大学出版社. 2023.

[14] 唐颖达，潘玉迅. 液压缸密封技术及其应用[M]. 2版. 北京：机械工业出版社. 2023.

[15] 周德繁. 液压与气压传动[M]. 4版. 哈尔滨：哈尔滨工业大学出版社. 2023.

[16] 李跃武. 液压气动与PLC综合实训[M]. 徐州：中国矿业大学出版社. 2020.

[17] 张兴国. 液压与气压传动[M]. 2版. 西安：西安电子科技大学出版社. 2023.

[18] 蒋建强，周文. 液压气动技术与实训[M]. 北京：北京师范大学出版社. 2022.